"十二五"职业教育国家规划教材

Java EE 应用开发及实训

第 2 版

黄能耿　胡丽丹　等编著

机械工业出版社

本书讲解 Java EE 技术在 Web 开发中的应用，重点介绍 JSP、Servlet、MyBatis、Spring、Spring MVC 以及 Web 项目的发布，最后介绍一个综合案例。与本书第 1 版的最大区别是，第 2 版用目前主流的 SSM 技术替换了第 1 版的 SSH 技术，做到与企业岗位需求接轨。

本书的特点是注重实践，全书以"学生信息管理系统"项目的开发为主线，从第 2 章客户端编程开始，直到第 8 章的项目发布，紧紧围绕"学生信息管理系统"的需求来选择教学内容，因此，所有讲授的内容都能在项目开发中得到实战的演练。

本书提供在线实训平台——Jitor 校验器（下载地址为 http://ngweb.org/），读者可在线访问 80 多个 Jitor 实训项目，在 Jitor 校验器的指导下一步一步地完成实训任务，每完成一步都提交给 Jitor 校验器检查，并实时得到通过或失败的反馈信息，校验通过后才能进入下一步操作。Jitor 校验器还会将成绩上传到服务器，教师可以实时掌握每一位学生以及全班学生的实训进展情况。

本书适用于 64、48 或 32 课时的"Java EE 应用程序设计""Java Web 应用开发""JSP 程序设计"等课程及课程设计专用周使用。本书既可作为高等职业院校的教材，也可作为应用型本科、中等职业院校、培训机构的教材，还可供自学者使用。

本书配有授课电子课件、在线实训平台、配套素材，需要的教师可登录 www.cmpedu.com 免费注册、审核通过后下载，或联系编辑索取（微信：15910938545，电话：010-88379739），也可以在本书主页 http://ngweb.org/ 下载。

图书在版编目（CIP）数据

Java EE 应用开发及实训 / 黄能耿等编著. —2 版. —北京：机械工业出版社，2022.1
"十二五"职业教育国家规划教材
ISBN 978-7-111-68754-2

Ⅰ. ①J… Ⅱ. ①黄… Ⅲ. ①JAVA 语言-程序设计-高等职业教育-教材 Ⅳ. ①TP312.8

中国版本图书馆 CIP 数据核字（2021）第 144807 号

机械工业出版社（北京市百万庄大街 22 号　邮政编码 100037）
策划编辑：王海霞　　责任编辑：王海霞
责任校对：张艳霞　　责任印制：常天培

北京机工印刷厂印刷

2022 年 2 月·第 2 版·第 1 次印刷
184mm×260mm·17.5 印张·434 千字
标准书号：ISBN 978-7-111-68754-2
定价：69.00 元

电话服务　　　　　　　　　　　　网络服务
客服电话：010-88361066　　　　　机　工　官　网：www.cmpbook.com
　　　　　010-88379833　　　　　机　工　官　博：weibo.com/cmp1952
　　　　　010-68326294　　　　　金　　书　　网：www.golden-book.com
封底无防伪标均为盗版　　　　　　机工教育服务网：www.cmpedu.com

Preface 前言

本书遵循高职学生的认知和技能形成规律，使用通俗易懂的语言，配合 Jitor 实训项目，对 JSP、Servlet、MyBatis、Spring、Spring MVC 等 Java EE 相关技术进行全面的讲解。

在技术选型上，从第 1 版的 Struts2 + Spring + Hibernate（SSH）改为目前主流的 Spring MVC + Spring + MyBatis（SSM）技术，作为主线的项目也从"聊天室"项目改为"学生信息管理系统"项目，因此，几乎是重写了本书的大部分内容。

本书坚持第 1 版强化实践动手能力的特色，将 Jitor 实训平台升级为在线版本，配套提供了 80 多个在线实训（见附录 B），贯穿全书每一章的学习内容。

全书以"学生信息管理系统"项目的开发作为主线，分为八个阶段，循序渐进地进行讲解，最后一章是综合案例"在线销售管理系统"，不同课时课程的课时安排见表 1。其中，第 9 章"综合案例——在线销售管理系统"可用于课程设计专用周的教学。

表 1 课时安排建议

序号	章节	入门	中级	提高
1	第 1 章 初识 Java EE——Hello, World!	4	4	4
2	第 2 章 客户端编程	8	8	8
3	第 3 章 JSP 技术	16	16	16
4	第 4 章 Servlet 技术	0	4	4
5	第 5 章 MyBatis 技术	0	10	10
6	第 6 章 Spring 技术	0	0	8
7	第 7 章 SSM 集成技术	0	0	8
8	第 8 章 项目发布	2	2	2
9	第 9 章 综合案例——在线销售管理系统	0	课程设计专用周	课程设计专用周
	机动（复习等）	2	4	4
	合计	32	48	64

附录 A 是本书在线实训平台——Jitor 校验器的使用说明，包括学生如何使用 80 多个在线实训，以及教师如何管理学生、安排实训和统计学生的实训成绩。

附录 B 是 Jitor 校验器中的 80 多个在线实训，这些实训分为下述几类。
- 需要动手操作的实例和编程题。
- 分阶段实施的"学生信息管理系统"项目。
- 每章习题中的"选择题和填空题"。
- 测试用的选择题、填空题和编程题等。

Jitor 在线实训平台介绍

本书提供的电子课件、在线实训平台、配套素材等相关资源可以在机工教育网（www.cmpedu.com）或本书主页（http://ngweb.org/）下载。

本书由无锡职业技术学院教师黄能耿、胡丽丹等编写，其中黄能耿编写了第 1~3 章，胡丽丹编写了第 4~7 章和第 9 章，邱晓荣、许敏共同编写了第 8 章，全书由黄能耿统稿，由优驰软件科技无锡有限公司顾卫工程师主审，Jitor 实训平台由黄能耿研发。在编写过程中，得到了本院教师们的大力支持，得到了院系领导的热情鼓励，在此表示由衷的感谢。

由于编者水平所限，书中错误和不足之处在所难免，敬请广大读者批评指正。

编　者

目　录 Contents

前言

第 1 章　初识 Java EE——Hello, World! ………… 1

1.1 "Hello, World!" 项目需求分析 …… 1
1.2 Java EE 技术 ……………………… 1
 1.2.1 Java Web 应用 ………………… 1
 1.2.2 Java Web 开发技术 …………… 2
1.3 Java Web 开发环境 ………………… 3
 1.3.1 JDK 安装和配置 ……………… 3
 1.3.2 Eclipse 的安装和配置 ………… 4
 1.3.3 MySQL 的安装和配置 ………… 5
 1.3.4 Tomcat 的安装和运行 ………… 7
 1.3.5 安装 Google Chrome 浏览器 …… 7
1.4 入门实例 …………………………… 7
 1.4.1 在线实训平台——Jitor 校验器 … 7
 1.4.2 Hello, World! 项目 …………… 9
 1.4.3 静态网页与动态网页的区别 …… 18
1.5 项目一：学生信息管理系统首页 …… 19
 1.5.1 项目描述 ……………………… 19
 1.5.2 项目实施 ……………………… 19
1.6 习题 ………………………………… 20

第 2 章　客户端编程 ………………………………… 21

2.1 学生信息管理系统项目需求分析 …… 21
2.2 HTML ……………………………… 21
 2.2.1 HTML 语法 …………………… 21
 2.2.2 HTML 常用标签 ……………… 23
 2.2.3 表格标签 ……………………… 25
 2.2.4 表单和表单元素 ……………… 25
 2.2.5 <div>和<span>标签 …………… 27
2.3 CSS ………………………………… 27
 2.3.1 CSS 概述 ……………………… 28
 2.3.2 CSS 语法 ……………………… 29
 2.3.3 选择器 ………………………… 29
 2.3.4 常用样式 ……………………… 30
2.4 JavaScript ………………………… 32
 2.4.1 JavaScript 概述 ……………… 32
 2.4.2 JavaScript 基础语法 ………… 34
 2.4.3 函数的定义和调用 …………… 36
2.5 XML ………………………………… 37
 2.5.1 XML 文档规则 ………………… 38
 2.5.2 XML 的应用 …………………… 38
2.6 项目二：学生信息管理系统的客户端编程 ………………………… 39
 2.6.1 项目描述 ……………………… 39
 2.6.2 项目实施 ……………………… 39
2.7 习题 ………………………………… 52

第 3 章　JSP 技术 ·········· 53

3.1　学生信息管理系统项目需求
　　　分析 ·········· 53
3.2　JSP 基本语法 ·········· 53
　　3.2.1　JSP 文件的构成 ·········· 53
　　3.2.2　指令标识 ·········· 54
　　3.2.3　脚本标识 ·········· 55
　　3.2.4　动作标识 ·········· 58
　　3.2.5　注释标识 ·········· 59
3.3　JSP 内置对象 ·········· 60
　　3.3.1　内置对象 out ·········· 60
　　3.3.2　内置对象 request ·········· 61
　　3.3.3　内置对象 response ·········· 65
　　3.3.4　内置对象 session ·········· 66
　　3.3.5　内置对象 application ·········· 68
3.4　EL 表达式和标准标签库 ·········· 69
　　3.4.1　EL 表达式 ·········· 69
　　3.4.2　JSP 标准标签库 ·········· 72
　　3.4.3　EL 表达式和 JSP 标签的应用 ·········· 76
3.5　JDBC 编程 ·········· 77
　　3.5.1　数据库开发 ·········· 77
　　3.5.2　POJO 开发 ·········· 80
　　3.5.3　JDBC 连接数据库 ·········· 81
　　3.5.4　JDBC 编程 ·········· 81
3.6　项目三：基于 JSP 的学生信息
　　　管理系统 ·········· 85
　　3.6.1　项目描述 ·········· 85
　　3.6.2　项目实施 ·········· 87
3.7　习题 ·········· 104

第 4 章　Servlet 技术 ·········· 106

4.1　学生信息管理系统改进目标 ·········· 106
4.2　Servlet 技术 ·········· 106
　　4.2.1　Servlet 接口及其实现类 ·········· 106
　　4.2.2　Servlet 入门实例 ·········· 107
　　4.2.3　理解 Servlet ·········· 110
4.3　MVC 模式 ·········· 112
　　4.3.1　MVC Model I 模式 ·········· 113
　　4.3.2　MVC Model II 模式 ·········· 113
4.4　项目四：基于 Servlet 的学生
　　　信息管理系统 ·········· 114
　　4.4.1　项目描述 ·········· 114
　　4.4.2　项目实施 ·········· 114
4.5　习题 ·········· 123

第 5 章　MyBatis 技术 ·········· 124

5.1　学生信息管理系统改进目标 ·········· 124
5.2　MyBatis 入门 ·········· 124
　　5.2.1　MyBatis 简介 ·········· 124
　　5.2.2　MyBatis 入门实例 ·········· 124
5.3　MyBatis 基础 ·········· 133
　　5.3.1　MyBatis 的核心对象 ·········· 133

5.3.2	MyBatis 配置文件	135
5.3.3	映射器 xml 文件	138
5.3.4	动态 SQL	143

5.4 MyBatis 的关联映射 ………… 149
5.4.1	关联关系概述	149
5.4.2	一对一联系	150
5.4.3	一对多联系	156
5.4.4	多对多联系	161

5.5 项目五：基于 MyBatis 的学生信息管理系统 ……… 162
| 5.5.1 | 项目描述 | 162 |
| 5.5.2 | 项目实施 | 162 |

5.6 习题 …………………………… 181

第 6 章 Spring 技术 …… 182

6.1 学生信息管理系统项目改进目标 ……… 182

6.2 Spring 入门 ………………… 182
| 6.2.1 | Spring 入门实例 | 182 |
| 6.2.2 | Spring 的核心容器 | 185 |

6.3 依赖注入 …………………… 185
| 6.3.1 | 属性 setter 方法注入 | 186 |
| 6.3.2 | 构造方法注入 | 187 |

6.4 Bean 的装配方式 ……………… 189
6.4.1	基于注解的装配	189
6.4.2	自动装配	190
6.4.3	装配的混合使用	191

6.5 AOP …………………………… 192
| 6.5.1 | AOP 的概念 | 192 |
| 6.5.2 | Spring AOP 入门实例 | 193 |

6.6 项目六：基于 MyBatis-Spring 的学生信息管理系统 ………… 195
| 6.6.1 | 项目描述 | 195 |
| 6.6.2 | 项目实施 | 195 |

6.7 习题 …………………………… 212

第 7 章 SSM 集成技术 …… 213

7.1 学生信息管理系统项目改进目标 ……… 213

7.2 Spring MVC 入门 …………… 213
7.2.1	Spring MVC 入门实例	213
7.2.2	Spring MVC 的工作流程	216
7.2.3	Spring MVC 的核心类和注解	217

7.3 数据绑定 …………………… 219
7.3.1	绑定默认数据类型	219
7.3.2	绑定简单数据类型	220
7.3.3	绑定 POJO 数据类型	220

7.4 重定向和转发 ……………… 222
| 7.4.1 | 重定向 | 223 |
| 7.4.2 | 转发 | 223 |

7.5 JSON 数据交互和 RESTful 支持 ……… 224
| 7.5.1 | JSON 数据交互 | 224 |
| 7.5.2 | RESTful 支持 | 226 |

7.6 拦截器 ……………………… 226
| 7.6.1 | 拦截器接口 | 227 |
| 7.6.2 | 开发拦截器 | 227 |

7.7 项目七：SSM 框架集成的学生管理系统 ……… 228

7.7.1 项目描述 ……………………… 228
7.7.2 项目实施 ……………………… 229
7.8 习题 ……………………………… 249

第 8 章 项目发布 ……………………………… 251

8.1 学生信息管理系统的发布 ………… 251
8.2 制作发布包和数据备份 …………… 251
   8.2.1 项目内容 ……………………… 251
   8.2.2 制作发布包 …………………… 252
   8.2.3 数据备份 ……………………… 253
8.3 运行环境的安装 …………………… 253
   8.3.1 JRE 的安装 …………………… 253
   8.3.2 Tomcat 的安装 ………………… 253
   8.3.3 MySQL 的安装 ………………… 254
8.4 项目发布 …………………………… 254
   8.4.1 备份数据的恢复 ……………… 254
   8.4.2 安装 war 包 …………………… 254
   8.4.3 配置并运行 Tomcat …………… 254
8.5 项目八：学生信息管理系统
   项目的发布 ………………………… 258
   8.5.1 制作发布包和数据备份 ……… 258
   8.5.2 安装学生信息管理系统项目 … 258
   8.5.3 配置 Tomcat …………………… 258
   8.5.4 运行测试 ……………………… 259
8.6 习题 ………………………………… 259

第 9 章 综合案例——在线销售管理系统 ……………… 260

9.1 在线销售管理系统 ………………… 260
   9.1.1 需求分析 ……………………… 260
   9.1.2 系统设计 ……………………… 260
   9.1.3 数据库设计 …………………… 261
   9.1.4 详细设计 ……………………… 264
9.2 自定义管理系统 …………………… 267
9.3 习题 ………………………………… 268

附录 ……………………………………… 269

附录 A　Jitor 校验器使用说明 ………… 269
附录 B　Jitor 在线实训清单 …………… 270

第1章　初识 Java EE——Hello, World!

Java EE（Java Platform Enterprise Edition，Java 平台企业版）的用途是开发 Web 网站。Java EE 是 Java 平台上与 Web 相关的一系列规范和开发技术的集合。

Java Web 是 Java EE 技术的应用，它包括 Web 服务器和客户端两部分。其中，Web 服务器端的开发技术包括 Java EE 定义的组件，如 JSP、Servlet，同时还包括基于这些组件的框架，本书第 3～7 章讨论的都是 Java EE 技术。客户端就是静态网站，这种技术是通用的，可用于 Java EE、PHP 和 ASP 网站等所有网站的开发。本书第 2 章对基本的客户端开发技术进行讲解。

▶1.1　"Hello, World!" 项目需求分析

本书以"Hello, World!"项目作为入门项目，由此进入 Java EE 世界。该项目的需求如下。

1）完成开发环境的选择和安装。
2）创建第 1 个项目 Hello,World！
3）编写如下三种类型的网页。
- 静态网页。
- 客户端动态网页。
- 服务器端动态网页。

为实现这个需求，需要学习 Java EE 技术的相关知识，学会 Java Web 开发环境的安装和使用。

▶1.2　Java EE 技术

Java EE（原名 J2EE）是 Sun 公司（现已被 Oracle 公司收购）提出的一种分布式企业级应用开发的技术架构。它本身是一组标准和规范，定义了动态 Web 页面功能（Servlet 和 JSP）、数据库访问（JDBC）等组件。

1.2.1　Java Web 应用

Java Web 应用是指供浏览器访问的交互网站。一个 Web 应用由静态 Web 资源和动态 Web 资源组成，如 HTML 文件、CSS 文件、JavaScript 文件、JSP 文件、Java 程序、Jar 包、配置文件等。Web 应用由客户端和服务器端两部分组成（见图 1-1）。

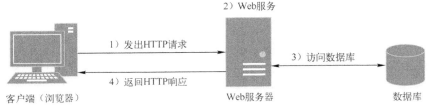

图 1-1 Web 访问的工作流程

Web 应用程序中的每一次数据交换都涉及客户端和服务器端两个层面，Web 应用的工作流程如下（与图 1-1 中的编号对应）。

1）客户端浏览器根据地址（URL），向 Web 服务器发出 HTTP 请求。

2）Web 服务器接收浏览器发送的请求，并根据请求的内容查找相应的文件，加载并执行相应的任务。

3）如果涉及数据库有关的处理，还需要与数据库服务器交互。

4）Web 服务器把执行的结果（HTTP 响应）返回给客户端的浏览器，浏览器将网页显示给最终用户。

1.2.2 Java Web 开发技术

Java Web 服务器提供 Java Web 应用需要访问的资源。对于静态网站，Web 服务器只需要提供静态资源；对于动态网站，Web 服务器不仅需要提供静态资源，还需要通过编程技术提供动态资源。因此，Java Web 应用程序的开发技术分为客户端开发技术和服务器端开发技术。

1. 客户端开发技术

客户端开发技术用于设计和制作网站的静态资源，所使用的技术也比较多，主要有如下几种。

- HTML：超文本标记语言，即通常说的网页编程。
- CSS：层叠样式表，用于渲染网页，即网页的外观，如字体、字号与颜色。
- JavaScript：互联网上最流行的脚本语言，可以使 HTML 页面产生动态效果。
- jQuery：一个 JavaScript 库，用于简化 JavaScript 编程。
- JSON：存储和交换文本信息的一种数据格式。
- Ajax：与服务器交换数据并更新局部网页的一种技术。

本书重点讲解服务器端开发技术，因此只简单讲解 HTML、CSS 和 JavaScript 技术，而由于 jQuery、JSON 和 Ajax 技术是用于复杂的客户端开发的，因此本书不做讲解。

2. 服务器端开发技术

服务器端开发技术用于提供动态资源，主要有下述 4 种。

- ASP：微软公司的产品，只能运行在 Windows 环境中，适用于开发中小型网站。
- ASP .NET：是 ASP 的升级版本，借鉴了 Java EE 的许多技术，也是只能运行在 Windows 环境中，适用于开发各种规模的网站。

- PHP：是一种十分优秀的 Web 开发技术，它的最大优势是开源，长期占据一半以上的市场份额，可以运行在 Linux、Windows 等多种平台上，适用于开发各种规模的网站。
- JSP：这是 Java EE 技术的重要组成部分，主要用于开发大型网站。可以运行在 Linux、Windows 等多种平台上。

上述几种技术是相互独立的，存在竞争。一个项目只需其中一种技术，就能提供动态网站所需要的所有功能。本书从第 3 章开始讲解以 JSP 技术为核心的 Java EE 技术。

▶ 1.3 Java Web 开发环境

Java Web 的开发环境包括 JDK 开发工具包、Java Web 集成开发工具、数据库管理系统、Web 服务器和浏览器，具体功能如下。

- JDK 开发工具包：所有 Java 应用程序的开发都需要 JDK 开发工具包。
- Java Web 集成开发工具：开发 Java Web 应用的工具软件。
- 数据库管理系统：操纵和管理数据库的软件，用于建立、使用和维护数据库。
- Web 服务器：即网站服务器，用于向客户端提供网站资源，包括 HTML 文档、图片、视频等静态资源，也包括动态生成的资源。
- 浏览器：显示服务器返回的 HTML 文档、图像、视频等信息的软件，它也可以让用户与这些文件进行交互。

1-1 Java EE 开发环境安装

Java EE 开发的主流软件以及本书使用的软件及版本信息见表 1-1。

表 1-1 Java Web 开发环境

名称	主流软件	本书使用的软件及版本
JDK 开发工具包	JDK、OpenJDK	JDK 1.8u45
Java Web 集成开发工具	IntelliJ IDEA、Eclipse、MyEclipse、NetBeans	Eclipse（Neon.2 Release(4.6.2)）
数据库管理系统	MySQL、Oracle、Microsoft SQL Server	MySQL 5.5
Web 服务器	Tomcat、IIS、Nginx	Tomcat（apache-tomcat-8.0.26）
浏览器	Chrome 浏览器、Firefox 浏览器、IE 浏览器	Chrome 浏览器（84.0.4147.89）

JDK 与 Eclipse 应该用相同平台的版本，如同为 32 位，或同为 64 位。MySQL 的版本可用 32 位或 64 位版本。而 Tomcat 则独立于 32 位或 64 位平台，也独立于操作系统，相同的软件可运行于 Windows 或 Linux 下（指定平台的版本除外）。

1.3.1 JDK 安装和配置

JDK 是 Java 语言的软件开发工具包，是整个 Java 开发的核心，它包含了 Java 的运行环境和 Java 开发工具，可从其官网 https://www.oracle.com/下载，当前的最新版本是 Java SE 13。

本书使用 64 位、1.8 版的 JDK，下载的文件名是 jdk-8u45-windows-x64.exe。下载时注意区分不同的操作系统版本。按常规方法安装后需要配置 Windows 操作系统的 PATH 环境变量，配置实例如下。

```
JAVA_HOME=C:\Program Files\Java\jdk1.8.0_45
Path=;%JAVA_HOME%bin
```

1.3.2 Eclipse 的安装和配置

Eclipse 是使用非常广泛的、开源和免费的 IDE 开发环境，最初由 IBM 公司开发，可从其官网 http://www.eclipse.org/下载。Eclipse 的版本很多，不同版本的用途也不一样，如 Java 开发、Java EE 开发、C++开发和 PHP 开发等。针对本书应该选择 Eclipse IDE for Java EE Developers 版本，最新的版本是 2020-06，下载时还要注意区分不同的操作系统版本。

本书使用 Neon.2(4.6.2)版本，文件名是 eclipse-jee-neon-2-win32_x86_64.zip。下载后直接解压，运行其中的 eclipse.exe 即可启动 Eclipse。

Eclipse 字符编码的默认配置是 GBK 和 ISO-8859-1，前者是全局的设置，后者是 JSP 网页的设置。为了更好地处理中文，应该将两者都改为 UTF-8。

全局的编码设置方法是从 Eclipse 的主菜单中选择"Windows"→"Preferences"，从弹出的对话框中先展开"General"，选择"Workspace"，然后在右侧"Text file encoding"中选择"Other"，再从下拉列表框中选择"UTF-8"，如图 1-2 所示。单击"OK"按钮。

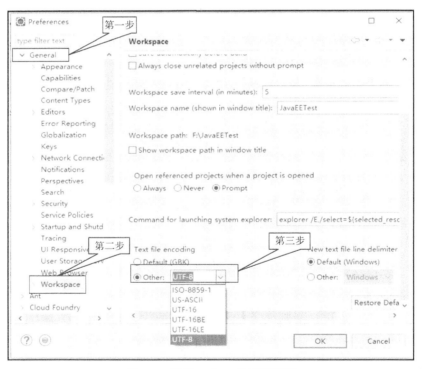

图 1-2　设置 Eclipse 的字符编码

JSP 文件的编码设置方法是从 Eclipse 的主菜单中选择"Windows"→"Preferences"，从弹出的对话框中先展开"Web"，选择"JSP Files"，然后在右侧的"Encoding"下拉列表框中选择"ISO 10646/Unicode（UTF-8）"，如图 1-3 所示。单击"OK"按钮。

第 1 章　初识 Java EE——Hello, World!

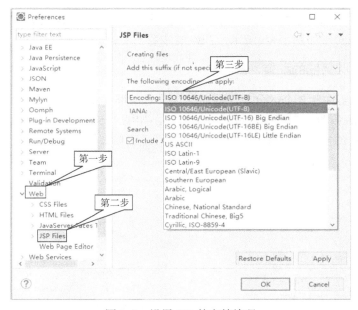

图 1-3　设置 JSP 的字符编码

1.3.3　MySQL 的安装和配置

1. MySQL 服务器的安装

　　Web 应用通常需要数据库的支持，Java 语言几乎支持所有的数据库管理系统。由于 MySQL 跨平台、性能高、功能足够丰富、稳定性好以及开源免费的特点，赢得了广大 Java 程序员的喜爱。可从其官网 https://www.mysql.com/ 下载。当前的最新版本是 8.0 版，下载时注意区分不同的操作系统。

　　本书使用 MySQL 社区版 MySQL 5.5，这是 MySQL 的主流版本，得到广泛的使用。下载的文件名是 mysql-5.5.62-win32.msi，按常规方式安装即可，唯一需要选择的是安装类型，选择默认的"Typical"类型，如图 1-4a 所示。

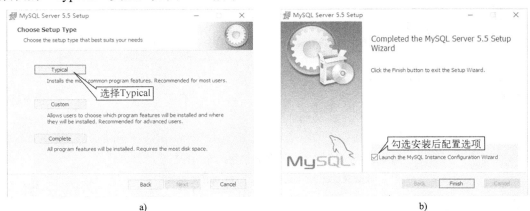

图 1-4　安装 MySQL

a) 选择安装类型 Typical　b) 安装结束时运行配置程序

安装结束时，通常要运行安装后的配置过程，即选择"Launch the MySQL Instance Configuration Wizard"，如图 1-4b 所示，开始安装后的配置。

2. MySQL 服务器的配置

安装后的配置要注意 3 个部分，即最后的 3 个对话框（跳过前 7 个对话框）。

1）将数据库服务器的字符编码设置为 UTF-8，如图 1-5a 所示，以便处理中文。

2）将 MySQL 的安装目录添加到环境变量 PATH 中，如图 1-5b 所示。

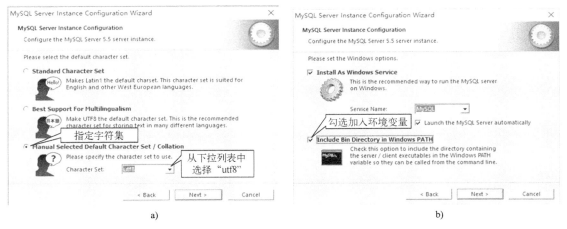

图 1-5 设置字符编码和添加环境变量

a) 指定数据库使用的字符编码　b) 将 MySQL 路径加到 PATH 环境变量中

3）设置系统管理员（根用户，即 root 用户）的登录密码，如图 1-6a 所示，该密码建议用 sa（系统管理员的英文首字母缩写），以免遗忘。

4）执行（Execute）配置，如图 1-6b 所示，2～3min 后配置完成。

图 1-6 设置系统管理员的登录密码和运行配置过程

a) 设置系统管理员的登录密码　b) 运行配置过程

3. 下载 MySQL 的 JDBC 驱动程序

Java 访问 MySQL 数据库时需要 MySQL 数据库的 JDBC 驱动程序，下载地址是 http://dev.

mysql.com/downloads/connector/j/，名称是"MySQL Connector/J"，不区分操作系统。本书使用的版本为 5.1.5，对应的文件名是 mysql-connector-java-5.1.5.tar.gz。该文件的使用在第 3 章讲解。

1.3.4 Tomcat 的安装和运行

Tomcat 是使用很广泛的 Web 应用服务器，下载地址是 http://tomcat.apache.org/，常见版本有 7.x、8.x 和 9.x 版。Tomcat 安装文件有两种：一种不区分操作系统，同一个软件可以在 Linux 和 Windows 下运行；另一种区分操作系统，主要针对 Windows 操作系统，方便其作为一个服务在 Windows 下运行。

本书使用的版本是 8.0，文件名是 apache-tomcat-8.0.26.zip，是不区分操作系统的。把文件解压到合适的目录（例如 D:\apache-tomcat-8.0.26）即可。

在开发过程中，Tomcat 是在 Eclipse 中运行的，而不是独立运行的。具体运行办法见 1.4.2 节的"4. 运行网站"部分。

1.3.5 安装 Google Chrome 浏览器

出于标准化和调试方面的考虑，本书采用 Google Chrome 浏览器。该浏览器的下载地址是 https://www.google.com.hk/，本书使用 84.0.4147.89 版本，建议从本书主页下载离线安装版本，文件名是 84.0.4147.89_chrome_installer_64.exe。

采用其他浏览器对学习本书几乎没有任何影响，但出于标准化的原因，不建议使用微软的 IE 浏览器以及一些基于 IE 内核的浏览器。

▶1.4 入门实例

本节学习一个入门实例：Hello, World!

1.4.1 在线实训平台——Jitor 校验器

为了帮助读者更好地学习 Java EE，本书作者开发了一个学习辅助工具，名为"Jitor 校验器"，它提供了实训中每一步操作的详细指导，并且对每一步的操作结果进行校验。

1-2 Hello, world!项目

1. Jitor 校验器的安装

从本书主页下载 Jitor 校验器，地址是 http://ngweb.org。主页还包含一个百度网盘的链接，提供本书相关软件的下载。

将下载的 Jitor 校验器解压到某个盘符的根目录下，双击其中的 JitorSTART.bat 文件，就能运行它。

2. Jitor 校验器的使用

对于学生读者，使用老师提供的账号和密码登录。对于普通读者，可以直接在 Jitor 校验器中注册一个账号。

登录后 Jitor 校验器显示一个实训列表，如图 1-7 所示。学生只能做开放期内的实训，如果过了开放期，则可以复习（复习的意思是可以做实训，但是成绩不提交到服务器上）。

图 1-7　Jitor 校验器的实训列表

单击要做的实训，进入实训指导页面。第一次使用时，选择【实训 1-1】，实训指导页面如图 1-8 所示。

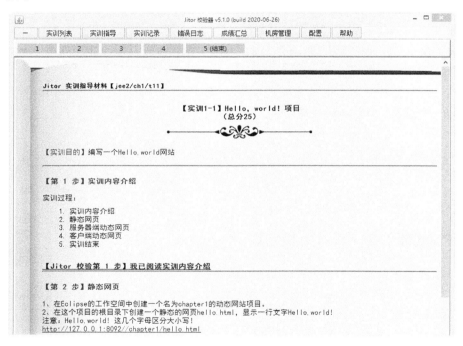

图 1-8　Jitor 校验器的实训页面

按照实训指导的内容一步一步进行操作，操作正确则校验成功，得到相应分数，操作不正确则检验失败，倒扣 1 分，并且需要重做。只有通过后才能做下一步。每一次校验的成绩将提交到服务器上，因此 Jitor 校验器的运行需要网络连接。

教师可以从 Jitor 服务器上实时查看学生操作每一步的完成情况，包括得分和扣分记录，以及全班的成绩统计，可以有针对性地进行讲解，也可以进行个别辅导。

第 1 步和最后 1 步是不需要动手操作的，分值是 2 分，其他步骤是需要动手操作的，可能会失败，分值是 7 分，每失败 1 次扣 1 分，每个步骤最多扣 3 分。

因此只要完成实训，得分就会在 60 分以上（换算为百分制），想要得高分，就要尽量减少失败的次数，就要认真做每一步的操作，也要认真看操作要求。如果放弃了，分数就可能很低，甚至是负分。

1.4.2 Hello, World!项目

【实训 1-1】 入门实例：Hello, World!项目[一]

本实训将通过一个 Hello, World!项目来体验 Java Web 应用开发的基本过程，在这个过程中将分别编写静态网页、客户端动态网页和服务器端动态网页，并比较三者的区别。

1. 安装开发环境

按照 1.3 节的说明，分别安装 JDK、Eclipse、Tomcat 和 Google Chrome 浏览器。本章和第 2 章的项目不需要 MySQL 和 JDBC 驱动程序，可以暂时不安装，直到第 3 章才需要 MySQL 数据库的支持。

> **提示：** 安装 Eclipse 后应该正确配置字符编码为 UTF-8，否则可能出现中文乱码。

2. 创建项目

启动 Eclipse，从主菜单中选择 "File"→"New"→"Dynamic Web Project"，如图 1-9 所示，打开创建动态 Web 项目的对话框。

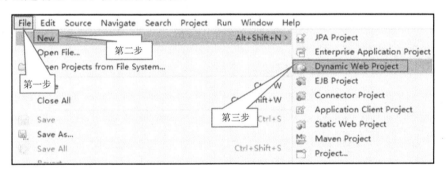

图 1-9 创建动态项目（一）

在 "New Dynamic Web Project" 对话框中填写项目名称 "hello"，如图 1-10 所示，然后单击 "New Runtime"，设置项目的 Web 容器，此时 Web 容器为空。

> **提示：** Web 容器是 Web 服务器上提供 Web 服务的软件，如 Tomcat、JBoss、Weblogic、WebSphere 等，本书使用 Tomcat 作为 Web 容器。

这时会弹出如图 1-11a 所示的对话框，选择 "Apache"→"Tomcat v8.0 Server"，单击 "Next" 按钮，在弹出的如图 1-11b 所示的 "New Server Runtime Environment" 对话框中选择 Tomcat 的安装路径，设置好 Web 容器之后，回到如图 1-10 所示的对话框。

[一] 书中的【实训×-×】都可以在本书配套在线实训平台进行实操，【实训×-×】中的序号与平台中实训序号相对应。

图 1-10　创建动态 Web 项目（二）

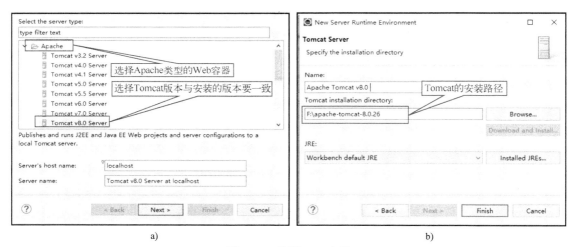

图 1-11　设置 Web 容器
a) 选择 Tomcat 版本　b) 选择 Tomcat 安装路径

最后将图 1-10 中的"Dynamic web module version"改为 2.5，单击"Finish"按钮，完成项目的创建。

此时在 Project Explorer 中可以看到新建项目的结构，如图 1-12 所示。其中 src 是 Java 源代码目录，WebContent 是网站内容目录。在 WebContent 目录中将保存所有网站内容，例如网页、图片、动画、音频和视频等。在 WebContent 目录中还有一个 WEB-INF 目录，它保存与网站有关的库文件（lib 文件）、Java 的字节码文件，以及网站的配置文件 web.xml。

🔍提示：为了更好地理解项目配置的细节，本书所有项目的"Dynamic web module version"统一使用 2.5 版。

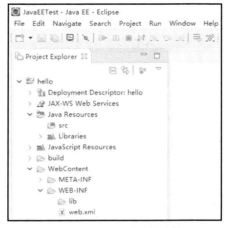

图 1-12　hello 项目的结构

Dynamic web module version 的默认值是 3.0。如果忘记改为 2.5，则创建的项目中没有预先生成的 web.xml 文件，此时可以将项目彻底删除，然后重新创建。删除的方式是从项目的快捷菜单中选择"Delete"，如图 1-13a 所示，并且在弹出的对话框中勾选"Delete project contents on disk（cannot be undone）"，如图 1-13b 所示。

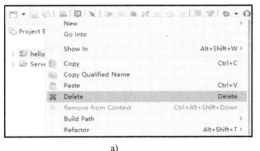

a) 　　　　　　　　　　　　　　　　　　b)

图 1-13　删除项目的方法

a）删除项目　b）选择从硬盘删除项目

3．编写静态网页

创建项目后就可以开始编写网页了。首先编写的是一个静态网页，命名为 world.html。方法是右击 hello 项目的 WebContent 目录，在快捷菜单中选择"New"→"HTML File"，如图 1-14 所示。

图 1-14　新建 HTML 文档

然后在弹出的"New HTML File"对话框中填写网页的文件名"world.html",如图 1-15 所示,单击"Finish"按钮,完成静态网页的创建。

图 1-15 为 HTML 文件命名

这时 Eclipse 生成一个静态网页 world.html,它位于 WebContent 目录之下。该文件在编辑区被打开,如图 1-16 所示。文件的默认代码如下。

```
<!DOCTYPE html PUBLIC "-//W3C//DTD HTML 4.01 Transitional//EN"
  "http://www.w3.org/TR/html4/loose.dtd">
<html>
<head>
<meta http-equiv="Content-Type" content="text/html; charset=UTF-8">
<title>Insert title here</title>
</head>
<body>

</body>
</html>
```

这是一个 HTML 文件,其中包含自动生成的主要标签。现在需要在<body> </body>标签之间插入文字"Hello, World!",如图 1-16 所示。

图 1-16 world.html 的内容

4. 运行网站

运行网站,也就是添加、配置和启动 Tomcat 服务器,在浏览器中查看运行结果。整个过程需要分为下述几个步骤。

（1）添加 Web 服务器

单击服务器（Servers）选项卡的标题，打开"Servers"选项卡，单击 Servers 区第一行的超链接"No Servers are available.Click this link to create a new server"，如图 1-17 所示。

图 1-17　新建服务器

从弹出的"New Server"对话框中选择 Apache 下的 Tomcat v8.0 Server，如图 1-18 所示，单击"Finish"按钮。

图 1-18　选择服务器

如果在创建项目时没有设置 Target Runtime，还需要单击"Browser"按钮（如图 1-11b 所示），在弹出的对话框中选择 Tomcat 的安装目录（参见图 1-11 及其对应的说明）。

（2）将项目添加到 Web 服务器

前一步在 Servers 区添加了 Web 服务器，名为 Tomcat v8.0 Server at localhost。右击服务器名，从快捷菜单中选择"Add and Remove"，如图 1-19 所示。

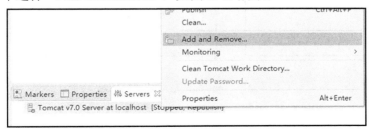

图 1-19　添加项目

接着在弹出的对话框中单击项目名称"hello",然后单击"Add"按钮,将 hello 项目移到右边的窗格中,如图 1-20a 所示,这时可以看到 hello 项目已添加到服务器,如图 1-20b 所示。单击"Finish"按钮即可。

图 1-20　添加项目前后的效果

a) 添加项目前　b) 添加项目后

（3）启动服务器

当服务器 Tomcat v8.0 Server at localhost 被选中时,单击其右上方工具栏中带三角形的绿色按钮,就可以启动 Tomcat,如图 1-21a 所示。启动后显示运行状态的红色图标为加亮状态,同时 Console 窗口将输出启动过程的有关信息,如图 1-21b 所示。

单击图 1-21b 中工具栏上的红色按钮,可以关闭服务器。

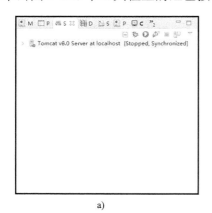
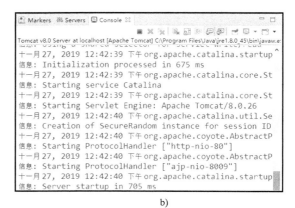

图 1-21　Tomcat 的启动和启动信息

a) 启动 Tomcat　b) Tomcat 启动信息

如果 Tomcat 服务器启动失败,可能是 8080 端口被占用,即 8080 端口被另一个 Tomcat

进程所占用，例如在安装 Tomcat 时运行了 bin\startup.bat，这时需要先关闭这个 Tomcat 进程，再用刚才的方法从 Eclipse 启动 Tomcat。

（4）用浏览器查看运行结果

打开浏览器（Chrome 或 Firefox），在地址栏输入地址 http://127.0.0.1:8080/hello/world.html。其中，127.0.0.1 是本机的 IP 地址，8080 是端口号，hello 是项目的名称，world.html 是网页的文件名。注意项目名称和文件名是区分大小写的。

在浏览器中按〈Enter〉键，看到的网页如图 1-22 所示。

图 1-22　网页 world.html 的效果

右击 Google Chrome 浏览器中的空白处，在弹出的快捷菜单中选择"查看网页源代码"来显示网页源代码的内容，如图 1-23 所示。

图 1-23　用浏览器查看网页源代码

网页源代码的内容与服务器上 world.html 文件的内容完全相同，如图 1-24 所示。

图 1-24　world.html 的源代码

5．服务器端的动态网页

用类似创建静态网页的方法，创建动态网页（JSP），参见图 1-14 和图 1-15。注意，这时在图 1-14 中选择的不是 HTML File，而是 JSP File，在图 1-15 中，文件名改为 demo.jsp，代码如下。

```
<%@ page language="java" contentType="text/html; charset=UTF-8"
pageEncoding="UTF-8"%>
<html>
<body>
<%
out.print("3 + 4 = " +(3+4));      // 服务器端动态的代码在服务器上运行，将结果返回
                                   // 给浏览器
%>
</body>
</html>
```

在这个页面中嵌入了只有 1 行的 JSP 小程序（即 Java 程序），代码由 "<%" 和 "%>" 包围起来。这一行代码的意思是，将 print()方法的参数作为服务器的响应输出到浏览器端。网页的显示效果如图 1-25a 所示，其源代码如图 1-25b 所示。从网页源代码中可以看到，网页的内容是 Java 代码的执行结果，而不是服务器端的 Java 代码。

图 1-25 demo.jsp 的运行结果及其网页源代码

a) 运行结果   b) 网页源代码

6. 客户端动态网页

上一步编写了一个服务器端的动态网页 demo.jsp，现在再编写一个客户端动态网页进行比较。创建一个 JSP 文件，名为 demo-js.jsp，然后将其修改为如下代码。

```
<%@ page language="java" contentType="text/html; charset=UTF-8"
pageEncoding="UTF-8"%>
<html>
<body>
  <script type="text/javascript">
    document.write("3 + 4 = " +(3+4));    // 客户端动态的代码传到客户端，然后在
                                          // 客户端上运行
  </script>
</body>
</html>
```

在这个页面中嵌入了 1 行 JavaScript 代码，代码用一个 HTML 标签<script>和</script>括起来。document.write()方法表示直接向浏览器输出参数的值。客户端浏览器的运行结果和源代码如图 1-26 所示。

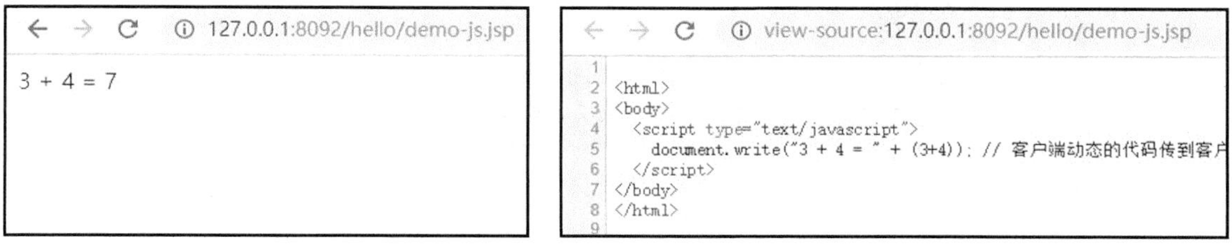

图 1-26　demo-js.jsp 的运行结果及其网页源代码

对照服务器端和客户端的动态网页，它们的运行结果是相同的，但是源代码不同。从源代码可以看出其内部机制完全不同。

- 服务器端动态网页：代码是在服务器上运行的，浏览器接收到的内容是 Java 代码的执行结果（即运算的结果 7），浏览器直接显示网页的内容。
- 客户端动态网页：代码是在浏览器上运行的，浏览器从服务器上接收到的页面内容是 JavaScript 源代码"document.write("3 + 4 = " + (3+4));"，浏览器执行此源代码，然后将运行结果显示在浏览器上。

7. 默认页面和配置文件

一个网站需要一个默认页面（即首页），当用户没有指定页面时，将显示默认页面的内容。默认页面是在配置文件 web.xml（位于 WebContent/WEB-INF）中通过<welcome-file-list>标签指定的，可以同时指定多个默认页面，例如 index.html、index.htm 和 index.jsp 等。

```xml
<?xml version="1.0" encoding="UTF-8"?>
<web-app xmlns:xsi="http://www.w3.org/2001/XMLSchema-instance" xmlns=
"http://java.sun.com/xml/ ns/javaee" xsi:schemaLocation="http://java.sun.
com/xml/ns/javaee   http://java.sun.com/xml/ns/javaee/web-app_2_5.xsd"  id=
"WebApp_ID" version="2.5">
    <display-name>hello</display-name>
    <welcome-file-list>
      <welcome-file>index.html</welcome-file>
      <welcome-file>index.htm</welcome-file>
      <welcome-file>index.jsp</welcome-file>
      <welcome-file>default.html</welcome-file>
      <welcome-file>default.htm</welcome-file>
      <welcome-file>default.jsp</welcome-file>
    </welcome-file-list>
</web-app>
```

当一个目录下存在多个默认文件时，实际生效的是排在前面的那一个。

因此，编写一个 index.html 文件，代码如下。

```html
<html>
<head>
<meta http-equiv="Content-Type" content="text/html; charset=UTF-8">
<title>首页</title>
</head>
<body>
  <h3 align="center">默认页面（首页）</h3>
```

```
            <p>单击下述超链接：</p>
            <ul>
              <li><a href="world.html">静态页面</a></li>
              <li><a href="demo.jsp">服务器端动态页面</a></li>
              <li><a href="demo-js.jsp">客户端动态页面</a></li>
            </ul>
          </body>
        </html>
```

这时，在浏览器的地址栏输入地址 http://127.0.0.1:8080/hello/就能访问默认页面（首页），如图 1-27 所示。注意在地址中不需要指定文件名 index.html。通过单击首页的超链接，可以访问其他页面。

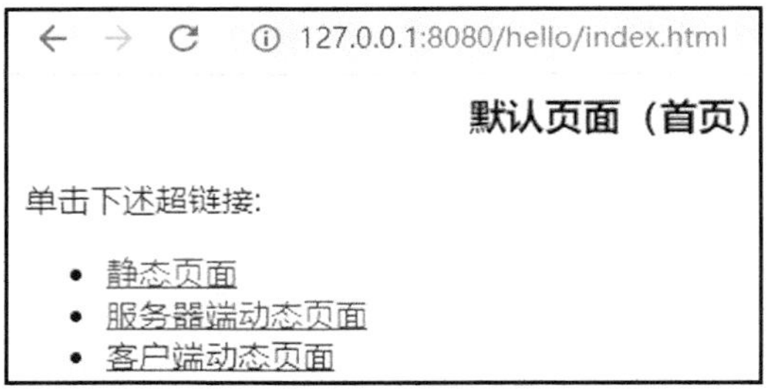

图 1-27　默认页面（首页）

1.4.3　静态网页与动态网页的区别

网页分为静态网页和动态网页两大类。
- 静态网页：由程序员或设计人员编写的网页，在网站运行和传输过程中无变化、最终直接显示在浏览器上的内容。
- 动态网页：由程序员编写的包含可执行代码的网页，访问网页时代码被执行，浏览器显示的内容是执行的结果。根据执行的地点又细分为服务器端动态网页和客户端动态网页两种。

静态网页、服务器端动态网页和客户端动态网页的区别见表 1-2。

表 1-2　静态网页、服务器端动态网页和客户端动态网页的区别

比较项	静态网页	服务器端动态网页	客户端动态网页
网页文件扩展名	.html	.jsp	.html 或.jsp
语言	HTML	HTML（嵌入 Java）	HTML（嵌入 JavaScript）
传输的数据	HTML 文件内容	HTML 文件内容	HTML 文件内容，含有 JavaScript 代码
代码运行的地点	无	服务器	浏览器
服务器的作用	提供静态内容	提供静态内容和动态内容	提供静态内容（包括 JavaScript 源代码）
浏览器的作用	显示内容	显示内容	显示内容，运行代码并显示执行结果

需要注意的是，在通常情况下，一个网站需要同时使用静态网页、服务器端和客户端的动态网页技术，以实现丰富的功能和良好的用户体验。

1.5 项目一：学生信息管理系统首页

1.5.1 项目描述

1. 项目概况

项目名称：student（学生信息管理系统之一）

2. 需求分析和功能设计

本书将以学生信息管理系统为例，分阶段实施。在项目一阶段的任务是，创建一个动态网站项目，编写学生信息管理系统的首页。

1.5.2 项目实施

【实训 1-2】 项目一 学生信息管理系统首页

1. 创建项目

创建名为 student 的动态 Web 项目（Dynamic Web Project）。

2. 编写网页

在 student 项目中新建一个 index.html 文件，代码如下。

```
<html>
<head>
<meta http-equiv="Content-Type" content="text/html; charset=UTF-8">
<title>学生信息管理系统</title>
</head>
<body>
  <h3 style="text-align:center">学生信息管理系统</h3>
    欢迎访问学生信息管理系统。
</body>
</html>
```

学生信息管理系统首页的运行结果如图 1-28 所示。

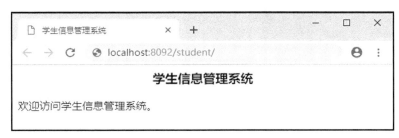

图 1-28　学生信息管理系统首页

1.6 习题

1. 思考题

1）客户端开发技术有哪些？这些技术之间有什么关系？
2）服务器端开发技术有哪些？这些技术之间有什么关系？
3）简述 Java Web 的开发环境。
4）什么是静态网页和动态网页？它们有什么区别？
5）什么是服务器端动态网页和客户端动态网页？它们有什么区别？

2. 实训题

1）习题：选择题与填空题，见本书在线实训平台【实训 1-3】。
2）习题：图书管理系统的小型项目首页的设计，见本书在线实训平台【实训 1-4】。

第2章 客户端编程

第 1 章学习了创建 Java Web 项目的方法,即建立一个动态的 Web 网站,并初步了解静态网页、服务器端动态网页和客户端动态网页三者的区别。

本章将继续以学生信息管理系统项目为例,讨论项目中静态页面和客户端动态网页的设计和编写。由于还没有使用服务器端动态技术,因此这个项目只有登录界面和学生信息管理界面,暂时无法实现管理功能。

本书的后续章节将逐步完善这个项目,每一章都增加一些功能,或对所使用的技术进行改进,直到第 7 章开发出一个完整的基于 SSM 的学生信息管理系统。

▶2.1 学生信息管理系统项目需求分析

作为学生信息管理系统开发的起始阶段,其需求是设计并制作用户界面。
1)首页 index.html:功能是通过表单实现登录功能。
2)学生信息管理主页面:功能是通过表单查询学生信息,同时通过表格显示学生信息。
3)添加学生信息页面:功能是通过表单添加学生信息。
4)更新学生信息页面:功能是通过表单更新学生信息。
对用户界面设计的要求如下。
- 具有一致的页面风格。
- 主页面的头部统一显示为"学生信息管理系统"。
- 页尾由版权信息组成。
- 具有数据校验功能,即对登录的账号和密码进行格式校验。
- 界面简洁美观。

实现上述需求,需要用 HTML、CSS、JavaScript 等实现用户界面的设计和编写。

▶2.2 HTML

HTML(Hyper Text Markup Language,超文本标记语言)是用来描述网页的一种语言,它不是一种编程语言,而是一种标记语言,用一组标签描述网页(HTML 文档)。

2-1 HTML 入门

2.2.1 HTML 语法

【实训 2-1】 HTML 基本语法

创建一个名为 chapter2 的动态 Web 项目,并将这个项目添加到 Tomcat 服务器中。本章实训将在这个项目中完成。

1. HTML 基本结构

组成一个 HMTL 的基本标签有<html>、<head>、<title>和<body>等，它们构成了一个网页的基本架构。下述代码是一个 HTML 文件的基本结构。

```html
<html>
<head>
<meta http-equiv="Content-Type" content="text/html; charset=UTF-8">
<title>网页标题</title>
</head>
<body>
欢迎访问 HTML 网页。
</body>
</html>
```

在 WebContent 目录下创建一个名为 demo.html 的 HTML 文件，将上述代码复制到这个文件，并覆盖原来的代码。通过 URL 地址 http://127.0.0.1:8080/chapter2/demo.html 访问这个网页。在浏览器上的效果如图 2-1 所示。

图 2-1　HTML 基本结构

2. 标签

HTML 标签是由尖括号包围的关键字，例如<title>。它通常成对出现，例如"<title></title>"，第 1 个标签是开始标签，第 2 个标签是结束标签。需要注意如下几点。
- HTML 标签对大小写不敏感，但是 HTML5 推荐使用小写。
- 标签应该配对使用，例如<p>…</p>，多数情况下不能省略结束标签，但有的标签没有结束标签，例如
没有结束标签。

3. 元素

HTML 元素是指从开始标签到结束标签的所有代码，例如"<title>网页标题</title>"，其特点如下。
- HTML 元素以开始标签起始，以结束标签终止。
- 元素内容是开始标签与结束标签之间的内容。
- 某些 HTML 元素没有结束标签，例如
。
- 大多数 HTML 元素可以嵌套（即可以包含其他 HTML 元素）。

4. HTML 属性

HTML 标签可以有属性，属性提供了关于 HTML 元素的更多信息，以名称/值对的形式出

现，例如 name="value"（也可以用单引号），且总是在 HTML 元素的开始标签中规定。下面是
<a>标签的 href 属性和<h1>标签的 style 属性。

```
<a href="http://www.w3shcool.com.cn">this is a link</a>
<h1 style="text-align:center; ">Hello, world!</h1>
```

- 属性对大小写不敏感，但是建议使用小写。
- 属性值应该用单引号或双引号括起来。如果属性本身含有引号，则应该交替使用单引号和双引号。例如 pro="it's me"或 name='w"3'。

有些属性是许多标签共有的，被称为 HTML 全局属性，见表 2-1。

表 2-1 常用的 HTML 全局属性

属性	值
id	规定元素的唯一 id
class	规定元素的一个或多个类名
style	规定元素的行内 CSS 样式

5. 符号实体

符号实体也称为字符实体，有些字符在 HTML 中有特殊含义，例如小于号"<"，可以用实体名称"<"表示，也可以用实体编号"<"表示。常用符号实体见表 2-2，读者应该尽量记住。

表 2-2 常用符号实体

符号	实体名称	实体编号	英文名（帮助记忆）
小于号 <	&lt;	&#60;	less than 小于
大于号 >	&gt;	&#62;	greater than 大于
双引号 "	&quot;	&#34;	quotation 引号
单引号 '	&apos;	&#39;	apostrophe 撇号
空格			non-breaking space（不间断空格）
&符号本身	&amp;	&#38;	ampersand 符号&

2.2.2 HTML 常用标签

除了上述基本标签外，本小节将讲解一些常用的标签。

1. 文本类标签

常用的文本类标签见表 2-3。

表 2-3 常用的文本类标签

标签	说明	实例	标签	说明	实例
<h1>~<h6>	定义标题	<h1>一级标题</h1>	<sup>	定义上标文本	x²
<p>	定义段落	<p>段落文本</p>	<sub>	定义下标文本	a₁
 	定义断行	 	<!-- -->	定义注释	<!-- 这是注释 -->
<hr>	创建水平线	<hr/>	<b>	定义粗体字	<b>粗体文本</b>

- 由于屏幕大小设置的差别，设计时无法确定网页显示的确切效果。
- 浏览器不显示换行符或回车符，可以使用断行(<br/>)或块元素(<div></div>)、<p></p>等实现换行。
- 浏览器会移除多余的空格和换行，所有连续的空格和空行都会被显示为一个空格。

2. 超链接标签

超链接可以是一个词或一句话，也可以是一幅图像，单击超链接将跳转到新的文档或者当前文档中的某个定位（称为锚点）。通过<a>标签定义超链接，实例如下。

```
<a href="http://www.bing.com" target="_blank">新的窗口</a>
```

标签<a>的常用属性见表2-4。

表2-4　标签<a>的常用属性

属性	值	说明	实例或解释
href	URL	规定链接的目标URL	相对地址：news/list.html 绝对地址：/chapter2/world.html 站外地址：http://www.google.com/
target	_blank、_parent、_self、_top 或框架名	规定目标在什么窗口中打开，例如 target="_blank"在新窗口中打开网页	_blank 表示新窗口 _parent 表示父窗口 _self 表示当前窗口 _top 表示顶层窗口

对于超链接的URL，应该理解相对地址、绝对地址和站外地址的区别。相对地址是在网站中相对于本网页所在目录的地址，绝对地址是指相对于本网站根地址（用"/"标识）的地址，站外地址是一个完整的URL地址，见表2-5。

表2-5　相对地址、绝对地址和站外地址的区别

地址类型	说明	例子
站外地址	以"http://"开始，完整的URL地址	http://www.bing.com/
绝对地址	以"/"开始，在网站内部，从根地址开始	/chapter2/world.html
相对地址	不同于上述两种，在网站内部，相对于本目录	news/list.html

3. 图像标签

标签<img>定义图像，用于在当前位置显示一幅图片。Web技术支持的图片格式有3种：jpg、gif和png。实例如下。

```
<img src="images/header.jpg" width="800px" height="64px" alt="欢迎访问本网站" />
```

<img>标签的常用属性见表2-6。

表2-6　<img>标签的常用属性

属性	值	说明	实例或解释
src	URL	规定显示图像的URL	相对地址：images/logo.gif 绝对地址：/chapter2/images/logo.gif 站外地址：http://www.utid.org/chapter2/images/logo.gif
alt	文本	规定图像的替代文本	图片加载慢或失败时的友好提示
height	像素或%	规定图像的高度	不规定时，使用图像的实际高度值
width	像素或%	规定图像的宽度	不规定时，使用图像的实际宽度值

2.2.3 表格标签

【实训 2-2】 表格标签

简单的 HTML 表格由<table>标签以及一个或多个<tr>、<th>或<td>标签组成。其中，<tr>标签定义表格行，<th>标签定义表头，<td>标签定义表格单元。下述代码的效果如图 2-2 所示。

```html
<table border="1" width="200px" >
  <tr >
    <th>姓名</th>
    <th>年龄</th>
  </tr>
  <tr >
    <td>张三</td>
    <td>20</td>
  </tr>
  <tr >
    <td>李四</td>
    <td>21</td>
  </tr>
</table>
```

图 2-2 表格

表格一般使用样式表规定样式，详见 2.3 节。

2.2.4 表单和表单元素

【实训 2-3】 表单和表单元素

1. 表单

表单是包含表单元素的区域，表单元素是允许用户在表单中输入信息的元素。表单使用表单标签<form>定义。表单的常用属性见表 2-7。实例如下。

```html
<form name="registerForm" method="POST" action="save.jsp">
  <!--表单元素-->
</form>
```

表 2-7 表单的常用属性

属性	值	说明	对前述例子的解释
name	名称	表单的名称	表单名称是 registerForm
action	URL	提交表单时，发送数据到 URL	表示将数据发送给 save.jsp 文件
method	GET、POST	发送表单数据的方式	例中方法是 POST

🔍 提示：表单（Form）和表格（Table）的区别是前者用于填写数据（录入或修改数据），提交给服务器；而后者是以表格的形式显示数据，表格数据是不可编辑的。

2. 表单元素

常用的表单元素有输入标签<input>、文本区标签<textarea>和选择标签<select>三种，其中输入标签的输入类型由类型属性（type）定义，见表2-8。

表2-8 表单元素的常用属性

属性	值	说明	实例或解释
输入标签<input>			
name	名称	定义 input 元素的名称	name="account"
type	text	文本输入框	type="text"
	password	密码输入框	type="password"
	file	上传文件输入框	type="file"
	radio、checkbox	单选按钮、多选框	type="checkbox"
	hidden	隐藏输入标签	type="hidden"
	button、reset	普通按钮、重置按钮	type="reset"
	submit	提交按钮	type="submit"
value	文本值	指定 input 元素的初始值	text、password 的初始值；radio、checkbox、hidden 的内部值；button、reset、submit 按钮的文字
checked	checked	首次加载时元素应当被选中	radio、checkbox 初始化为选中
size	数字	定义输入字段的宽度（以字符数计）	text、password、file 的显示宽度
disabled	disabled	指定禁用此元素	disabled="disabled"
文本区标签<textarea>			
name	名称	指定文本区的名称	name="description"
cols	数字	指定文本区内的可见宽度（列数）	cols="60"
rows	数字	指定文本区内的可见行数	rows="8"
disabled	disabled	指定禁用该文本区	disabled="disabled"
选择标签<select>			
name	名称	指定下拉列表的名称	name="choice"
multiple	multiple	指定可选择多个选项	multiple="multiple"
size	数字	指定下拉列表中可见选项的数目	当设为 multiple 时列表的行数
disabled	disabled	指定禁用该下拉列表	disabled="disabled"
选择标签<option>（<select>标签的子标签）			
value	值	定义送往服务器的选项值	value="c1"
selected	selected	指定选项初始化为选中状态	selected="selected"
disabled	disabled	指定禁用此选项	disabled="disabled"

如果多个表单元素具有相同名字（name 属性），那么服务器接收到的数据将以数组方式表示，但单选按钮除外，同名的单选按钮中只能有一个被选中。多选的 select 元素的数据同样是以数组方式提交的。实例如下：

```
<form method="POST" action="save.jsp">
用户名：<input type="text" name="username" value=""/><br />
密码：<input type="password" name="userpass" value=""/><br />
性别：<input type="radio" name="sex" value="female"/>女
   <input type="radio" name="sex" value="male" checked="checked"/>男<br />
兴趣：<input type="checkbox" name="favorite" value="football" />足球
   <input type="checkbox" name="favorite" value="basketball" checked="checked"/>篮球
```

```
            <input type="checkbox" name="favorite" value="ping-pong"/>乒乓球<br />
    喜欢的歌手：
    <select name="singername" multiple="multiple" size="2">
        <option value="liudehua">刘德华</option>
        <option value="xietingf">谢霆锋</option>
        <option value="zhangxueyou"selected="selected">张学友</option>
    </select><br />
</form>
```

上述表单的显示效果如图 2-3 所示。

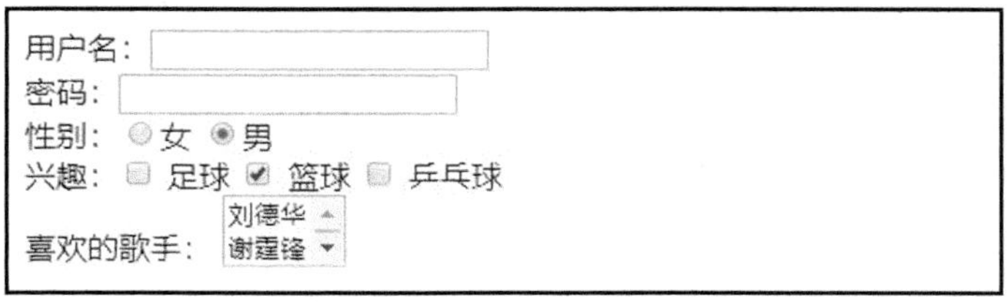

图 2-3　表单的显示效果

2.2.5　<div>和<span>标签

HTML 中有两个比较特别的标签<div>和<span>。它们用于定义文档中的节或节中的一段，用以把文档分割为独立的、不同的部分，从而能够对这些独立的部分进行组织，例如设定其位置、样式等。

<div>是一个块级元素，因此它的内容会自动开始一个新行。实际上，换行是<div>预设的唯一格式表现。可以通过样式 style 属性设置其显示格式，也可以通过 class 或 id 属性应用额外的样式，详见 2.3 节。

<span>用于定义文档中的行内元素。<span>没有预设的格式表现，只有对它应用样式时，才会产生视觉上的变化。

<div>和<span>标签的实例如下，运行结果见图 2-4 所示。

```
<div style="font-family:黑体;color:red;background-color:yellow;text-align:center">红色黄底对中黑体字</div>
<div style="color:green">绿色字(<span style="color:white;background-color:blue">白色蓝底</span>)</div>
```

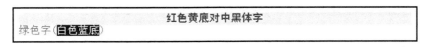

图 2-4　通过<div>和<span>标签设置的显示效果

▶2.3　CSS

HTML 中包括了数据和格式两种内容。早期的网页将数据和格式混在一起，后来出现了 CSS，将数据和格式区分开来。HTML 用于标记内容，例如文字和图片等，而

2-2　CSS 入门

CCS 用来控制格式，即网页的样式，例如字体、颜色、边框、间距、大小、位置、可见性等。

2.3.1 CSS 概述

CSS（Cascading Style Sheets，层叠样式表）的作用是定义如何显示 HTML 元素，它有如下特点。
- 可以完美地实现内容与表现的分离。
- 样式存储在样式表中。
- 外部样式表可以极大提高工作效率——同时控制多重页面的样式和布局。
- 外部样式表存储在 CSS 文件中。
- 多个样式可以层叠，按其优先级从高到低，依次为内联样式、内部样式表、外部样式表，当没有指定样式时，采用浏览器的缺省设置。

CSS 有三种使用方法，对应了不同的优先级，下面分别讲解。

1. 内联样式

内联样式优先级最高，在元素内使用，因此仅作用于一个元素，实例如下。

```
<p style="color:red">第一行</p>
```

上述代码给元素 p 添加 style 属性，并指定此段落的字体颜色为红色。

2. 内部样式表

内部样式表优先级次之，它在<head>标签内定义，作用于整个页面，实例如下。

```
<style type="text/css">
  p{color:green;}
</style>
```

上述代码是在<head>标签中添加了<style>标签。该标签的内容是指定本文档所有段落的字体颜色为绿色，而不仅仅是某一段落为绿色。

3. 外部样式表

外部样式表优先级最低，它在外部文件中定义，可以在任何页面的<head>标签中通过<link>标签引用外部样式表。它作用于引用该样式表文件的所有页面。

下述例子由两个文件组成，第一个文件是 HTML 文档（css.html），代码如下。

```
<!--HTML 部分-->
<html>
<head>
<meta http-equiv="Content-Type" content="text/html; charset=UTF-8">
<title>书城</title>
<link href="css/bookstore.css" type="text/css" rel="stylesheet" />
</head>
<body>
  <p>第一段</p>
</body>
</html>
```

上述代码通过<link>标签引用了 css 目录下的外部样式表 bookstore.css，即本例中的第二个文件，内容如下。

```
p{
  color:blue;
}
```

上述代码与内部样式表的功能一样。不同的是，所有引用了这个样式表的页面都获得了完全相同的样式，因此外部样式表完美地将内容和样式分离，并能够方便地控制整个网站的风格保持一致，因此建议使用这种方法。

> **提示**：样式的优先级从高到低，依次为内联样式、内部样式表、外部样式表。前述例子中三种样式的段落颜色分别是红、绿、蓝，相遇时会呈现不同的颜色。

2.3.2 CSS 语法

CSS 样式由两部分组成：选择器和属性:值对的列表，格式如下。

```
selector {
  property1:value1;
  property2:value2;
  ...
}
```

- 选择器（selector）：选择需要改变样式的 HTML 元素（标签名、id 或 class）。
- 属性:值对（property:value）：表示要改变的属性名和属性值。属性和值之间用冒号分开。

CSS 代码应该全部小写，值中有空格时加上引号，在每个属性:值对后加上分号，且每组属性:值对各占一行，代码如下。

```
p{
  text-align:center;
  color:yellow;
  font-family:"sans serif";
}
```

其中最后一个属性:值对之后允许保留一个分号，方便今后增加新的属性:值对。

> **提示**：选择器的作用是指定样式实施的对象，因此内联样式不需要选择器，因为内联样式的实施对象是当前元素。

2.3.3 选择器

1．元素选择器

直接将元素名作为选择器，例如 p、tr、b 等 HTML 元素。

```
p{font-size:12px;}
```

2．id 选择器

当需要为某个特定的元素指定样式时，可以为这个元素定义 id 属性（唯一性标识）。

```
<div id="active"></div>
```

然后在样式表里定义这个元素的样式，其中的符号"#"表示后面是 id 属性值。

```
#active {
  color:yellow;
}
```

需要注意的是，多个元素不能使用同一个 id 值，如果出现相同的 id 值，只有第一个元素的 id 值有效。

3. 类（class）选择器

当需要为多个元素指定相同的样式时，可以为这些元素添加相同的 class 属性值。

```
<div class="focus">div1</div>
<div class="focus">div2</div>
```

然后在样式里定义这些元素共同的样式，其中的符号"."表示后面是 class 属性。

```
.focus{
  border:1px solid yellow;
}
```

使用 class 选择器可以使多个元素共享相同的样式，从而提高开发效率。

4. 伪类

CSS 中有 4 个伪类定义超链接的样式。a:link 表示链接，a:visited 表示访问过的链接，a:hover 表示鼠标停在上方，a:active 表示按下鼠标期间。下述例子使用了伪类 a:hover。

```
a:hover{
  color:black;
}
```

上述代码通过伪类 a:hover 定义所有的超链接在鼠标悬停其上方时，字体颜色变为黑色。

5. 后代选择器

后代选择器可以选择作为某元素后代的元素（即内嵌的元素）。

```
<h1>学生<em>信息</em>管理系统</h1>
```

上述的 h1 元素中还包括 em 子元素，可以通过后代选择器选择 em 元素。

```
h1 em {
  color : green;
}
```

2.3.4 常用样式

【实训 2-4】 CSS 常用样式

1. 字体属性

常用的字体属性如下。

- font-family：定义文本的字体系列，例如 KaiTi（楷体）、SimSun（宋体）、Microsoft YaHei（微软雅黑）等。
- font-style：常用于规定斜体文本，有 normal、italic、obique 三个值。
- font-weight：设置文本的粗细，100～900 为字体指定了 9 级粗细，900 最粗。
- font-size：设置文本字体大小，常用的单位有：px（像素）、%（基于父元素）、em（相对于当前对象内文本的字体尺寸）。

```
body{
  font-family:KaiTi;
  font-style:normal;
  font-weight:700;
  font-size:20px;
}
```

2. 颜色和背景属性

常用的颜色和背景属性如下。
- color：字体的颜色。
- background-color：背景的颜色。
- background-image：背景图片的 url（路径）。

```
table{
  background-image:url(../images/girls.jpg);
}
```

背景图片和<img>标签都能在浏览器上显示图片，但是背景图片不占据页面空间，其目的主要是为了美观，而<img>显示的图片需要占据页面空间，其主要目的是为了更形象地表达信息。

3. 颜色写法

颜色的写法有三种，可以从中任选一种。
- 表示颜色的单词：red（红色）、yellow（黄色）、green（绿色）等。
- 十六进制：#ff0000（红色），其中 3 组数字分别代表红绿蓝的分量。
- 十六进制缩写：#f00（红色），在 CSS 中可以缩写每个分量，例如#ff0000 缩写为#f00。

上述三种方法中最常用的是使用十六进制。

4. 文本属性

常用的文本属性见表 2-9。

表 2-9　常用的文本属性

属性名	含义	值的说明
text-decoration	文字的装饰样式	none|underline|overline|blink|line-through
text-align	文本对齐方式	left|right|center|justify
vertical-align	垂直对齐方式，用于修饰<tr>和<td>标签	baseline|sub|top|bottom|middle
line-height	行高	数字，单位是%或者 px（像素）
text-indent	首行缩进	数字，单位用 em，例如 2em 表示两个字的宽度

例如下述代码。

```
a{
  text-decoration:none;
}
p{
  text-align:center;
  line-height:50px;
  text-indent:2em;
}
```

上述代码通过 text-decoration 定义所有超链接没有下画线，然后通过文本属性定义了段落居中显示，且行高为 50 像素，首行缩进两个字符。

▶2.4 JavaScript

JavaScript 与 HTML 和 CSS 一起，组成了客户端编程的三大技术，这三种技术相互配合，在浏览器上展现出丰富多彩的页面。

- HTML：是一种标记语言，用于对内容进行标记，例如文字和图片等。
- CSS：用于控制网页的样式，例如字体、颜色、边框、位置、可见性等。
- JavaScript：是一种编程语言，通过程序的执行来动态地控制 HTML 中的内容，以及 CSS 中的样式，客户端动态网页就是由 JavaScript 实现的。

2-3　JavaScript 入门

🔍 **提示**：服务器端编程有多种技术可选，如 JSP、ASP、PHP，程序员只要从中选择一种即可。而客户端编程是多种技术的集合，程序员要学会灵活运用所有这些技术。

2.4.1 JavaScript 概述

JavaScript 是一种编程语言，它是在客户端的浏览器上执行的，因此这些代码必须写在 HTML 文档中，与 HTML 一同下载到客户端，然后在浏览器上执行。

1. JavaScript 的用法

【实训 2-5】 JavaScript 入门

JavaScript 代码可以放在元素内部，可以放在 HTML 文档内部，也可以放在 HTML 文档外部单独保存。

（1）元素内部

实例代码如下。

```
<html>
<body>
<p onclick="alert('已经点击了')">点击我！</p>
</body>
</html>
```

上述代码中，JavaScript 代码"alert('已经点击了')"作为属性 onclick 的值被嵌入在元素内，一旦单击了这一行文字，就会运行这段代码，弹出一个警告对话框。如图 2-5 所示。

图 2-5　弹出警告对话框

（2）HTML 文档内部

实例代码如下。

```
10 + 20 =
<script>
  document.write(10+20);
</script>
```

上述代码中，一行 JavaScript 代码直接嵌入在 HTML 文档中，加载页面时，输出内容"10 + 20 = 30"，其中的 30 是这一行 JavaScript 代码计算的结果。

（3）独立的 JavaScript 文件

首先编写一个独立的 JavaScript 文件（文件名是 script.js）。

```
function hello(name){  // 定义了一个名为hello 的函数
  alert("Hello, " + name + "!");
}
```

然后在 HTML 文档中用<script>标签导入 script.js 文件，这样就可以调用这个文件中的函数了。

```
<html>
<head>
<meta http-equiv="Content-Type" content="text/html; charset=UTF-8">
<title>JS 测试</title>
<script type="text/javascript" src="script.js"></script>
</head>
<body>
<p onclick="hello('朋友')">点击我，运行script.js 中的函数！</p>
</body>
</html>
```

采用这种方式可以编写一些通用的 JavaScript 函数，供多个 HTML 文档使用。

2. JavaScript 代码测试

在实际编码中，JavaScript 是在 HTML 文档中运行的，但是对于学习 JavaScript，这样做不太方便。为此，本书为读者设计了一个 JavaScript 测试器，网址是 http://ngweb.org/jsbox.html，界面如图 2-6 所示。

在图 2-6 所示网页的方框中输入 JavaScript 代码，单击"执行代码"按钮就可以得到运行结果。本节后续 JavaScript 代码都可以用这种办法进行演示和测试。

图 2-6　JavaScript 测试器

2.4.2　JavaScript 基础语法

JavaScript 比 Java 语言晚一些出现。虽然是由不同的公司开发的，是完全不同的一种语言，但是它采用了许多 Java 的语法格式，编码风格也非常相近。这些相近的部分如下。
- 标识符命名规则：完全相同，也是大小写敏感的。
- 运算符和表达式：基本相同，也有三元条件表达式。
- 语句和语句块：完全相同，语句以分号结束，采用花括号表示语句块。
- 分支语句：完全相同，有 if 和 switch 语句。
- 循环语句：完全相同，有 while、do...while 和 for 语句，以及 break 和 continue。
- 代码注释：基本相同，单行注释和多行注释是相同的，但没有文档注释。

因此，可以在 Java 语言的基础上学习 JavaScript 语言，主要学习它们的不同之处。比较下述计算 1～100 累加和的 JavaScript 和 Java 代码，几乎没有什么区别。

```
                JavaScript 语言                |                Java 语言
var sum = 0;                                   | int sum = 0;
for(var i=1; i<=100; i++){                     | for(int i = 1; i <= 100; i++) {
    sum += i;                                  |     sum += i;
}                                              | }
alert("sum = " + sum);                         | System.out.println("sum = " + sum);
```

在关系运算符中，除了"=="以外，JavaScript 还有"==="和"!=="，分别表示严格相等和严格不相等（严格的意思是同时比较数据类型和值）。例如下述代码。

```
alert(4=="4");        // 双等号，输出 true，因为二者的值相等
alert(4==="4");       // 三等号，输出 false，因为虽然值相等，但类型不同
```

JavaScript 是一种脚本语言，不需要编译，而是直接运行源代码，所以与编译型的 Java 也有许多方面不同，一些重要的区别见表 2-10。

表 2-10 JavaScript 与 Java 的区别

比较项	Java	JavaScript
是否需要编译	需编译为字节码，并通过 Java 虚拟机执行	由浏览器直接执行
执行地点	在服务器上执行	在客户端的浏览器中执行
变量类型	所有变量在声明时必须指定数据类型	定义变量时不必声明变量的类型

JavaScript 的特殊之处主要源自两个特点：一是它是一种弱类型语言，二是运行环境是浏览器（目前也应用到包括服务器开发等其他环境中）。

例如 JavaScript 的函数对返回值没有任何强制要求，同一个函数可以不返回值，也可以返回任意类型的值。这就要求函数的设计者和调用者之间有一个约定。因此，每个函数都会约定只返回指定类型的值，如果返回错误类型的值会导致调用方的失败。

1. 声明变量

JavaScript 是一种弱类型语言，它的变量没有固定的数据类型，因此 JavaScript 变量是一个能够存储任意类型数据的容器。

变量定义有两种形式。
- 隐式定义：不事先声明，直接给变量赋值。
- 显式定义：用 var 关键字声明。

这两种形式的区别如下。
- 在函数外，两种形式的效果完全相同。JavaScript 的函数在后面讨论。
- 在函数内，隐式定义的是全局变量，显式定义的是局部变量。

```
var name;            // 声明一个变量
alert(name);         // 这时值为 undefined，因为声明后的变量并没有值
name = "Lisi";       // 为变量赋值
alert(name);         // 这时值为 Lisi

var a = 5;           // 声明变量并为变量赋值
b = 6;               // 还可以不声明直接使用一个变量
alert(b);            // 这时值为 6
var a;               // 可以重复声明一个变量
alert(a);            // 这时值为 5，因为重复声明后，原来的值不会被改变
```

2. 数据类型

【实训 2-6】 JavaScript 数据类型

JavaScript 的变量没有固定的数据类型，但 JavaScript 变量的值是有数据类型的，这些数据类型有数字、字符串、布尔值、对象、函数、未定义（undefined）等，见表 2-11。

表 2-11 JavaScript 的数据类型

类型名	含义	说明
number	数字	包括整数和实数，实数以双精度数表示
string	字符串	用双引号或单引号引起来的任意文本，可以使用转义字符，如"It's me.\n"
boolean	布尔值	只有 true 或 false 两个值，分别表示"真"和"假"
object	对象	例如数组、日期和 null 值等都是对象
function	函数	执行特定任务的代码块
undefined	未定义	没有定义或者定义了但没有赋值

可以使用 typeof 运算符来确定 JavaScript 变量的值的数据类型。例如下述代码。

```
alert("变量的数据类型是: " + typeof(a));    // 这时变量 a 的类型是 undefined
a = 6;
alert("变量的数据类型是: " + typeof(a));    // 这时变量 a 的类型是数字类型
a = "6";
alert("变量的数据类型是: " + typeof(a));    // 这时变量 a 的类型是字符串类型
a = a == 6;
alert("变量的数据类型是: " + typeof(a));    // 这时变量 a 的类型是布尔类型
```

从上述代码的运行结果可以看到，JavaScript 变量的类型取决于 JavaScript 变量的值的类型。还有一种特殊的对象是数组，与 Java 的数组既有相似之处也有不同。

```
var c1 = new Array();                  // 声明数组
c1[0] = 1;
c1[1] = 2;
c1[2] = 3;
alert(c1[1]);
alert(typeof(c1));

var c2 = ["a", "b", "c"];              // 另一种声明数组的办法
alert(c2[1]);
alert(typeof(c2));
```

2.4.3 函数的定义和调用

【实训 2-7】 JavaScript 函数

JavaScript 函数有多种定义方式，常用的一种方式是用 function 关键字定义一个函数。例如下述代码。

```
function add(a, b){
  return a+b;
}
```

下述调用函数的代码可以写在任何地方，可以在函数定义之前或在另一个函数之内。

```
alert("sum = " + add(2,3));
```

JavaScript 的函数的功能与 Java 的方法完全相同，但语法有些不同，使用更加灵活，JavaScript 函数与 Java 方法的比较见表 2-12。

表 2-12　JavaScript 函数与 Java 方法的比较

比较项	JavaScript 函数	Java 方法
关键字	用 function 关键字定义函数	无关键字，但必须指定返回类型
参数类型	参数无类型，可传入任意类型的实参	参数有类型，只能传入指定类型的实参
返回值类型	可以返回任意类型的值，或不返回值	只能返回指定类型的值，或者不允许返回值

1. 全局变量

在函数外使用的变量都是全局变量，全局变量的作用域包括一个 HTML 文档中的所有 JavaScript 代码以及所有引用的 JavaScript 文件中的代码。

但是在函数内的变量，如果没有用 var 事先声明，则这个变量是全局的，在函数外，甚至是其他的 JavaScript 文件中都能够访问到它。例如下述代码。

```
function add(a, b){
  z = a + b; // 函数内，z 没有用 var 声明，是全局变量
  return z;
}

alert("函数 add 的返回值："+add(1, 2));  // 这里是 1 + 2
alert(typeof(z)); // 函数外，z 的值是 3，类型是 number
alert("全局变量的值："+z);
```

2. 局部变量

在函数内的变量，只要用 var 事先声明，则这个变量是局部的，不会影响函数外的同名变量的值，如果函数外没有同名变量，则函数外无法访问这个变量。例如下述代码。

```
function add(a, b){
  var z = a + b;     // 函数内，z 用 var 声明，成为局部变量
  return z;
}

alert("函数 add 的返回值："+add(1, 3));      // 这里是 1 + 3
alert(typeof(z));   // 函数外，z 没有定义，类型是 undefined
alert("局部变量的值："+z);                    // 函数外，z 没有定义，运行时错误
```

因此在函数内，任何时候都要用 var 来声明所有变量，以免因为同名变量而引起难以发现的错误。在没有足够的理由时，函数内绝对禁止使用全局变量。例如下述代码。

```
function add(a, b){
  result = a + b;
  return result;
}

function getResult(){
  return result;
}

result = 20;
alert(getResult());     // 显示值为 20
alert(add(1,2));        // 显示值为 3
alert(getResult());     // 显示值为 3
```

注意最后一行代码，getResult()函数返回的 result 的值是被 add()函数污染过的，所以结果是 3。如果这两个函数分别出现在不同的文件中，而实际上它们访问了同一个全局变量，由此造成的错误几乎是无法找出来的。

▶2.5　XML

XML（eXtensible Markup Language，可扩展标记语言）是一种标记语言，在形式上与 HTML

非常相似。但是它们也有许多不同：一是 XML 主要用来表示数据，而 HTML 可用来表示和展现数据；二是 XML 标签没有被预定义，所有的标签都需要自行定义，而 HTML 的标签全部是预定义好的，每个标签都预定义了含义。

> **提示**：XML 通常不用于客户端编程，在本书中它的典型用途是程序的配置，因此主要用于服务器端编程中，由于它与 HTML 非常类似，因此放在本章讲解。

2.5.1 XML 文档规则

下述代码是一个 XML 文档的实例（文件扩展名是.xml）。

```xml
<?xml version="1.0" encoding="UTF-8"?>
<note>
    <to>李丽 收</to>
    <from>张明 发</from>
    <heading>备忘</heading>
    <body>别忘记下午开会!</body>
</note>
```

从这个实例，可以看出一个 XML 文档的结构。XML 的语法规则很简单，下面列出 XML 的基本规则。

- XML 文档的第一行必须是 XML 文档声明，如例中所示。
- XML 文档由元素组成，而元素则是由标签和数据组成，标签还可能含有属性。
- 一个 XML 文档必须有且只能有一个根元素。

1. 标签

标签是自由定义的，没有任何预定义的标签，特定用途的 XML 文档都会有一套自定义的标签，使用时必须按照要求进行编写。还需要注意如下规则。

- 标签是大小写敏感的，例如这样写是错误的：<message>消息</Message>。
- 标签必须是闭合的，例如<from>张明</from>。
- 标签必须正确地嵌套。
- 标签的属性值必须加引号，例如<note date="2020-02-23">。

2. 数据

元素中的数据可以是任意的字符串，除了不能含有<、>、"、'和&符号，这几种符号要使用符号实体来表示，详见表 2-2。

2.5.2 XML 的应用

XML 的应用非常广泛，包括数据交换、数据存储、软件系统的配置，甚至还可以作为编程语言的载体。在 Web 应用开发中，主要用于数据传输和配置文件的编写。

本书讲解的各项技术中大量使用 XML 文档作为配置文件，例如动态 Web 项目的配置文件 web.xml，每一种配置文件都有自己的预定义的标签，在修改这些文件时，一定要按照这些标签的要求和含义来编写。

2.6 项目二：学生信息管理系统的客户端编程

2.6.1 项目描述

1. 项目概况

项目名称：student（学生信息管理系统之二）

2. 需求分析和功能设计

本书以学生信息管理系统为例，讲解 Java Web 开发的完整过程，从界面设计开始，直到项目的发布，共分为 7 个阶段，每个阶段对应本书的一章，即第 2～8 章。本项目是学生信息管理系统的第 1 阶段，即界面设计。

2.6.2 项目实施

【实训 2-8】 项目二 学生信息管理系统的客户端编程

1. 创建项目

按第 1 章项目一所述步骤，创建名为 student 的动态 Web 项目（Dynamic Web Project）。

2. 页面风格设计

页面主色调以蓝色为主，简洁明快，美观大方。所有页面风格统一，主页面划分为 3 个区，从上到下分为页头区、正文显示区、页尾区。

页面的设计采用 HTML、CSS、JavaScript 技术实现，这些完全是静态的内容。

3. HTML 页面

项目中有 4 个 HTML 页面，分别是登录页面（index.html）、浏览学生信息页面（view.html）、添加学生信息页面（add.html）和更新学生信息页面（update.html），还有一张作为背景的图片（head.png）、三个 CSS 文件和一个 JS 文件（script.js），这些文件分别保存在不同的目录中。项目架构如图 2-7 所示。

图 2-7 实训 2-8 项目架构图

（1）登录页面

在 WebContent 目录下新建 index.html 文档，代码如下，其中引用的外部样式表和 JavaScript 文件在后面讲解。

```
<html>
<head>
```

```html
    <meta http-equiv="Content-Type" content="text/html; charset=UTF-8">
    <title>登录页面</title>
    <link rel="stylesheet" type="text/css" href="css/common.css" />
    <link rel="stylesheet" href="css/login.css" type="text/css" />
    </head>
    <body>
      <div class="main">
        <div class="header">
          <h1>学生信息管理系统</h1>
        </div>
        <div class="loginMain">
          <form action="" method="post" onsubmit="return checkLogin()">
            <input type="text" name="username" placeholder="用户名" />
            <input type="password" name="password" placeholder="密码" />
            <input type="submit" value="登录" class="btn" />
          </form>
        </div>
      </div>
    <script type="text/javascript" src="js/script.js"></script>
    </body>
    </html>
```

登录页面只包含一个 form 标签，里面的三个<input>标签分别对应用户名、密码和提交按钮。为了提升用户体验，在 head 标签中通过 link 标签引入了外部样式表，相关内容见下一小节。使用了外部样式表登录页面的效果如图 2-8 所示。

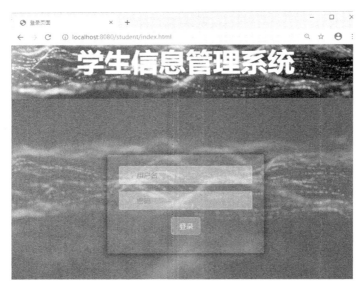

图 2-8　登录页面效果图

（2）主页面

在 WebContent 目录下新建 view.html 文档，代码如下。

```html
    <html>
    <head>
    <meta http-equiv="Content-Type" content="text/html; charset=UTF-8">
```

```html
<title>主页</title>
<link rel="stylesheet" type="text/css" href="css/common.css"/>
<link rel="stylesheet" type="text/css" href="css/view.css"/>
</head>
<body>
  <div class="main">
    <div class="header">
      <h1>学生信息管理系统</h1>
    </div>
    <div class="content">
      <p>用户: zhangsan   <a href="#">注销</a></p>
      <form action="#" method="post" class="formclass">
        id: <input type="text" name="id" value="" class="information"/>
        name: <input type="text" name="name" value="" class="information"/>
        age: <input type="text" name="age" value="" class="information"/>
        <input type="submit" value="查询" class="btn"/>
      </form>

      <a href="#">添加</a>

      <h2>学生信息列表</h2>
      <table border="1">
        <tr>
          <td>编号</td>
          <td>名称</td>
          <td>年龄</td>
          <td>性别</td>
          <td>账户</td>
          <td>密码</td>
          <td colspan="2">操作</td>
        </tr>

        <tr>
          <td>1</td>
          <td>张三</td>
          <td>18</td>
          <td>男</td>
          <td>zhangsan</td>
          <td>123456</td>
          <td>删除</td>
          <td>修改</td>
        </tr>

        <tr>
          <td>2</td>
          <td>李四</td>
          <td>19</td>
          <td>女</td>
          <td>lisi</td>
          <td>123456</td>
          <td>删除</td>
          <td>修改</td>
```

```
          </tr>
        </table>
      </div>
      <div class="footer"><p>《Java EE 应用开发及实训》第 2 版（机械工业出版社）
</p></div>
    </div>
    <script type="text/javascript" src="js/script.js"></script>
  </body>
</html>
```

主页主要通过 form 表单实现查询功能，通过超链接进入添加页面，最后通过表格显示学生的学号、姓名和年龄等，同时在表格中添加删除和更新操作。代码中的学生信息是测试数据，真正来自于数据库的数据需要通过 JDBC 或 MyBatis 等获取（第 3 章讲解），效果图如图 2-9 所示。

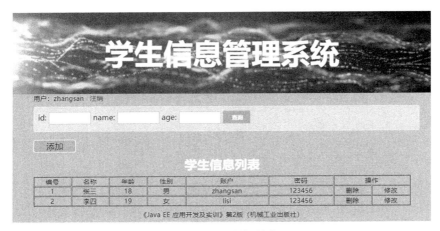

图 2-9　主页效果图

（3）添加学生信息页面

在 WebContent 目录下新建 add.html 文档，代码如下。

```
<html>
<head>
<meta http-equiv="Content-Type" content="text/html; charset=UTF-8">
<title>添加学生信息</title>
<link rel="stylesheet" type="text/css" href="css/common.css"/>
</head>
<body>
  <div class="main">
    <div class="header">
      <h1>学生信息管理系统</h1>
    </div>

    <div class="content">
      <h2>添加学生信息</h2>
      <form action="" method="post" onsubmit="return check()" class="contact_form" >
        <ul>
          <li class="usually">
```

```html
        <span>用户名：</span>
        <input type="text" name="name" value="" />
      </li>

      <li class="usually">
        <span>年龄：</span>
        <input type="text" name="age" value="" id="age"/>
      </li>

      <li class="usually">
        <span>性别：</span>
        <input type="radio" name="sex" value="m" id="male"/>
        <label for="male">男</label>
        <input type="radio" name="sex" value="f" id="female"/>
        <label for="female">女</label>
      </li>

      <li class="usually">
        <span>账号：</span>
        <input type="text" name="account" value="" class="information"/>
      </li>

      <li class="usually">
        <span>密码：</span>
        <input type="text" name="password" value="" class="information"/>
      </li>

      <li class="usually">
        <span>类型：</span>
        <select name="typeId">
          <option value="1">管理员</option>
          <option value="2">用户</option>
        </select>
      </li>

      <li>
        <input type="submit" value="添加" class="submit" />
      </li>
    </ul>
  </form>
</div>

<div class="footer"><p>《Java EE 应用开发及实训》第 2 版（机械工业出版社）</p></div>
    </div>

    <script type="text/javascript" src="js/script.js"></script>
  </body>
</html>
```

上述代码中主要通过 form 表单添加学生信息，其中 class 名为 "content" 的 div 元素的效果图如图 2-10 所示。为了对齐显示，特意将每项信息放在 li 元素中。

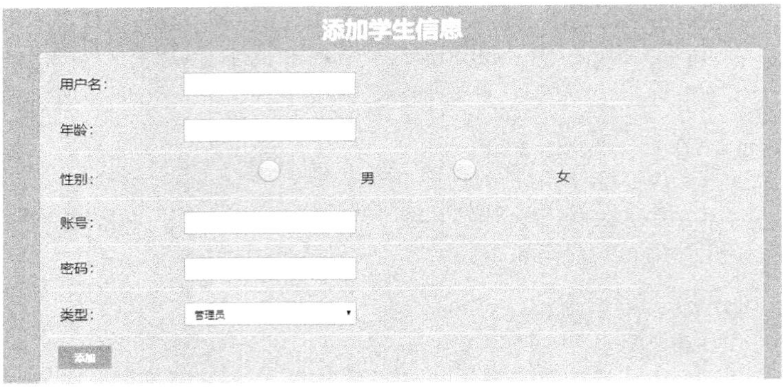

图 2-10 添加学生信息页面效果图

(4) 更新学生信息页面

在 WebContent 目录下新建 update.html 文档，代码如下。

```html
<html>
<head>
<meta http-equiv="Content-Type" content="text/html; charset=UTF-8">
<title>更新学生信息</title>
<link rel="stylesheet" type="text/css" href="css/common.css"/>
</head>
<body>
  <div class="main">
    <div class="header">
      <h1>学生信息管理系统</h1>
    </div>

    <div class="content">
      <h2>更新学生信息</h2>
      <form action="" method="post" onsubmit="return check()" class="contact_form">
          <input type="hidden" name="id" value="" />
        <ul>
          <li class="usually">
            <span>用户名：</span>
            <input type="text" name="name" value="" />
          </li>

          <li class="usually">
            <span>年龄：</span>
            <input type="text" name="age" value="" />
          </li>

          <li class="usually">
            <span>性别：</span>
            <input type="radio" name="sex" value="m" id="male"/>
            <label for="male">男</label>
            <input type="radio" name="sex" value="f" id="female"/>
            <label for="female">女</label>
          </li>
```

```html
          <li class="usually">
            <span>账号：</span>
            <input type="text" name="account" value="" />
          </li>

          <li class="usually">
            <span>密码：</span>
            <input type="text" name="password" value="" />
          </li>

          <li class="usually">
            <span>类型：</span>
            <select name="typeId">
              <option value="1">管理员</option>
              <option value="2">用户</option>
            </select>
          </li>

          <li>
            <input type="submit" value="修改" class="submit" />
          </li>
        </ul>
      </form>
    </div>

    <div class="footer"><p>《Java EE 应用开发及实训》第2版(机械工业出版社)</p></div>
  </div>

  <script type="text/javascript" src="js/script.js"></script>
</body>
</html>
```

上述代码也是通过 form 表单实现学生信息更新功能，效果图如图 2-11 所示。

图 2-11　更新学生信息页面效果图

4．CSS 样式

在设计样式的时候，一般会为每个网页设计一个样式表，同时将网站所有公共的样式保存在一个公共的样式表中。

（1）公共样式

下述 CSS 代码是所有页面共享的样式，因此命名为 common.css。

```css
@CHARSET "UTF-8";

*{
  margin:0;
  padding:0;
}

a{
  text-decoration:none;
}

body {
  font-family:'微软雅黑';
  font-size:16px;
  color:#000;
}

.main{
  width:1000px;
  height:100%;
  margin:0 auto;
  border: 1px solid rgba(0,0,0,0.2);
  border-radius: 5px;
  background: rgba(57,136,239,0.55);
  box-shadow: 0 0 13px 3px rgba(0,0,0,0.5);
}

h1{
  text-align:center;
  color:#fff;
  font-size: 70px;
}

h2{
  width:100%;
  height:40px;
  margin:10px auto;
  text-align:center;
  font-size:30px;
  color:#fff;
}

.header{
  height:200px;
  color:#000;
  line-height:200px;
  background: url(../images/header.png) no-repeat center center;
```

```css
  background-size:cover;
  overflow:hidden;
}

.content {
  padding:0px 50px;
}

.information {
  width:100px;
  height:30px;
  padding:0px 20px;
}

.contact_form {
  width:100%;
  border:1px solid rgba(255,255,255,0.4);
  border-radius:4px;
  display:block;
  font-family: 'Source Sans Pro', sans-serif;
  font-size:18px;
  padding:10px;
  background:rgba(255,255,255,0.4) no-repeat 16px 16px;
}

.contact_form ul {
  width:750px;
  list-style:none;
  margin:0px;
  padding:0px;
}

.contact_form li {
  padding:12px;
  border-bottom:1px solid #eee;
  position:relative;
}

.contact_form span {
  width:150px;
  margin-top:3px;
  display:inline-block;
  padding:3px;
}

.usually input, .usually select {
  height:30px;
  width:220px;
  padding:5px 8px;
}
```

```css
.submit {
  background-color:#47b9ea;
  border:1px solid #46d5e0;
  color:white;
  font-weight:bold;
  padding:6px 20px;
  text-align:center;
}

.submit:hover {
  opacity:0.85;
  cursor:pointer;
}

.footer{
  width:100%;
  text-align:center;
}

.footer p{
  margin:10px auto;
}
```

（2）登录页面样式

这个页面保存的是登录页面独有的样式，因此命名为 login.css。

```css
@CHARSET "UTF-8";

*{
  padding:0;
  margin:0;
}
body{
  background:url(../images/header.png) no-repeat center fixed;
  background-size:cover;
  padding-top:20px;
}

.loginMain{
  width:343px;
  height:200px;
  position:relative;
  left:0;
  top:0;
  margin:150px auto;
  padding:30px;
  border:1px solid rgba(0,0,0,0.2);
  border-radius: 5px;
  background:rgba(208, 115, 115, 0.1);
  box-shadow: 0 0 13px 3px rgba(0,0,0,0.5);
  overflow:hidden;
}
```

```css
.loginMain input {
  width:100%;
  height:48px;
  border:1px solid rgba(255,255,255,0.4);
  border-radius:4px;
  display:block;
  font-family: 'Source Sans Pro', sans-serif;
  font-size:18px;
  color:#fff;
  padding-left:45px;
  padding-right:20px;
  margin-bottom:20px;
  background:rgba(255,255,255,0.4) no-repeat 16px 16px;
}

.loginMain input[type=submit] {
  cursor:pointer;
  margin-left:134px;
}

.loginMain input:focus {
  background-color:rgba(0,0,0,0.2);
  box-shadow:0 0 5px 1px rgba(255,255,255,0.5);
}

.loginMain .btn {
  width:75px;
  height: 45px;
  background: #00b0dc;
  padding: 10px 20px;
  border-radius: 6px;
  color: #e1e1e1;
}

.loginMain .btn:hover {
  border:1px solid #253737;
  text-shadow:0 1px 0 #333333;
  background:#3f95de;
  color:#fff;
}

.loginMain .btn:active {
  margin-top:1px;
  text-shadow:0 -1px 0 #333333;
  border:1px solid @253737;
  background:#00b0dc;
  color:#fff;
}
```

上述代码分别对提交按钮的未单击状态、鼠标悬停状态和单击后的状态添加了样式。

（3）主页面样式

这个页面保存的是主页面独有的样式，因此命名为 view.css，与网页同名。

```css
@CHARSET "UTF-8";

.formclass {
  width:100%;
  height:40px;
  margin-top:10px;
  border:1px solid rgba(255,255,255,0.4);
  border-radius:4px;
  display:block;
  font-family: 'Source Sans Pro', sans-serif;
  font-size:18px;
  padding:10px;
  background:rgba(255,255,255,0.4) no-repeat 16px 16px;
}

.formclass .btn{
  width:65px;
  height: 33px;
  background-color:#47b9ea;
  border:1px solid #46d5e0;
  color:white;
  font-weight:bold;
  padding:6px 20px;
  text-align:center;
}

form{
  width:100%;
}

form + a{
  display:block;
  width:100px;
  height:30px;
  border:1px solid #fff;
  border-radius:5px;
  font-size:20px;
  color:black;
  text-align:center;
  line-height:30px;
  margin-top:20px;
  margin-bottom:5px;
  background-color:rgba(57,136,239,0.20);
}

table{
  width:100%;
}
```

```
table td{
  text-align:center;
}
```

5. JavaScript 校验

为了减小服务器端的压力,可以在客户端通过 JavaScript 校验表单中提交的信息是否合理,如果合理才提交给服务器,否则不提交。

作为一个演示,本项目只使用了一个表单校验。采用 JavaScript 对用户提交的数据进行校验,代码如下(文件名 script.js)。

```
/**
 * 对登录表单进行校验
 */
function checkLogin(){
  var username = document.getElementsByName("username");
  var password = document.getElementsByName("password");

  if(username[0].value=="" || password[0].value==""){
    alert("用户名和账号不能为空");
    return false;
  }else{
    return true;
  }
}

function check(){
  var name = document.getElementsByName("name");
  var age = document.getElementsByName("age");
  var sex = document.getElementsByName("sex");
  var account = document.getElementsByName("account");
  var password = document.getElementsByName("password");

  //判断姓名是否为空
  if(name[0].value==""){
    alert("用户名不能为空");
    return false;
  }

  //判断年龄是否为数字,范围是 0～150
  var ageNumber = parseInt(age[0].value);
  if(isNaN(ageNumber)){
    alert("年龄必须是数字");
    return false;
  }else if(ageNumber<=15 || ageNumber>35){
    alert("年龄范围是 15-35")
    return false;
  }

  //判断性别是否被选中
  var flag = false;
```

```
      for(var i = 0; i<sex.length; i++){
        s = sex[i];
        if(s.checked){
          flag = true;
        }
      }

      if(!flag){
        alert("性别还没选");
        return false;
      }

      //判断账号是否为空
      if(account[0].value==""){
        alert("账号不能为空");
        return false;
      }

      //判断密码是否为空
      if(password[0].value==""){
        alert("密码不能为空");
        return false;
      }

      return true;
    }
```

上述代码中的 checkLogin()函数用来验证用户登录时的账号和密码是否为空，如果为空则返回 false，这样登录请求就不会发送到服务器端。

在添加学生信息和更新学生信息时，调用 check 函数验证用户名、年龄、性别、账号和密码是否合理，如果不合理则返回 false。

▶2.7 习题

1. 思考题

1）举例说明 CSS 与 HTML 的关系。
2）JavaScript 与 Java 语言有什么区别？
3）JavaScript 变量有什么特点？

2. 实训题

1）习题：选择题与填空题，见本书在线实训平台【实训 2-12】。
2）习题：HTML 表单的设计，见本书在线实训平台【实训 2-13】。
3）习题：CSS 模型的设计，见本书在线实训平台【实训 2-14】。
4）习题：用户表单的校验，见本书在线实训平台【实训 2-15】。
5）习题：图书管理系统的小型项目界面设计，见本书在线实训平台【实训 2-16】。

第3章 JSP 技术

前一章学习了客户端编程的基本技术,包括 HTML、CSS 和 JavaScript,并用这些技术完成了学生信息管理系统的界面设计与编写。

本章开始学习服务器端编程。由于服务器端编程的技术比较复杂,因此将分为五个阶段,分别学习 JSP、数据库编程、Servlet、MyBatis、Spring 和 SpringMVC 等技术。本章首先学习 JSP 和数据库编程,在项目二的基础上,采用这些技术实现一个基于 JSP 的学生信息管理系统。

▶3.1 学生信息管理系统项目需求分析

在项目的前一阶段,设计并实现了学生信息管理系统的界面,同时实现了客户端的数据校验功能。本阶段的需求如下。
- 用 JSP 技术实现增加、删除、修改和查询学生信息的功能。
- 通过 JDBC 查询数据库中的学生信息,以及添加、修改和删除学生信息。

为实现这个需求,需要学习如何在服务器端处理用户提交的请求,如何通过 JDBC 操作数据库,以及如何通过 JSP 显示从数据库查询的信息。因此,需要学习 JSP 的基本语法、内置对象、JDBC 编程。

▶3.2 JSP 基本语法

一个 Java Web 项目是由配置文件、JSP 文件、类文件(java 文件)以及网站资源(静态 HTML 文件、CSS 文件、JavaScript 文件、图片文件以及音视频文件等)组成的。在第 1 章简单介绍过 JSP 文件,本章详细讨论 JSP 技术。

创建一个名为 chapter3 的动态 Web 项目,并将这个项目添加到 Tomcat 服务器中。本章实训将在这个项目中完成。

3-1 JSP 基本语法

3.2.1 JSP 文件的构成

JSP 文件(也称为 JSP 页面)是通过在 HTML 文档中嵌入 Java 语句(脚本标识)来实现的。一个 JSP 页面由两部分元素组成。
- HTML 元素:有 HTML 标签、JavaScript 脚本、CSS 层叠样式表等。
- JSP 元素:有指令标识、脚本标识、动作标识、注释标识等,在脚本标识里还可以使用 JSP 的内置对象。

JSP 页面的基本格式如下。

```
<%@ 指令标识 %>
<html>
<body>
<!-- HTML 元素 -->
<%
   JSP 元素（脚本标识、注释等）
%>
<jsp:动作标识>
<!-- HTML 元素 -->
</body>
</html>
```

3.2.2 指令标识

【实训 3-1】 JSP 指令标识

指令标识用于向 Web 容器发出指示，从而控制 JSP 页面的某些特性。指令标识有 page、include 和 taglib 等。指令标识的格式如下。

```
<%@ 指令名 一个或多个指令属性 %>
```

1. 全局指令 page

全局指令 page 用于对 JSP 文件的全局属性进行设置。page 指令只在当前页有效，即每个页面都有自身的 page 指令，如果没有对某个属性进行设置，将使用默认的属性值，见表 3-1。

表 3-1　page 指令的常用属性及默认值

属性	说明	默认值
language	指定 JSP 页面使用的脚本语言(必选，其余均为可选)	java
contentType	指定 MIME 类型和字符编码方式，编码建议统一使用 UTF-8	text/html; charset=ISO-8859-1
pageEncoding	JSP 文件的字符编码方式，建议统一使用 UTF-8	ISO-8859-1
import	引用包或类文件，相当于 Java 语言的 import 语句	无

除了 import 属性，其他属性在一个页面中只能设置一次。实例如下。

```
<%@ page language="java" contentType="text/html; charset=UTF-8"
pageEncoding="UTF-8"%>
<%@ page import="java.util.*" %>
<%@ page import="java.io.*" %>
```

上述指令设置 JSP 页面使用 Java 作为页面的脚本语言，设置页面的 MIME 类型为 text/html，即普通的 HTML 页面，字符编码采用 UTF-8 编码。本书所有 JSP 文件的第 1 行全部与此相同，即全部采用 UTF-8 编码。

上述第 2、3 条全局指令还引入了两个包 java.util 和 java.io，相当于 Java 语言的 import 语句。

2. 文件引用指令 include

指令 include 是用来引用外部文件的，此处的引用应该理解为合并，即将一个外部文件合并到当前文件中，成为一个文件。语法格式如下。

```
<%@ include file="被引用文件" %>
```

例如下述代码是引用文件，名为 include.jsp。

```
<%@ page language="java" contentType="text/html; charset=UTF-8"
pageEncoding="UTF-8"%>
<html>
<body>
这是引用文件 include.jsp。<br>
<%@ include file="included.jsp" %>
</body>
</html>
```

下述代码是被引用文件，名为 included.jsp。

```
<%@ page language="java" contentType="text/html; charset=UTF-8"
pageEncoding="UTF-8"%>
<html>
<body>
<p style="text-align:center">版权所有 @2020</p>
</body>
</html>
```

运行的效果如图 3-1 所示，网页末尾的"版权所有"是在被引用文件中的。

图 3-1　文件引用

一般在页面设计中使用 include 指令标识，用于引用页头和页尾的内容。include 指令的优点如下。

- 减少代码冗余：将多个页面共用的代码提取出来，写入一个单独的文件。
- 提高可维护性：如果需要修改共用的部分，只需修改一个文件（即被引用的文件）。

一个文件可以引用多个文件，最终合并为一个文件。引用文件和所有被引用文件必须使用相同的字符编码格式，即第 1 行的全局指令应该相同。如果不一致，将会出现异常。

3．标签指令 taglib

将在 3.4.2 节详细讨论。

3.2.3　脚本标识

【实训 3-2】　JSP 程序标识、表达式标识和声明标识

脚本标识是一些嵌入在 JSP 文件中的 Java 代码，根据其作用分为三种，下面分别讲解。

1．程序标识

在 JSP 页面中，程序标识是 Java 代码片段。格式如下。

```
<% …… // Java 代码片段 %>
```

下面的代码是一个简单的例子。

```jsp
<%@page language="java" contentType="text/html; charset=UTF-8"
pageEncoding="UTF-8"%>
<%@page import="java.util.Date"%>
<html>
<body>
<%
  Date date = new Date();// 服务器端程序
  out.print("从服务器向你问候，");
  out.print(date.getHours() <= 12 ? "上午好!":"下午好!");
%>
</body>
</html>
```

例中第 2 行导入了一个 Date 类，在程序标识中初始化了 Date 类的一个实例 date，接下来的一行通过 out 内置对象输出一行字符串到客户端的浏览器上，然后根据当前时间输出问候语。

2. 表达式标识

表达式标识的作用是向页面输出一个表达式的值，等价于 out.print(表达式)。在一个表达式标识中只能输出一个表达式的值，表达式不是语句，因此表达式后不允许加分号。格式如下。

<%= …… // 一个合法的 Java 表达式 %> 等价于 <% out.println(……)%>

下面通过例子说明表达式标识的使用方法。

```jsp
<%@page language="java" contentType="text/html; charset=UTF-8"
pageEncoding="UTF-8"%>
<html>
<head>
<meta http-equiv="Content-Type" content="text/html; charset=UTF-8">
<title>Insert title here</title>
</head>
<body>
    <%=1+2%> <br/>
    <%=1*2%> <br/>
    <%="hello"+1%> <br/>
    <%=1>2%><br/>
    <%=(1<2) &&(2<3) %>
</body>
</html>
```

上述代码通过表达式标识进行了算术运算、字符串的拼接、关系运算和逻辑运算，结果如图 3-2 所示。

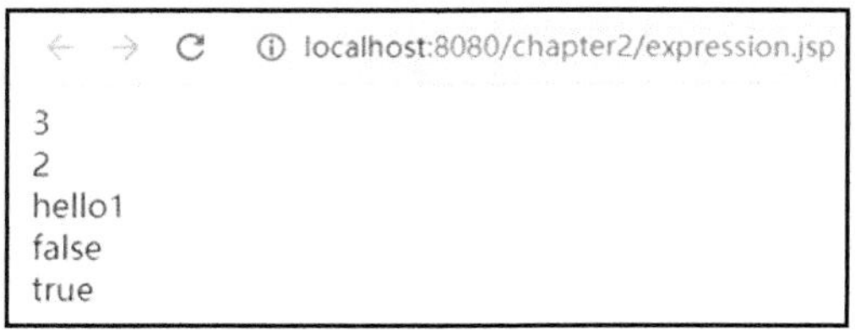

```
← → C  ⓘ localhost:8080/chapter2/expression.jsp
3
2
hello1
false
true
```

图 3-2　表达式运行结果

表达式标识是为了方便程序的编写而引入的，本质上是一行简化了的程序标识。

3. 声明标识

使用程序标识和表达式标识编写的是嵌入的 Java 语句，这些语句类似于写在 main()方法中，因此在程序标识中不能定义方法，它所声明的变量仅仅是局部变量。

如果要声明方法或成员变量，就必须使用声明标识，这些方法和成员变量将被程序标识和表达式标识引用。格式如下（注意其中的感叹号）。

```
<%! …… // Java 声明语句 %>
```

下述代码含有声明标识、程序标识和表达式标识。

```
<%@ page language="java" contentType="text/html; charset=UTF-8"
pageEncoding="UTF-8"%>
<html>
<%! // 声明标识：集中放在文件头或文件尾
    String str = "我是成员变量";        // 声明成员变量，声明标识

    public String getString() {        // 定义了一个方法
        return "我是成员方法的返回值";
    }
%>
<body>
成员变量值 = <%=str%><br>      <!-- 表达式标识：引用成员变量，成员变量是全局的 -->
<%
    String s = "我是局部变量";           // 程序标识：局部变量，必须先声明后使用
%>
方法返回值 = <%=getString()%><br> <%-- 表达式标识：调用方法 --%>
局部变量值 = <%=s%>                <!-- 表达式标识：引用局部变量 -->
</body>
</html>
```

从上述代码可以看到，声明标识仅仅是声明了成员方法和成员变量，这些方法或成员变量不被引用时，是没有任何作用的。而程序标识和表达式标识可以引用方法或成员变量，从而体现出方法或成员变量的作用。

这个 JSP 页面的显示结果如图 3-3 所示。

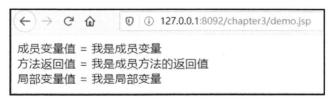

图 3-3　声明标识和程序标识

由于声明标识是全局性的，可以集中放在文件头或文件尾，正如成员方法和成员变量可以放在类的开始部分或结束部分。而程序标识和表达式标识是局部的，就像 main 方法中的代码，必须注意语句的顺序。

在运行时，每个 JSP 文件都会被翻译为一个 Java 类文件（称为 Servlet 类，将在第 4 章讲解），在这个类文件中，声明标识的代码作为成员变量和成员方法，程序标识作为其默认方法

（相当于主方法）的代码，表达式标识则改写为 out.print(表达式)，与程序标识同样处理。

要注意区别程序标识、表达式标识与声明标识的不同，见表 3-2。

表 3-2　程序标识、表达式标识与声明标识的比较

比较项	程序标识、表达式标识	声明标识
所处地位	方法中的代码	类中的成员变量或成员方法
能否包含方法定义	否	能
能否包含变量定义	能（局部变量）	能（成员变量）
能否包含普通代码	能	否，代码必须放在方法中
顺序性	代码顺序与结果有关	代码顺序与结果无关
能否使用内置对象[注1]	能	否

注 1：内置对象在下一节讨论。

3.2.4　动作标识

【实训 3-3】　动作标识

动作标识采用严格的 XML 标签语法（参见 2.4 节），嵌入在 JSP 文件中。根据动作的功能，可分为转发页面、包含文件、使用 JavaBean、嵌入插件、标记文件等，本节讲解转发页面 <jsp:forward> 这一种。

jsp:forward 动作把请求转发到另外一个页面，这个动作只有一个属性 page。格式如下。

```
<jsp:forward page="ralativeURL" />
```

下面是一个例子，这个例子有两个文件，一个是转发页面（forward.jsp），另一个是被转发页面（forwarded.jsp），以下是转发页面 forward.jsp。

```
<%@ page language="java" contentType="text/html; charset=UTF-8"
pageEncoding="UTF-8"%>
<jsp:forward page="forwarded.jsp" />
<html>
<body>
这是转发页面，将不被显示。
</body>
</html>
```

以下是被转发页面 forwarded.jsp。

```
<%@ page language="java" contentType="text/html; charset=UTF-8"
pageEncoding="UTF-8"%>
<html>
<body>
这是被转发的页面。注意地址栏的地址仍然是原来的地址。
</body>
</html>
```

访问 forward.jsp 页面时，将被转发到 forwarded.jsp 页面，实际的输出结果是 forwarded.jsp 的内容而非 forward.jsp 的内容，而浏览器地址栏的 URL 仍然显示 forward.jsp。

转发是在服务器内部进行的，用户并不知道页面被转发了。

3.2.5 注释标识

在一个 JSP 页面中，在不同的部分使用不同的方式进行注释，效果会有细微的区别。

1. HTML 注释

在 HTML 语言部分，使用下述格式进行注释的是 HTML 注释。

```
<!-- 注释内容 -->
```

注释内容不会在用户的浏览器中显示，但是注释的内容会以源代码的方式传输到用户端，用户可以通过查看源代码的方式看到注释的内容。一般不建议使用。

2. JSP 注释

在 HTML 语言部分，使用下述格式进行注释的是 JSP 注释。

```
<%-- 注释内容 --%>
```

注释内容不会以源代码的方式传输到用户，用户无法看到这类注释。

3. 脚本注释

在程序标识、表达式标识和声明标识中使用脚本注释，也就是标准的 Java 注释。

```
// 单行注释
/*
多行注释
*/
```

由于 JSP 中的脚本标识是将运行的结果传送到客户端，因此脚本注释不会以源代码的方式传输到用户，用户无法看到这类注释。

例如下述代码含有上述三种注释。

```
<%@ page language="java" contentType="text/html; charset=UTF-8"
pageEncoding="UTF-8"%>
<html>
<body>
JSP 文件中的注释<br>
<!--HTML 注释-->
<%--JSP 注释--%>
<%out.print("脚本标识"); // Java 注释%>
</body>
</html>
```

运行时，页面的内容和源代码如图 3-4 所示。从源代码中可以看到，只有 HTML 注释被传输到客户端，可以被浏览器用户看到。

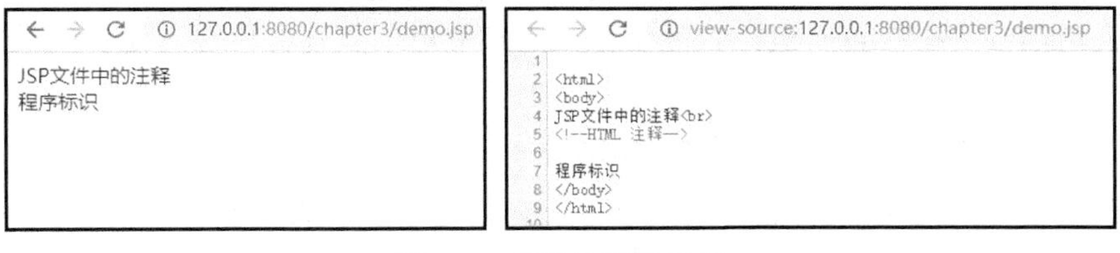

图 3-4 三种注释的区别

3.3 JSP 内置对象

Web 应用是基于 HTTP 的,它采用的是请求/响应模型。客户机通过浏览器向服务器发出一个请求,服务器根据请求中所包含的信息进行处理,然后返回处理的结果作为响应,交给客户机,显示在浏览器的屏幕上(如图 3-5 所示)。

图 3-5 请求/响应模型

在 JSP 中,请求和响应分别用两个内置对象表示,加上另外的对象,JSP 提供了九种内置对象,见表 3-3。这些对象可以在 JSP 页面中直接使用,从而使 JSP 编程更加方便和快捷。

表 3-3 JSP 的九种内置对象

名称	全限定类名	使用范围	说明
out	javax.servlet.jsp.JspWriter	page	输出到客户机浏览器
request	javax.servlet.http.HttpServletRequest	request	获取客户端信息
response	javax.servlet.http.HttpServletResponse	page	向客户端发送信息
session	javax.servlet.http.HttpSession	session	保存用户信息
application	javax.servlet.ServletContext	application	保存应用信息
exception	java.lang.Throwable	page	JSP 运行时产生的异常对象
config	javax.servlet.ServletConfig	page	从 Web 容器中获取初始化信息
page	java.lang.Object	page	指 JSP 页面本身
pageContext	javax.servlet.jsp.PageContext	page	设置和获取 JSP 运行时的属性

常用的内置对象有五个:out、request、response、session 和 application,下面分别讲解。

3.3.1 内置对象 out

内置对象 out 是最简单的一个,它的常用方法见表 3-4。

表 3-4 内置对象 out 的常用方法

方法	说明
void print()	输出到客户端浏览器
void println()	输出到客户端浏览器,并换行

out 是最常用的一个内置对象,它的主要作用是输出信息到客户端。代码如下。

```
out.println("Java 程序设计。");
out.print("Java EE 应用开发。");
```

out.println()方法无法在浏览器上显示换行,它只是在输出的 HTML 源代码中实现换行。如果要在浏览器上显示换行,则应该显式输出 HTML 标签
或<p>:

```
out.print("Java 程序设计。<br /> Java EE 应用开发。");
```
上述输出在浏览器上将显示为两行。

3.3.2 内置对象 request

【实训 3-4】 内置对象 request

内置对象 request 是 JSP 中最重要的一个对象，它封装了用户请求的所有信息，同时还能管理请求的属性。功能如下。

- 获得请求相关的信息（URL）。
- 获得用户提交的数据。
- 获得网络相关信息（请求使用的方法、客户机的 IP 地址等）。
- 管理请求中的属性。

3-2 JSP 内置对象（一）

1. 请求相关的信息

请求中最重要的部分就是网址，即 URL。服务器要充分理解用户提交的 URL，才能对此进行处理。一个完整的 URL 包括下述信息。

- 协议名称：这是一个应用层协议的名称，如 HTTP、FTP 等。
- 主机地址：可以是主机的 IP 地址，也可以是域名。
- 端口号[可选]：如果省略，则使用协议的默认端口号，如 HTTP 协议使用 80。
- 文件名[可选]：资源的文件名，包括全路径。
- 查询字符串[可选]：即 URL 中问号之后的部分。
- 引用[可选]：即锚点。

一个典型的 URL 的例子如下所示。

```
http://localhost:8080/chapter3/c03/demo.jsp?id=5
```

它表示该资源使用 HTTP，主机地址是 localhost，端口号是 8080（如果是默认端口号 80，可省略），文件名是/chapter3/c03/demo.jsp，问号后的内容是查询字符串，即 id=5，缺少内部引用。

Request 对象提供了一组方法对 URL 进行分析处理，这些方法以及对上述 URL 处理后的返回值见表 3-5。

表 3-5 内置对象 request 的常用方法（1）

方法	说明	返回值的例子
String getRequestURL()	完整的网址（URL）	http://localhost:8080/chapter3/c03/demo.jsp?id=5
String getServerName()	服务器的主机名	localhost
String getLocalAddr()	服务器的 IP 地址	127.0.0.1
String getServerPort()	服务器端口号	8080
String getRequestURI()	文件名部分（含路径）	/chapter3/c03/demo.jsp
String getContextPath()	URL 上下文（即项目名）	/chapter3
String getServletPath()	URL 的 Servlet 名字部分	/c03/demo.jsp
String getQueryString()	查询字符串	id=5
String getParameter("id")	查询字符串参数 id 的值	"5"

2. 用户提交的数据

用户可以通过两种方法提交数据，一是通过 URL 中的查询字符串（参见表 3-5），二是通过表单提交。无论通过哪种方式提交数据，接收数据的方法都是相同的，见表 3-6 所示。

表 3-6　内置对象 request 的常用方法（2）

方法	说明	返回值类型
String getParameter()	查询字符串或表单中指定参数的值	字符串
String[] getParameterValues()	查询字符串或表单中指定参数的多个值	字符串数组

虽然常用的相关方法只有两个，但它们在动态网页中的地位却是极其重要的，几乎是接收用户数据的唯一方法。方法 getParameter() 可以接收 URL 中查询字符串参数的值，也可以接收用户通过表单提交的数据。

（1）查询字符串

下面是一个接收查询字符串数据的例子，由两个文件组成，第一个文件是 list.jsp，代码如下。

```
<%@ page language="java" contentType="text/html; charset=UTF-8"
 pageEncoding="UTF-8"%>
<html>
<body>
  <h3>课程列表</h3>
  Java 程序设计 <a href="edit.jsp?id=1">【编辑】</a><br>
  Pythong 程序设计 <a href="edit.jsp?id=2">【编辑】</a><br>
  Java EE 应用开发 <a href="edit.jsp?id=3">【编辑】</a><br>
  MySQL 数据库开发 <a href="edit.jsp?id=4">【编辑】</a><br>
</body>
</html>
```

上述代码含有多个链接，都是链接到同一个文件 edit.jsp，但是查询字符串中的编号是不同的。edit.jsp 能够根据查询字符串来区分用户单击了哪一个链接，代码如下。

```
<%@ page language="java" contentType="text/html; charset=UTF-8"
 pageEncoding="UTF-8"%>
<html>
<body>
  <h3>编辑数据</h3>
  用户选择了第 <%=request.getParameter("id") %> 行，将编辑该行的数据。
</body>
</html>
```

这两个页面的显示效果如图 3-6 所示。当单击"课程列表"的第 3 行时，edit.jsp 将显示用户选择的是第 3 行。

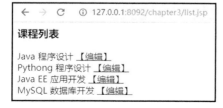 

图 3-6　通过查询字符串发送数据

（2）表单

下面是一个接收表单数据的例子，由两个文件组成。第一个文件是 send_data.jsp，代码如下。

```jsp
<%@ page language="java" contentType="text/html; charset=UTF-8"
pageEncoding="UTF-8"%>
<html>
<body>
  <h3>提交数据</h3>
  <form action="receive_data.jsp" method="POST">
    请输入你的名字：<input type="text" name="my-name" /><br>
    <input type="submit" name="submit" value="提交" />
  </form>
</body>
</html>
```

上述代码包含一个表单，用户通过表单提交数据，提交到 receive_data.jsp，这个文件接收表单的数据，并显示在浏览器上。代码如下。

```jsp
<%@ page language="java" contentType="text/html; charset=UTF-8"
pageEncoding="UTF-8"%>
<html>
<%request.setCharacterEncoding("UTF-8"); // 正确接收中文%>
<body>
  <h3>接收数据</h3>
  你的输入是：<%=request.getParameter("my-name")%>
</body>
</html>
```

用户在表单中输入数据后，单击提交按钮，数据被提交到 receive_data.jsp 文件，后者接收到表单的数据，显示在页面上，如图 3-7 所示。

图 3-7　通过表单发送数据

对于发送数据的页面 send_data.jsp，要注意下述几个方面。
- 表单 form 的 action 值为 receive_data.jsp，表示数据将提交到这个文件，并由这个文件处理。
- 文本框的名字为 my-name，获取用户数据时的参数名必须同样是 my-name。
- 表单 form 的 method 值可以是 POST 也可以是 GET，如果是 GET，则提交的数据会显示在地址栏上，如果是 POST，则不会显示在地址栏上。

对于接收数据的 receive_data.jsp 页面，getParameter()得到的值有下述三种情形。
- 用户提交的值：用户填写数据，并提交了表单，这时将接收到用户的数据。
- 空字符串：用户没有填写数据，但是提交了表单，这时接收到的是空字符串。
- null 值（空）：用户没有提交表单（通常是直接访问 receive_data.jsp 页面），这时接收到空值。可以通过判断接收到的是不是空值，来确认用户有没有提交表单。

3. 请求中的属性

request 对象能以键值对的形式管理请求中的属性，方法见表 3-7。

表 3-7 request 对象管理属性的方法

方法名	描述
void setAttribute(String name, Object obj)	设置属性名为 name 的对象 obj，并保存在 request 对象中
Object getAttribute(String name)	从 request 中取出属性名为 name 的对象
void removeAttribute(String name)	从 request 中删除属性名为 name 的对象

下面是一个转发的例子，由两个文件组成。第一个是转发的文件 request1.jsp，代码如下。

```
<%@ page language="java" contentType="text/html; charset=UTF-8"
pageEncoding="UTF-8"%>
<html>
<body>
设置username:<% request.setAttribute("username", "张明"); %>
<jsp:forward page="request2.jsp" /> <!-- 然后转发请求 -->
</body>
</html>
```

上述代码通过 requestsetAttribute()方法在请求域保存名称为"username"，值为"张明"的键值对，再通过<jsp:forward>动作元素将请求转发到 request2.jsp。

第二个文件是被转发的文件 request2.jsp，代码如下。

```
<%@ page language="java" contentType="text/html; charset=UTF-8"
pageEncoding="UTF-8"%>
<html>
<body>
<h3>转发后的页面</h3>
读取 username 的值:<%
  String name =(String) request.getAttribute("username");
  out.println(name);  // 将显示"张明" 或 null（直接访问时）
%>
</body>
</html>
```

因为转发的两个文件属于同一次请求，所以在被转发文件 request2.jsp 中可以通过 request 对象的 getAttribute()方法获取请求中属性名为"username"的对象，从而在存在转发关系的两个不同的文件中传递数据。由于请求保存的对象是 object 类型，所以还需要将获取的对象强制转为字符串。

访问 request1.jsp 的效果如图 3-8a 所示。注意观察一下，这里的地址仍然是 request1.jsp，而内容却是 request2.jsp 的，其中的数据"张明"又是从 request1.jsp 中传递过来的。

图 3-8 文件转发和直接访问的区别
a) 访问 request1.jsp   b) 访问 request2.jsp

需要注意的是，如果直接访问 request2.jsp，实际上并没有转发，页面显示 username 的值是 null，因为在这次请求中，username 属性并没有被赋值，如图 3-8b 所示。

前面两小节的例子通过 request 对象分别获取了请求参数和属性，其区别见表 3-8。

表 3-8　请求参数与属性的区别

对比项	请求参数 Parameter	属性 Attribute
数据来源	来自客户端的浏览器	来自服务器端（不同的文件间，通过转发传递）
读操作	只能通过 request.getParameter()读取	通过 request.getAttribute()读取
写操作	不能写入（由用户提交的）	通过 request.setAttribute()写入
数据类型	只能是 String 类型	任意的 Object 类型，读取后需要强制转换

3.3.3　内置对象 response

【实训 3-5】内置对象 response

内置对象 response 的作用是向用户返回信息，包括如下内容。

- 状态信息：返回 HTTP 的状态码，如 200 表示成功，5xx 表示服务器端出错，4xx 表示客户端原因引起的出错，其中十分重要的一个状态是 404，表示找不到要访问的资源。
- HTTP 文件头信息：如文件的长度等。
- contentType 属性：告诉浏览器返回内容的 MIME 类型，如文本、图片、压缩文件等。
- sendRedirect：重定向到另一个页面。

状态信息和文件长度等是自动设置的。内置对象 response 的常用方法见表 3-9。

表 3-9　内置对象 response 的常用方法

方法	说明
PrintWriter getWriter()	返回 PrintWriter 的实例，用来向客户端输出字符
void sendRedirect(java.lang.String location)	重定向客户端的请求
void setContentType(String type)	设置响应的 MIME 类型

1. getWriter

getWriter()返回一个 PrintWriter 对象的实例，out 内置对象就是这样声明的。

```
PrintWriter out = response.getWriter();
```

2. sendRedirect

response 的 sendRedirect()方法与 jsp:forward 动作标识有点相似，但有本质的区别，前者是重定向到指定的页面，而后者是转发到指定的页面（见表 3-10）。

表 3-10　sendRedirect()方法与 jsp:forward 动作的区别

对比项	sendRedirect()方法	jsp:forward 动作
请求次数	客户端发送了两次请求	转发前后是同一次请求
语法格式	response.sendRedirect(URL)	<jsp:forward page="path" />
使用的参数	URL（绝对 URL、相对 URL 或站外地址）	Path（应用程序内的路径）
发生作用的地点	客户端浏览器	服务器内部
转向的页面	任意页面，包括外部网页	同一个 Web 应用内部
传递 request 数据	否	是
浏览器地址栏	显示重定向后的地址	不改变

以下是对 sendRedirect()方法与 jsp:forward 动作进行比较的例子。这个例子由三个 JSP 文件组成。第一个文件是重定向页面 redirect.jsp，访问它时将重定向到 sub.jsp。

```
<%@ page language="java" contentType="text/html; charset=UTF-8"
    pageEncoding="UTF-8"%>
<html>
<body>
<% response.sendRedirect("sub.jsp"); %>
</body>
</html>
```

第二个文件是转发页面 forward.jsp，访问它时将转发到 sub.jsp。

```
<%@ page language="java" contentType="text/html; charset=UTF-8"
    pageEncoding="UTF-8"%>
<html>
<body>
<jsp:forward page="sub.jsp" />
</body>
</html>
```

第三个文件是页面 sub.jsp，这个页面是前两个页面重定向和转发的目标。

```
<%@ page language="java" contentType="text/html; charset=UTF-8"
    pageEncoding="UTF-8"%>
<html>
<body>
转发还是重定向？注意观察网址是什么？
</body>
</html>
```

访问 redirect.jsp 和 forward.jsp 的结果都是显示 sub.jsp 的内容。但是当访问 redirect.jsp 时，地址栏会跳转到 sub.jsp，这时就是重定向，如图 3-9a 所示。当访问 forward.jsp 时，地址栏仍然是 forward.jsp，这时就是转发，从中可以看出二者的不同来，如图 3-9b 所示。

图 3-9 重定向和转发的区别

a) 重定向（访问 redirect.jsp）　b) 转发（访问 forward.jsp）

区别重定向和转发的依据是地址栏是否发生了变化。如果地址栏不变，就是转发，转发是在服务器内部进行的，所有转发都是同一次请求，与客户端无关。如果地址栏发生变化，就是重定向，重定向是由浏览器发出的另外一次请求（由服务器要求浏览器重新访问新的地址），服务器将其视为不同的请求。

3.3.4 内置对象 session

【实训 3-6】 内置对象 session

3-3　JSP 内置对象（二）

HTTP 不能保存用户访问 Web 应用的历史记录,因此提供了会话(Session)机制来弥补这个缺陷。

内置对象 session 在页面之间传递用户会话信息。会话是指用户的浏览器与 Web 服务器之间的会话,一次会话是指从用户第一次访问服务器的某个页面开始,直到用户离开或超时为止。每个用户都有一个独立的会话,session 常用的方法见表 3-11。

表 3-11 内置对象 session 的常用方法

方法	说明
void setAttribute(String name, Object obj)	设置属性名为 name 的对象 obj,保存在 session 中
Object getAttribute(String name)	从 session 中取出已保存的属性名为 name 的对象值
void removeAttribute(String name)	从 session 中清除属性名为 name 的对象值
Enumeration getAttributeNames()	取得 session 内所有属性名(即 name)的集合
void setMaxInactiveInterval(int seconds)	设置超时时间(s)
invalidate()	使当前会话失效

内置对象 session 的作用是管理在会话期间的变量,用来在同一个会话的不同页面间传递变量的值。例如在一个页面中使用 session 内置对象来设置变量 userName 的值。

```
session.setAttribute("userName", "zhangming");
```

就能够在同一会话的其他任何一个页面读出这个变量的值。

```
<%=session.getAttribute("userName") %>
```

下面是一个 session 的例子,由两个或两个以上的文件组成,第一个文件(session1.jsp)是设置 account 的 JSP 页面,代码如下。

```
<%@ page language="java" contentType="text/html; charset=UTF-8"
pageEncoding="UTF-8"%>
<html>
<body>
设置 account:<% session.setAttribute("account", "zhangming"); %>
<br>设置后不转发。
</body>
</html>
```

其他文件(例如 session2.jsp 或其他文件名)读取 account 的值,代码如下。

```
<%@ page language="java" contentType="text/html; charset=UTF-8"
pageEncoding="UTF-8"%>
<html>
<body>
<h3>在任何一个页面</h3>
读取 account 的值:<%
  String name =(String) session.getAttribute("account");
  out.println(name);
%>
</body>
</html>
```

如果在访问 session1.jsp 之前访问 session2.jsp 页面,这时 account 的值为 null。

一旦访问了 session1.jsp，再访问 session2.jsp，由于 account 的值已经被赋为"zhangming"，则可以通过 getAttribute()方法获得这个值。如果其他页面也通过 session 访问 account 的值，同样能够得到这个值。

这里需要注意的是，在 request 中也有访问属性的 setAttribute()和 getAttribute()方法，但 session 的同名方法在作用域上是不同的，request 属性的作用域是在一个请求之内，而 session 的作用域是在一个会话期间，一个会话可以包括多个请求，这时不论在哪个页面内，用 getAttribute()方法都能够获取会话的属性。

当一个变量不再需要时，可以用 removeAttribute()方法清除它，或用 invalidate()方法清除所有变量。当会话超时后，所有变量将被自动清除，而超时的时间阈值可以用 setMaxInactiveInterval()方法来设定，默认为 30min。

内置对象 session 是比较难理解的，在项目开发中又是非常有用的。最为典型的应用是对用户登录信息的处理，将在本章的项目三中得到应用，需要很好地加以理解。

3.3.5 内置对象 application

【实训 3-7】 内置对象 application

前述内置对象 session 在页面之间传递用户的信息，而内置对象 application 是在页面之间传递应用的信息。应用是指所有用户与 Web 服务器之间的通信，从 Web 容器启动开始，直到 Web 容器停止运行为止，所有用户共享同一个应用。application 的常用方法见表 3-12。

表 3-12　内置对象 application 的常用方法

方法	说明
String getRealPath("/")	获得绝对路径，即运行时的路径，如 D:\apache-tomcat-6.0.16\webapps\jee03
void setAttribute(String name, Object obj)	设置属性名为 name 的对象 obj，保存在 application 中
Object getAttribute(String name)	从 application 中取出已保存的属性名为 name 的对象值
void removeAttribute(String name)	从 application 中清除属性名为 name 的对象值
Enumeration getAttributeNames()	取得 application 内所有属性名（即 name）的集合

例如下面的代码实现对页面访问计数的统计，通常放在网站首页的底部。

```
<%
  Object obj = application.getAttribute("appCount");
  int count =(obj == null) ? 0 :(Integer) obj;
  count++;
  application.setAttribute("appCount", new Integer(count));
  out.print("<hr>您是第" + count + "个访问者.");
%>
```

将这段代码插入到 JSP 页面的合适位置，即可输出页面访问计数信息，如图 3-10 所示。如果将上述代码插入到多个页面中，计数值将是这些页面访问次数的汇总，如果需要计算各自页面的访问次数，每个页面需要使用不同的属性名（例中为 appCount）。

图 3-10　页面访问计数的结果

下述代码演示了 session 和 application 之间的区别。

```
<%@ page language="java" contentType="text/html; charset=UTF-8"
pageEncoding="UTF-8"%>
<html>
<body>
  <%
    { //session 版本
      Object obj = session.getAttribute("appCount");
      int count =(obj == null) ? 0 :(Integer) obj;
      count++;
      session.setAttribute("appCount", new Integer(count));
      out.print("<br>您是第" + count + "次访问本页（session 值）。");
    }
    { //application 版本
      Object obj = application.getAttribute("appCount");
      int count =(obj == null) ? 0 :(Integer) obj;
      count++;
      application.setAttribute("appCount", new Integer(count));
      out.print("<br>您是第" + count + "个访问者（application 值）。");
    }
  %>
</body>
</html>
```

分别打开两个不同的浏览器（如 Chrome、Firefox 或 IE）来访问这个页面，并多次刷新，观察计数值的变化。如果只有一个浏览器，则可以在访问后关闭浏览器（不只是关闭页面），再次打开浏览器访问这个页面，同样是观察计数值的变化。

在这里，不同的浏览器模拟的是不同的用户，同一个浏览器退出后再次访问也是模拟不同的用户，可以发现，session 的计数值反映的是某个用户自身的访问次数，而 application 的计数值反映的是所有用户的访问次数。

内置对象 request、session 和 application 都有各自的属性，通过 setAttribute()和 getAttribute()方法进行读写，这三个内置对象的属性反映了三种不同的作用域范围，它们的比较见表 3-13。

表 3-13 request、session 和 application 属性的比较

比较项	request 属性	session 属性	application 属性
作用域范围	一次请求期间	一个会话期间	整个应用
起止时间	用户的一次访问（地址栏不变）	用户第 1 次访问直到超时或离开	服务器启动到停止
传递途径	页面转发（forward）	无须传递	无须传递

▶3.4 EL 表达式和标准标签库

3.4.1 EL 表达式

【实训 3-8】 EL 表达式

JSP 有一个专用的表达式语言（Express Language，EL），可以用来创建算术表达式、逻辑表达式或字符串表达式等。在 JSP EL 内可以使用整型数、

3-4 EL 表达式和标签库

浮点数、字符串、常量、true、false 和 null，格式如下。

```
${expr}
```

1. EL 运算符

EL 支持 Java 语言的大部分运算符，如算术、关系、逻辑运算符，如表 3-14 所示。

表 3-14　EL 的常用运算符

运算符	描述	实例
[]	访问一个数组或者链表的元素	${arr[0]}
()	改变运算符的优先级	${(1+2)*2} 的结果是 6
+、-、*、/、%	加、减、乘、除、余	${1+2} 的结果是 3
==、!=、<、>、<=、>=	相等、不等、小于、大于、小于或等于、大于或等于	${1<2} 的结果是 true
||、&&、!	逻辑或、逻辑与、逻辑非	${(1<2) &&(1<3)} 的结果是 true
?:	条件表达式	${2>4?5:6} 的结果是 6
empty	测试是否为空	${empty null} 的结果是 true

下面的代码是 JSP EL 的例子。

```
<%@ page language="java" contentType="text/html; charset=UTF-8"
pageEncoding="UTF-8"%>
<html>
<body>
  \${1+2} = ${1+2}<br />
  \${2*1} = ${2*1}<br />
  \${2/1} = ${2/1}<br />
  \${2%1} = ${2%1}<br />
  \${ (1==2)?3:4 } = ${ (1==2)?3:4 }
</body>
</html>
```

上述代码显示结果如图 3-11 所示，第一列显示表达式，第二列显示表达式的运行结果，为了在第一列显示 EL，需要在 EL 前面加"\"转义符。

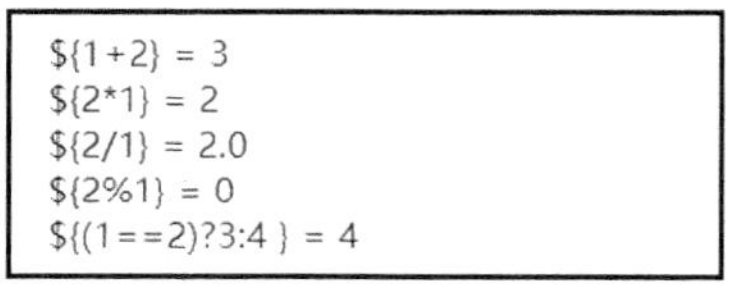

```
${1+2} = 3
${2*1} = 2
${2/1} = 2.0
${2%1} = 0
${(1==2)?3:4 } = 4
```

图 3-11　EL 运行结果

2. EL 隐式对象

JSP EL 支持表 3-15 中的隐式对象，在表达式中使用这些对象时就像使用变量一样。

表 3-15　EL 的隐式对象

隐式对象名称	描述
pageScope	page 作用域
requestScope	request 作用域
sessionScope	session 作用域
applicationScope	application 作用域
param	request 对象的参数（字符串类型）

下面通过实例说明 EL 几种常用的隐式对象的使用方法。

(1) 隐式对象 param 的用法

隐式对象 param 访问用户提交的数据，如同由 request.getParameter()方法访问到的数据一样。因此隐式对象 param 是 request.getParameter()的一个替代，目的是简化代码的编写。

下面的例子由两个文件组成。第一个文件是一个登录表单，表单中包含用户名和密码，代码如下（文件名 login.jsp）。

```
<%@ page language="java" contentType="text/html; charset=UTF-8" pageEncoding="UTF-8"%>
<html>
<body>
  <form action="loginprocess.jsp" method="post">
    用户名：<input type="text" name="username" />
    密码：<input type="password" name="password" />
    <input type="submit" value="登录" />
  </form>
</body>
</html>
```

第二个文件是接收用户提交的表单数据，将用户名和密码显示在网页上。代码如下（文件名 loginprocess.jsp，这个文件名是在 login.jsp 中的表单中指定的）。

```
<%@ page language="java" contentType="text/html; charset=UTF-8" pageEncoding="UTF-8"%>
<html>
<body>
  ${param.username}你好！你的登录密码是：${param.password}<br />
</body>
</html>
```

其中的 EL 表达式使用隐式对象 param 显示用户提交的用户名和密码信息。

(2) 其他隐式对象的用法

以上是使用 param 的例子,其他隐式对象的使用则与内置对象 request、session 和 application 有关。下述代码是一个实例。

```
<%@ page language="java" contentType="text/html; charset=UTF-8" pageEncoding="UTF-8"%>
<html>
<body>
  <%
    request.setAttribute("r", "request");
    session.setAttribute("s", "session");
    application.setAttribute("a","application");
  %>
  请求域的属性值是：${requestScope.r} <br />
  会话域的属性值是：${sessionScope.s} <br />
  应用域的属性值是：${applicationScope.a}
</body>
</html>
```

上述代码通过 JSP 的内置对象 request、session 和 application 分别向请求、会话和应用中添加了属性，然后通过 EL 的隐式对象 requestScope、sessionScope 和 applicationScope 获取每个属性的值，运行结果如图 3-12 所示。

```
请求域的属性值是：request
会话域的属性值是：session
应用域的属性值是：application
```

图 3-12　调用 EL 各个作用域的隐式对象的效果

隐式对象的作用域范围与内置对象是对应的，参见表 3-13。

（3）省略隐式对象

如果在访问一个属性时，省略了隐式对象的名称，则会按照 pageScope、requestScope、sessionScope、applicationScope 的次序来查找这个属性，例如下述代码。

```jsp
<%@ page language="java" contentType="text/html; charset=UTF-8"
pageEncoding="UTF-8"%>
<html>
<body>
  <%
   request.setAttribute("r", "request");
   session.setAttribute("s", "session");
   application.setAttribute("s", "s in application");
   application.setAttribute("a","application");
  %>
  请求域的属性值是：${r} <br />
  会话域的属性值是：${s} <br />
  同名的应用域的属性值是：${applicationScope.s} <br />
  应用域的属性值是：${a}
</body>
</html>
```

在不同的隐式对象中存在同名的属性时，只能查找到优先级高的那一个属性，例如上述代码中的${s}只能访问到 sessionScope 中的 s 属性，而访问不到 applicationScope 中的同名的 s 属性，因此优先级低的属性必须加上隐式对象名加以限定，例如上述代码中的${applicationScope.s}。

3.4.2　JSP 标准标签库

【实训 3-9】 JSP 标准标签

JSP 标准标签库是一个 JSP 标签集合，其中的核心标签库是最常用的 JSTL 标签，引用核心标签库需要添加如下标签指令。

```jsp
<%@ taglib prefix="c" uri="http://java.sun.com/jsp/jstl/core" %>
```

使用核心标签库时需要在目录 WebContent/WEB-INF/lib 中添加对应的 JAR 包，核心标签库的 JAR 包是 jstl-1.2.jar。

JSP 核心标签库的常用标签见表 3-16。

表 3-16　JSP 核心标签库的常用标签

标签名	描述
<c:out>	在 JSP 中输出数据，功能类似于<%=...>
<c:if>	单选条件判断，功能类似于 if 语句，但没有 else 选项
<c:forEach>	迭代标签，接收数组或集合类，功能类似于 for 循环或增强型 for 循环

1. <c:out>标签

<c:out>标签用来输出一个表达式的结果，在实际编程中通常用 EL 表达式来完成相同的功能。下述代码是一个简单的例子。

```
<%@ page language="java" contentType="text/html; charset=UTF-8"
pageEncoding="UTF-8"%>
<%@ taglib prefix="c" uri="http://java.sun.com/jsp/jstl/core" %>
<html>
<body>
  <c:out value="hello!" /><br>
  <c:out value="${1+2}" />
</body>
</html>
```

这个例子在浏览器上显示指定的字符串"hello!"以及计算的结果。

2. <c:if>标签

<c:if>标签判断表达式的值，如果 test 表达式的值为 true 则执行其主体内容，语法格式如下。

```
<c:if test="boolean" var="string" scope="string">
  HTML 标签
</c:if>
```

其中 test 属性表示条件，var 用于存储条件结果的变量（以备后用），scope 指定 var 属性的作用域。一个实例如下。

```
<%@ page language="java" contentType="text/html; charset=UTF-8"
pageEncoding="UTF-8"%>
<%@ taglib prefix="c" uri="http://java.sun.com/jsp/jstl/core"%>
<html>
<body>
  <%
    request.setAttribute("score", 82);
  %>
  <c:if test="${score >= 80}" var ="test1" scope="session">
    <p>成绩很棒<p>
  </c:if>
  <c:if test="${!test1}" >
    <p>成绩差了点儿<p>
  </c:if>
  <c:if test="${sessionScope.test1}" >
    <p>成绩很棒<p>
```

```
        </c:if>
    </body>
</html>
```

上述代码中,先在 request 域中设置成绩为 82,然后是三个<c:if>标签。

- 第 1 个<c:if>判断成绩大于或等于 80,因此输出"成绩很棒",同时将条件判断的结果值(例子中为 true)保存在 session 域中的 test1 属性中。
- 第 2 个<c:if>使用了第 1 个标签的条件判断结果 test1(由于省略了隐式对象,如果有优先级更高的同名属性,将会出错),但是加上了逻辑非,所以没有输出,相当于一个 else 语句。
- 第 3 个<c:if>使用了第 1 个标签的条件判断结果 test1(没有省略隐式对象),输出"成绩很棒",因为这个条件判断结果 test1 在 session 内有效,因此这段代码写在其他页面中也会有相同的输出。

3. <c:forEach>标签

<c:forEach>标签是最常用的标签,它的功能就是循环(也称为迭代),其语法如下。

```
<c:forEach items="object" begin="int" end="int" step="int" var="string" varStatus="string">
    HTML 标签
</c:forEach>
```

<c:forEach>标签的属性见表 3-17。

表 3-17 <c:forEach>标签的属性

属性名	描述
items	将被循环的信息
begin	循环变量的起始值
end	循环变量的结束值
step	循环变量的步长(每一次循环的增量)
var	代表当前元素的变量
varStatus	代表循环状态的变量名称

<c:forEach>标签有两种应用场景,分别相当于 for 循环和增强型 for 循环。

(1) 指定起始值、结束值和步长

<c:forEach>标签的这种用法相当于普通的 for 循环。例如下述代码。

```
<%@ page language="java" contentType="text/html; charset=UTF-8" pageEncoding="UTF-8"%>
<%@ taglib prefix="c" uri="http://java.sun.com/jsp/jstl/core"%>
<html>
<body>
  <c:forEach begin="1" end="9" step="1" var="i">
    <c:out value="${i}" />
  </c:forEach>
</body>
</html>
```

运行结果是输出数字 1 到 9,这里用<c:out>标签输出循环变量 i 的值。

还可以指定步长,例如下述代码指定步长为 2,输出 1 到 99 之间的所有奇数。

```
<c:forEach begin="1" end="99" step="2" var="i">
  ${i}
</c:forEach>
```

在这段代码中,属性的输出不是用<c:out>标签,而是用 EL 表达式,这是因为 EL 表达式更加方便直观。

(2)遍历数组、List、Set 或 Map

```
<%@ page language="java" contentType="text/html; charset=UTF-8"
pageEncoding="UTF-8"%>
<%@ page import="java.util.*" %>
<%@ taglib prefix="c" uri="http://java.sun.com/jsp/jstl/core" %>
<html>
<body>
  <%
    List<String> list = new ArrayList<String>();
    list.add("张三");
    list.add("李四");
    list.add("王五");
    request.setAttribute("strList", list);
  %>

  <c:if test="${strList!=null}">
    <c:forEach items="${strList}" var="s">
      ${s}
    </c:forEach>
  </c:if>
</body>
</html>
```

上述代码演示的是对 List 的遍历,如果改为 Set 或数组,其结果是相同的,但内部处理的机制不同,适用于不同的需求。下述代码是 Set 版本,只需要修改一行。

```
Set<String> list=new HashSet<String>();
```

下述代码是字符数组版本,需要修改多行代码,修改后的代码如下。

```
String[] list=new String[3];
list[0]="张三";
list[1]="李四";
list[2]="王五";
```

下述代码是 Map 版本,修改后的代码如下。

```
Map<String, String> map=new HashMap<String,String>();
map.put("zhangsan","张三");
map.put("lisi","李四");
map.put("wangwu","王五");
request.setAttribute("strList", map);
```

Map 保存的是键-值对,因此运行结果有些不同,上述代码的运行结果如下。

```
lisi=李四 zhangsan=张三 wangwu=王五
```

3.4.3 EL 表达式和 JSP 标签的应用

【实训 3-10】 EL 表达式和 JSP 标签的应用

EL 表达式与 JSP 的表达式标识在功能上有重复，JSP 标签与 JSP 的程序标识在功能上也有重复，那么不使用 EL 表达式与 JSP 标签行不行呢？答案是肯定的，只使用 JSP 的表达式标识和程序标识在功能上可以满足需求。

为什么还要用 EL 表达式和 JSP 标签呢？因为它们使 JSP 代码更加简洁，同时还方便了数据在不同页面之间的传输。

以下用一个例子加以说明。这个例子由三个文件组成，三个文件作用不同，相互配合，共同完成一个任务。第一个文件是一个普通的 Java 类，用于封装数据，所以必须有 setter 和 getter 方法，代码如下（Book.java，在 org.ngweb.chapter3.pojo 包中）。

```java
package org.ngweb.chapter3.pojo;

public class Book {
  private String title;
  private String author;
  private double price;

  public String getTitle() {
    return title;
  }
  // 此处省略其他 setter 和 getter 方法

  public Book(String title, String author, double price) { // 构造方法
    this.title = title;
    this.author = author;
    this.price = price;
  }
}
```

第二个文件的作用是提供数据，它需要导入 org.ngweb.chapter3.pojo.Book 和 java.util.*，代码如下（demo1.jsp）。

```jsp
<%@ page language="java" contentType="text/html; charset=UTF-8"
pageEncoding="UTF-8"%>
<%@ page import="java.util.*, org.ngweb.chapter3.pojo.Book" %>
<html>
<body>
<%
 List<Book> list = new LinkedList<Book>(); // 初始化演示数据
 list.add(new Book("中国鸟类野外手册", "马敬能等", 85));
 list.add(new Book("艺术的故事", "贡布里希", 280));
 list.add(new Book("生存手册", "怀斯曼", 28));
 request.setAttribute("bookList", list); // 保存到 request，传递给下一个页面
%>
 <jsp:forward page="demo2.jsp"/>
</body>
</html>
```

上述代码倒数第 3 行的作用是转发到第三个文件（demo2.jsp），这个文件的作用是显示 demo1.jsp 传递过来的数据，代码如下。

```
<%@ page language="java" contentType="text/html; charset=UTF-8"
pageEncoding="UTF-8"%>
<%@ taglib prefix="c" uri="http://java.sun.com/jsp/jstl/core"%>
<html>
<body>
图书信息如下
<table border="1" width="500">
  <tr>
    <td>书名</td>
    <td>作者</td>
    <td>价格</td>
  </tr>

  <c:forEach items="${bookList}" var="book">
    <tr>
      <td>${book.title}</td>
      <td>${book.author}</td>
      <td>${book.price}</td>
    </tr>
  </c:forEach>
</table>
</body>
</html>
```

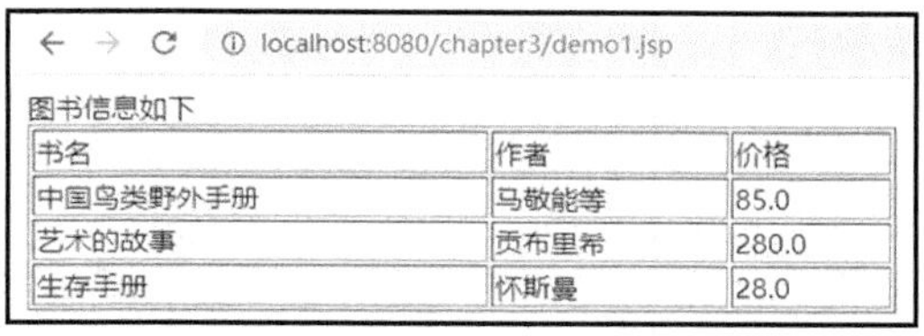

书名	作者	价格
中国鸟类野外手册	马敬能等	85.0
艺术的故事	贡布里希	280.0
生存手册	怀斯曼	28.0

图 3-13　图书信息

这时访问 demo1.jsp 就能看到 demo2.jsp 显示的数据，如图 3-13 所示。

由于使用了 EL 表达式和 JSP 标准标签库，文件 demo2.jsp 不需要导入 java.util.*和 org.ngweb. chapter3.pojo.Book，通过<c:forEach>标签迭代循环访问 List 中的每一个对象也十分容易，通过 EL 表达式访问对象的属性也非常简洁明了。需要注意的是，${book.author}是通过 Book 类的 getAuthor()方法来获得数据的，因此 Book 类必须有 setter 和 getter 方法。

3.5 JDBC 编程

JDBC（Java DataBase Connection）是 Java 数据库连接技术的缩写，提供连接各种数据库的能力，它允许用户访问任何形式的表格数据，尤其是存储在关系型数据库中的数据。JDBC 的执行流程比较简单，如下所示。

1）连接数据库。

2）为数据库传递查询或增删改语句。

3）处理数据库响应并返回结果（如果有的话）。

4）关闭数据库连接。

3-5　JDBC 编程

3.5.1 数据库开发

【实训 3-11】 数据库开发

本节以一个微型的学生数据库为例，讲解 JDBC 的编程流程。为此，先创建一个名为

jdbcTest 的普通 Java Project（不是 Web 动态网站），本节将以这个项目进行开发。

1. 安装 MySQL

本书采用 MySQL 数据库管理系统进行开发，如果还没有安装 MySQL，可参考 1.3.3 节的讲解安装 MySQL。

2. 安装 JDBC

从本书主页下载 MySQL 的 JDBC 驱动程序，文件名为 mysql-connector-java-5.1.5-bin.jar。

在项目 jdbcTest 中创建一个名为 lib 的文件夹，将下载的驱动程序复制到这个文件夹，然后从这个驱动程序文件的快捷菜单中选择 "Build Path" → "Add to Build Path"，完成 JDBC Jar 包的导入，如图 3-14 所示。

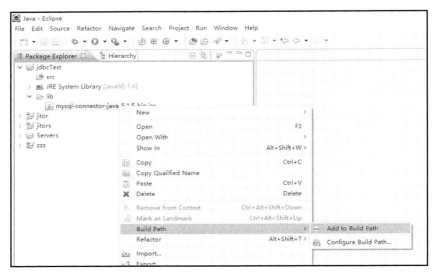

图 3-14 将 JDBC 驱动添加到 Build Path 中

安装后的项目的架构如图 3-15 所示（其中包含后续步骤创建的文件）。

图 3-15 JDBC 项目架构

如果没有正确安装 MySQL 的 JDBC 驱动程序，运行时将会抛出下述异常。

```
Exception in thread "main" java.lang.ClassNotFoundException: com.mysql.
jdbc.Driver
```

3. 创建数据库

在 MySQL 中创建名为 mybatis2 的数据库，然后在 mybatis2 数据库中创建一张学生表 t_student，并插入若干行记录。过程如下。

在 Windows 操作系统中打开命令行窗口，输入下述命令打开 MySQL 客户端。

```
mysql -u root -p
```

按照提示，输入根用户 root 的密码，进入 MySQL 客户端，这时的提示符是"mysql>"，如图 3-16 所示。

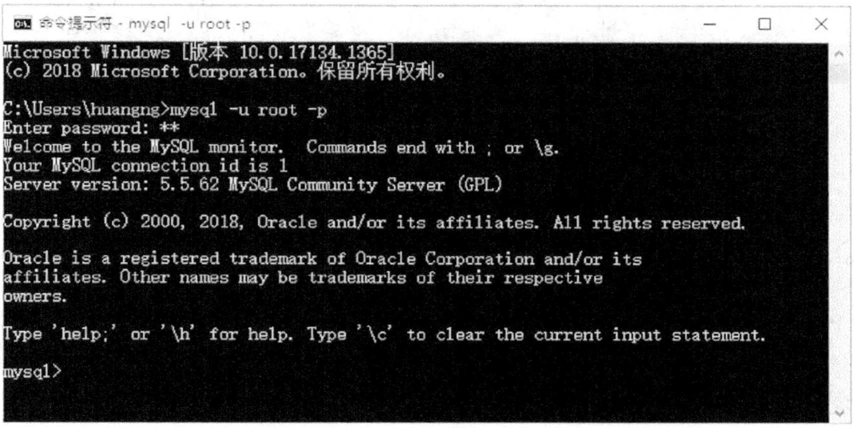

图 3-16 MySQL 登录成功界面

将下述代码复制到 MySQL 客户端，完成数据库、数据表的创建和输入初始数据。

```
-- 创建数据库 mybatis2
drop database if exists mybatis2;
create database mybatis2 default charset utf8 collate utf8_general_ci;
use mybatis2;

-- 创建数据表：学生表 t_student
create table t_student(
  id int(11) primary key auto_increment,
  name varchar(20) not null,
  age tinyint(4) not null
);

-- 初始化测试数据
insert into t_student(name, age) values('Zhang San', 18);
insert into t_student(name, age) values('Li Si', 19);
insert into t_student(name, age) values('Wang Wu', 20);
```

上述代码在创建数据库时，初始数据没有使用中文，是因为 MySQL 客户端的默认字符编码与 MySQL 服务器端的字符编码不匹配。t_student 表的 id 列为主键且自增长。运行结果如图 3-17 所示。

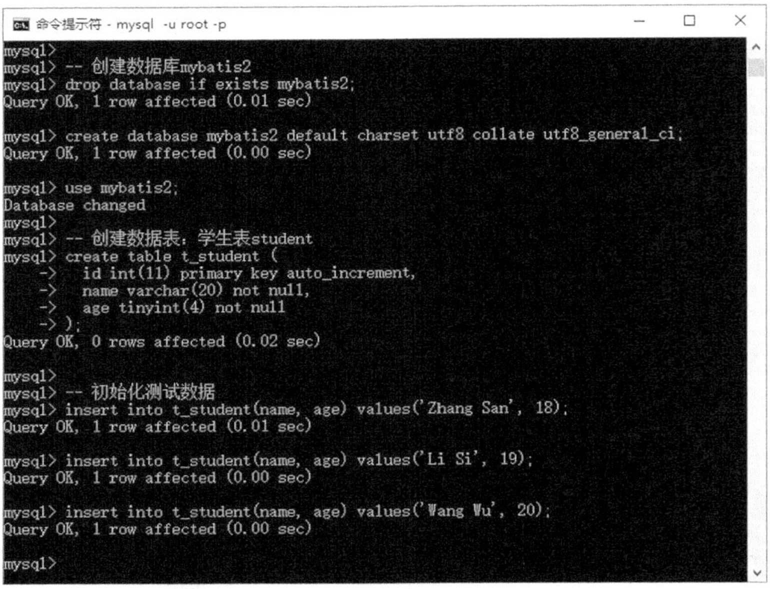

图 3-17 数据库、数据表的创建和输入初始化数据

3.5.2 POJO 开发

POJO（Plain Ordinary Java Object，简单的 Java 对象）是一种用于封装数据的 Java 类。它的属性是私有的，并且每个属性要有对应的 getter 和 setter 方法，它的作用是封装数据，因此不需要业务逻辑。3.4.3 节中的 Book 类就是一个 POJO 类。

在数据库开发中，通常用 POJO 类封装数据表中的数据，每一行对应一个 POJO 类的实例，因此 POJO 类的成员属性必须与数据表的列一一对应，包括列名和列类型。例如，与 t_student 表对应的 POJO 类的代码如下（Student.java）。

```java
package org.ngweb.chapter3.pojo;

public class Student {
    private Integer id;
    private String name;
    private Byte age;

    public Integer getId() {
        return id;
    }

    // 省略其他 getter 和 setter 方法
    @Override
    public String toString() {
        return "Student [id=" + id + ", name=" + name + ", age=" + age + "]";
    }
}
```

上述代码是一个 Student 类，类中的三个成员变量与 t_student 表的每个列一一对应，Student 的每个实例对应 t_student 表的每一行。

上述代码中，为了显示每个学生对象的信息，添加了toString()方法。

3.5.3 JDBC 连接数据库

【实训 3-12】 JDBC 编程

JDBC 编程主要包括加载驱动、连接数据库及操作数据库三个步骤。

1. 加载驱动程序

加载驱动程序的代码只有一行，如下所示。

```
Class.forName("com.mysql.jdbc.Driver");
```

其中的驱动程序名"com.mysql.jdbc.Driver"是 MySQL 数据库的驱动程序名称，是预设的，不能更改。不同的数据库管理系统有不同的驱动程序名称。

2. 连接数据库

下述代码是连接数据库。

```
Connection conn = DriverManager.getConnection(URL, USER, PASSWORD);
```

它需要三个参数：连接 URL、用户名和密码。它们的含义如下。
- 连接 URL：这是一个字符串，例如"jdbc:mysql://localhost:3306/mybatis2"，这个 URL 指定了数据库所在的主机（localhost）、端口号（3306）以及数据库名（mybatis2），需要时，还可以有其他可选的参数。
- 用户名：有权访问指定的数据库的账号名称，这里使用最高权限的系统管理员用户 root（通常称为根用户）。
- 密码：用户的密码。

3.5.4 JDBC 编程

1. 插入行

下述代码使用 SQL 的 insert 语句向 t_student 表插入一行数据。

```
package org.ngweb.chapter3.jdbc;
import java.sql.Connection;
import java.sql.DriverManager;
import java.sql.PreparedStatement;
import java.sql.SQLException;

public class JDBCInsert {
    static final String URL = "jdbc:mysql://localhost:3306/mybatis2";
    static final String USER = "root";
    static final String PASSWORD = "123456";       //改为正确的密码
    
    public static void main(String[] args){
        Connection conn = null;
        PreparedStatement pst = null;
```

```java
try{
    //注册 JDBC 驱动
    Class.forName("com.mysql.jdbc.Driver");
    //打开链接
    conn = DriverManager.getConnection(URL, USER, PASSWORD);
    //执行插值操作
    String sql = "insert into t_student(id,name,age) values (null,'zhaoliu','21')";
    pst = conn.prepareStatement(sql);
    pst.execute();
}catch (SQLException | ClassNotFoundException e) {
    e.printStackTrace();
}finally{
    //关闭资源
    if(pst!=null){
        try {
            pst.close();
        } catch (SQLException e) {
            e.printStackTrace();
        }
    }

    if(conn!=null){
        try {
            conn.close();
        } catch (SQLException e) {
            e.printStackTrace();
        }
    }
}
```

上述代码首先通过 DriverManager 连接数据库，然后编写一条插值的 SQL 语句，通过 PreparedStatement 的 execute()方法向 t_student 表中添加一行记录，最后关闭 PreparedStatement 类型的变量 pst 和连接。运行 JDBCInsert 前后的数据如图 3-18 所示。

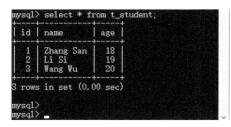 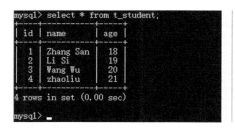

图 3-18　插入数据前后的对比

2. 删除行

下述代码使用 SQL 语句删除 id 为 3 的记录。

```java
package org.ngweb.chapter3.jdbc;
import java.sql.Connection;
import java.sql.DriverManager;
import java.sql.PreparedStatement;
import java.sql.SQLException;

public class JDBCDelete {
    static final String URL = "jdbc:mysql://localhost:3306/mybatis2";
    static final String USER = "root";
    static final String PASSWORD = "123456";

    public static void main(String[] args){
        Connection conn = null;
        PreparedStatement pst = null;

        try{
            //注册 JDBC 驱动
            Class.forName("com.mysql.jdbc.Driver");
            //打开链接
            conn = DriverManager.getConnection(URL, USER, PASSWORD);
            //删除操作
            String sql = "delete from  t_student where id = ?";
            pst = conn.prepareStatement(sql);
            pst.setInt(1, 3);
            pst.execute();
        }catch (SQLException | ClassNotFoundException e) {
            e.printStackTrace();
        }finally{
            if(pst!=null){
                try {
                    pst.close();
                } catch (SQLException e) {
                    e.printStackTrace();
                }
            }

            if(conn!=null){
                try {
                    conn.close();
                } catch (SQLException e) {
                    e.printStackTrace();
                }
            }
        }
    }
}
```

上述代码与插入行的操作流程类似，只是在 SQL 语句中添加了一个问号作为占位符，然后通过 PreparedStatement 类型的变量为占位符设置值，在设置值的过程中需要根据字段的位置和类型进行设置，例如字段 id 是整型，且是 sql 语句中的第一个占位符，使用 setInt(1,3)方法进行设置，设置 id 的值为 3。

删除第 3 行数据的结果在下述查询的结果中可以看到。

3. 查询

下述代码查询 t_student 表中的数据。

```java
package org.ngweb.chapter3.jdbc;
import java.sql.Connection;
import java.sql.DriverManager;
import java.sql.PreparedStatement;
import java.sql.ResultSet;
import java.sql.SQLException;
import org.ngweb.chapter3.pojo.Student;

public class JDBCQuery {
    static final String URL = "jdbc:mysql://localhost:3306/mybatis2";
    static final String USER = "root";
    static final String PASSWORD = "123456";

    public static void main(String[] args) {
        Connection conn = null;
        PreparedStatement pst = null;
        ResultSet rs = null;

        try{
            //注册 JDBC 驱动
            Class.forName("com.mysql.jdbc.Driver");
            //打开链接
            conn = DriverManager.getConnection(URL, USER, PASSWORD);
            // 查询数据库中的记录
            String sql = "select id, name, age from t_student;";
            pst = conn.prepareStatement(sql);
            rs = pst.executeQuery(); // 获得查询的结果集
            Student student = null;
            while (rs.next()) {
                student = new Student();
                student.setId(rs.getInt("id")); //获取字段id的值，并赋值给
                                                //成员变量 id
                student.setName(rs.getString("name"));
                            // 获取字段 name 的值，并赋值给成员变量 name
                student.setAge(rs.getByte("age")); // 获取字段 age 的值，
                                                //并赋值给成员变量 age
                System.out.println(student);
            }
        }catch (SQLException | ClassNotFoundException e) {
            e.printStackTrace();
        }finally{
            if(rs!=null){
                try {
                    rs.close();
                } catch (SQLException e) {
                    e.printStackTrace();
```

```
                }
            }

            if(pst!=null){
                try {
                    pst.close();
                } catch (SQLException e) {
                    e.printStackTrace();
                }
            }

            if(conn!=null){
                try {
                    conn.close();
                } catch (SQLException e) {
                    e.printStackTrace();
                }
            }
        }
    }
}
```

上述代码是通过 PreparedStatement 对象的 executeQuery() 方法查询数据库，ResultSet 是结果集，变量 rs 保存了查询的结果，通过结果集的 next() 方法可以遍历结果集。执行结果如图 3-19 所示。

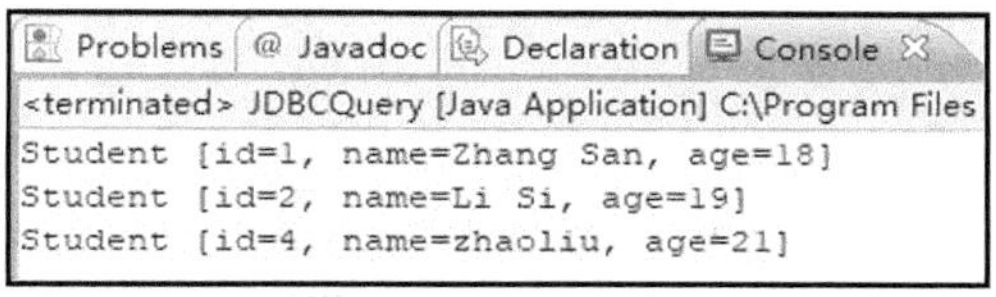

```
Problems  @ Javadoc  Declaration  Console
<terminated> JDBCQuery [Java Application] C:\Program Files
Student [id=1, name=Zhang San, age=18]
Student [id=2, name=Li Si, age=19]
Student [id=4, name=zhaoliu, age=21]
```

图 3-19　JDBC 的查询结果（显示第 3 行数据已经被删除）

将字段中存储的值赋值给成员变量时，可以先通过字段名和成员变量的类型获取字段中的值，然后对成员变量进行赋值，例如通过 getInt("id") 方法获得字段 id 对应的值，自动转为整数类型，然后通过 student.setId() 方法为成员变量 id 赋值。

▶3.6　项目三：基于 JSP 的学生信息管理系统

【实训 3-13】　项目三基于 JSP 的学生信息管理系统

在第 2 章的项目二中已经为学生信息管理系统设计了页面，本项目将在这个基础上，进行学生信息管理系统的功能设计和实现。

3.6.1　项目描述

1. 项目概况

项目名称：student_jsp（学生信息管理系统之三）

数据库名：mybatis2

2. 需求分析和功能设计

本项目是基于 JSP 的学生信息管理系统，系统功能图如图 3-20 所示。

本项目是一个后台管理系统，用户以管理员的身份进入系统，具有对学生的信息进行增删改和查询的权限。

3. 数据结构设计

本书从项目三起直到项目七采用名为 mybatis2 的数据库为例进行讲解，该数据库的扩展 E-R 图如图 3-21 所示，数据结构见表 3-18 和表 3-19。

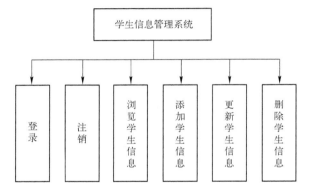

图 3-20　学生信息管理系统的功能结构图　　　　图 3-21　学生管理系统数据库的扩展 E-R 图

表 3-18　类型表（t_type）

序号	列名	类型	要求	中文列名（说明）
1	id	Int	主键	主键，自增量
2	name	varchar(20)	不能为空	类型名（管理员和普通用户两种）

表 3-19　学生表（t_student）

序号	列名	类型	要求	中文列名（说明）
1	id	int	主键	主键，自增量
2	name	varchar(20)	不能为空	姓名
3	age	tinyint	可以为空	年龄
4	sex	char(1)	可以为空	性别，M 表示男，F 表示女
5	account	varchar(16)	可以为空	登录账号
6	password	varchar(64)	可以为空	登录密码
7	type_id	int	外键，不能为空	类型，参照类型表的主键

由于本项目是学生信息管理系统的第一个动态版本，所以功能简单，没有区分管理员和一般用户，只使用了 t_student 表。从第 5 章开始将使用 t_student 表和 t_type 表。

3.6.2 项目实施

1. 创建项目

首先创建一个名为 student_jsp 的动态 Web 项目，项目架构如图 3-22 所示（其中包含后续步骤创建的文件）。

将 MySQL 的 JDBC 驱动程序复制到 WebContent/WEB-INF/lib 目录下，复制后不需要添加到 Build Path，因为在动态 Web 项目中，这一步是自动进行的。

图 3-22 基于 JSP 的学生信息管理系统架构

2. 创建数据库结构

这一步需要打开 MySQL 的 Windows 命令行客户端，然后运行下述 SQL 语句。

登录 Jitor 校验器，打开项目三的实训，创建数据库、数据表，以及插入初始数据，然后按 Jitor 实训指导材料进行操作。

```sql
set names gbk;

drop database if exists mybatis2;
create database mybatis2 default charset utf8 collate utf8_general_ci;

use mybatis2;

create table t_type(
  id int(11) primary key auto_increment,
  name varchar(20) not null
);

create table t_student(
  id int(11) primary key auto_increment,
  name varchar(20) not null,
  age tinyint(4) not null,
```

```sql
sex char(1) not null,
account varchar(16) not null,
password varchar(64) not null,
type_id int(11) not null,
foreign key(type_id) references t_type(id)
);

insert into t_type(name) values('管理员');
insert into t_type(name) values('用户');

insert into t_student(name, age,sex,account,password, type_id) values
('张三', 18, 'f','zhangsan','123',1);
insert into t_student(name, age,sex,account,password, type_id) values
('李四', 19, 'm','lisi','123',1);
insert into t_student(name, age,sex,account,password, type_id) values
('王五', 20, 'f','wangwu','123',2);
```

代码中的第 1 行"set names gbk"是为了解决 MySQL 客户端字符编码与 MySQL 服务器端的字符编码的冲突，避免中文乱码。

虽然本实训没有使用 t_type 表，由于 t_student 表参照了 t_type 表，必须先创建 t_type 表，并且先插入初始数据。

3. JDBC 工具类

在项目的 src 目录下创建名为 org.ngweb.student.util 的包，并在包中新建一个名为 JDBCUtil 的工具类，实现与数据库的连接。JDBCUtil 类只有两个功能，打开连接和关闭连接，代码如下（JDBCUtil.java）。

```java
package org.ngweb.student.util;
import java.sql.Connection;
import java.sql.DriverManager;
import java.sql.PreparedStatement;
import java.sql.ResultSet;
import java.sql.SQLException;

public class JDBCUtil {
  public static final String URL = "jdbc:mysql://localhost:3306/mybatis2";
  public static final String USER = "root";
  public static final String PASSWORD = "123456";    //改为正确的密码
  private static Connection conn = null;
  
  static{
    try{
      Class.forName("com.mysql.jdbc.Driver");
    }catch(ClassNotFoundException e){
      e.printStackTrace();
    }
  }
  
  public static Connection getConnection(){
    try {
```

```java
            conn = DriverManager.getConnection(URL, USER, PASSWORD);
        } catch(SQLException e) {
            e.printStackTrace();
        }
      return conn;
    }

    public static void close(PreparedStatement pst, Connection conn){
        if(pst!=null){
            try {
                pst.close();
            } catch(SQLException e) {
                e.printStackTrace();
            }
        }

        if(conn!=null){
            try {
                conn.close();
            } catch(SQLException e) {
                e.printStackTrace();
            }
        }
    }

    public static void close(PreparedStatement pst, Connection conn, ResultSet rs){
        if(pst!=null){
            try {
                pst.close();
            } catch(SQLException e) {
                e.printStackTrace();
            }
        }

        if(conn!=null){
            try {
                conn.close();
            } catch(SQLException e) {
                e.printStackTrace();
            }
        }

        if(rs!=null){
            try {
                rs.close();
            } catch(SQLException e) {
                e.printStackTrace();
            }
        }
    }
}
```

由于在 JDBC 编程过程中将会多次使用上述代码，现在通过 JDBCUtil 类将重复代码分离出来，放在单独的类中，避免了代码的冗余。

4. POJO 类

在项目的 src 目录下创建名为 org.ngweb.student.pojo 的包，并在包中新建一个 Student 类，代码如下（Student.java）。

```java
package org.ngweb.student.pojo;

public class Student {
  private Integer id;
  private String name;
  private Byte age;
  private String sex;
  private String account;
  private String password;
  private Integer typeId;

  public Integer getId() {
    return id;
  }
  // 其他 getter 和 setter 方法省略
  ...
}
```

上述 POJO 类中的成员变量与 t_student 表中的字段一一对应，名称和数据类型都要对应，如果列名含有下画线，则根据小驼峰命名法进行改名，例如 typeId。

5. DAO 类

DAO（Data Access Object）数据访问对象，是一个面向对象的数据库接口。本实例将与数据库操作相关的代码全部分离出来放在 DAO 类中，具体方法是在项目的 src 目录中创建一个名为 org.ngweb.student.dao 的包，然后在此包中新建 StudentDao 类，用于对数据库进行增删查改。代码如下（StudentDao.java）。

```java
package org.ngweb.student.dao;
import java.sql.Connection;
import java.sql.PreparedStatement;
import java.sql.ResultSet;
import java.sql.SQLException;
import java.util.ArrayList;
import java.util.List;
import org.ngweb.student.pojo.Student;
import org.ngweb.student.util.JDBCUtil;

public class StudentDao {
    //添加学生信息
    public void addStudent(Student student) throws SQLException{
        Connection conn = null;
        PreparedStatement pst = null;
```

```java
        try{
            //获得与数据库的连接
            conn = JDBCUtil.getConnection();
            //SQL 语句
            String sql = "insert into t_student(id, name, age, sex, account, password, type_id) values (null,?,?,?,?,?,?)";
            //获得 PreparedStatement 对象
            pst = conn.prepareStatement(sql);
            //设置 sql 中的参数
            pst.setString(1, student.getName());     //注意 5 个占位符的对应
            pst.setByte(2, student.getAge());
            pst.setString(3, student.getSex());
            pst.setString(4, student.getAccount());
            pst.setString(5, student.getPassword());
            pst.setInt(6, student.getTypeId());
            //操作数据库
            pst.execute();
        }finally{
            JDBCUtil.close(pst, conn);
        }
    }

    //更新学生信息
    public void updateStudent(Student student) throws SQLException{
        Connection conn = null;
        PreparedStatement pst = null;

        try{
            //获得与数据库的连接
            conn = JDBCUtil.getConnection();
            //SQL 语句
            String sql = "update t_student set name=?, age=?,sex=?,account=?,password=?,type_id=? where id=?";
            //获得 PreparedStatement 对象
            pst = conn.prepareStatement(sql);
            //设置 sql 中的参数
            pst.setString(1, student.getName());
            pst.setByte(2, student.getAge());
            pst.setString(3, student.getSex());
            pst.setString(4, student.getAccount());
            pst.setString(5, student.getPassword());
            pst.setInt(6, student.getTypeId());
            pst.setInt(7, student.getId());
            //操作数据库
            pst.execute();
        }finally{
            JDBCUtil.close(pst, conn);
        }
    }
```

```java
//删除学生信息
public void deleteStudent(int id) throws SQLException{
    Connection conn = null;
    PreparedStatement pst = null;
    
    try{
        //获得与数据库的连接
        conn = JDBCUtil.getConnection();
        //SQL 语句
        String sql = "delete from t_student where id=?";
        //获得 PreparedStatement 对象
        pst = conn.prepareStatement(sql);
        //设置 sql 中的参数
        pst.setInt(1, id);
        //  操作数据库
        pst.execute();
    }finally{
        JDBCUtil.close(pst, conn);
    }
}

//查询所有的学生信息
public List<Student> query() throws SQLException{
    Connection conn = null;
    PreparedStatement pst = null;
    ResultSet rs =null;
    
    try{
        //获得与数据库的连接
        conn = JDBCUtil.getConnection();
        //SQL 语句
        String sql = "select * from t_student";
        //获得 PreparedStatement 对象
        pst = conn.prepareStatement(sql);
        //获得结果集
        rs = pst.executeQuery();
    List<Student> studentList = new ArrayList<Student>();
    Student s =null;
    while(rs.next()){
    s = new Student();
    s.setId(rs.getInt("id"));
    s.setName(rs.getString("name"));
    s.setAge(rs.getByte("age"));
    s.setSex(rs.getString("sex"));
    s.setAccount(rs.getString("account"));
    s.setPassword(rs.getString("password"));
    s.setTypeId(rs.getInt("type_id"));
    studentList.add(s);
    }
    return studentList;
    }finally{
```

```java
            JDBCUtil.close(pst, conn, rs);
        }
    }

    //根据id查询学生信息
    public Student getById(int id) throws SQLException{
        Connection conn = null;
        PreparedStatement pst = null;
        ResultSet rs =null;

        try{
            Student s = null;
            //获得与数据库的连接
            conn = JDBCUtil.getConnection();
            //SQL语句
            String sql = "select * from t_student where id = ?";
            //获得PreparedStatement对象
            pst = conn.prepareStatement(sql);
            //设置sql中的参数
            pst.setInt(1, id);
            //.获得结果集
            rs = pst.executeQuery();
            while(rs.next()){
            s = new Student();
            s.setId(rs.getInt("id"));
            s.setName(rs.getString("name"));
            s.setAge(rs.getByte("age"));
            s.setSex(rs.getString("sex"));
            s.setAccount(rs.getString("account"));
            s.setPassword(rs.getString("password"));
            s.setTypeId(rs.getInt("type_id"));
            }
            return s;
        }finally{
            JDBCUtil.close(pst, conn, rs);
        }
    }

    //根据账号和密码查询用户是否存在，用于验证用户登录
    public boolean isExistent(Student student) throws SQLException{
        Connection conn = null;
        PreparedStatement pst = null;
        ResultSet rs =null;

        try{
            //获得与数据库的连接
            conn = JDBCUtil.getConnection();
            //SQL语句
            String sql = "select * from t_student where account=? and password=?";
            //获得PreparedStatement对象
```

```java
            pst = conn.prepareStatement(sql);
            //设置 sql 中的参数
            pst.setString(1, student.getAccount());
            pst.setString(2, student.getPassword());
            // 获得结果集
            rs = pst.executeQuery();
            while(rs.next()){
             return true;
            }
            return false;
        }finally{
            JDBCUtil.close(pst, conn, rs);
        }
    }
}
```

上述代码通过调用工具类 JDBCUtil 的 getConnection()获取与 mybatis2 数据库的连接，然后根据连接创建 PreparedStatement，最后通过 PreparedStatement 操作数据库。

6. 功能实施

（1）登录和注销

用户登录后需要通过调用 StudentDao 中的方法验证用户名和密码是否正确。将项目二设计好的 index.html 复制到 WebContent 中，并更名为 login.jsp，修改后代码如下。

```jsp
<%@ page language="java" contentType="text/html; charset=UTF-8"
    pageEncoding="UTF-8"%>
<%@ page import="org.ngweb.student.dao.StudentDao" %>
<%@ page import="org.ngweb.student.pojo.Student" %>
<html>
<head>
<meta http-equiv="Content-Type" content="text/html; charset=UTF-8">
<link rel="stylesheet" href="css/common.css" type="text/css" />
<link rel="stylesheet" href="css/login.css" type="text/css" />
<title>登录页面</title>
</head>
<body>
  <%
    String msg="";
    request.setCharacterEncoding("UTF-8");
    String username = request.getParameter("username");
    String password = request.getParameter("password");

    if(username!=null && password!=null){
      Student student = new Student();
      student.setAccount(username);
      student.setPassword(password);

      StudentDao studentDao = new StudentDao();
```

```
      if(studentDao.isExistent(student)){
        session.setAttribute("account", username);     //在会话中保存用户名
        response.sendRedirect("index.jsp");
      }else{
        msg = "用户名或密码不正确";
        request.setAttribute("msg", msg);
      }
    }
  %>

  <div class="main">
    <div class="header">
      <h1>学生信息管理系统</h1>
    </div>
    <div class="loginMain">
      <p>${msg}</p>
      <form action="login.jsp" method="post" onsubmit="return checkLogin()">
        <input type="text" name="username" placeholder="用户名" />
        <input type="password" name="password" placeholder="密码" />
        <input type="submit" value="登录" class="btn" />
      </form>
    </div>
  </div>
  <script type="text/javascript" src="js/script.js"></script>
</body>
</html>
```

上述代码中添加了用户登录后通过一段 JSP 程序标识验证用户名和密码是否存在，如果存在，则在会话中保存用户名后重定向到 index.jsp 页面（在下一步骤创建），否则在登录页面显示"用户名或密码不正确"。

当用户登录成功后，可以通过注销退出主页面，同时跳转到登录页面。在 WebContent 目录下新建 logout.jsp，代码如下。

```
<%@ page language="java" contentType="text/html; charset=UTF-8"
pageEncoding="UTF-8"%>
<html>
<head>
<meta http-equiv="Content-Type" content="text/html; charset=UTF-8">
<title>注销页面</title>
</head>
<body>
  <%
    session.invalidate();
  %>
  <jsp:forward page="login.jsp" />
</body>
</html>
```

上述代码是通过调用 session 对象的 invalidate() 方法来实现注销，session 对象中不再保存 "account" 的属性值。

（2）查询学生信息

将项目二设计好的 view.html 复制到 WebContent 中，并更名为 view.jsp。为了能在 view.jsp 中显示学生的信息，需要先通过 JDBC 查询数据库中的信息，所以还需要在 WebContent 中新建 index.jsp（项目二中的 index.html 已被改名为 login.jsp），代码如下。

```jsp
<%@ page language="java" contentType="text/html; charset=UTF-8"
pageEncoding="UTF-8"%>
<%@ page import="java.util.*" %>
<%@ page import="org.ngweb.student.dao.StudentDao" %>
<%@ page import="org.ngweb.student.pojo.Student" %>
<html>
<head>
<meta http-equiv="Content-Type" content="text/html; charset=UTF-8">
<title>首页</title>
</head>
<body>
  <%
    //新建 StudentDao 的实例
    StudentDao stuentDao = new StudentDao();
    //根据 StudentDao 实例获得所有学生的信息
    List<Student> list = studentDao.query();
    //将学生信息存入请求域
    request.setAttribute("studentList", list);
  %>
  <jsp:forward page="view.jsp"/>
</body>
</html>
```

上述代码首先通过 StudentDao 的 query()方法查询所有的学生信息，再将学生信息保存在 List 类型的变量 list 中，然后将 list 对象存放在请求域中，且对应的属性名为 studentList，最后将请求转发到 view.jsp，代码如下。

```jsp
<%@ page language="java" contentType="text/html; charset=UTF-8"
pageEncoding="UTF-8"%>
<%@ taglib prefix="c" uri="http://java.sun.com/jsp/jstl/core"%>
<html>
<head>
<meta http-equiv="Content-Type" content="text/html; charset=UTF-8">
<title>主页</title>
<link rel="stylesheet" type="text/css" href="css/common.css"/>
<link rel="stylesheet" type="text/css" href="css/view.css"/>
</head>
<body>
  <div class="main">
    <div class="header">
      <h1>学生信息管理系统</h1>
    </div>

    <div class="content">
      <p>账号：${account}   <a href="logout.jsp">注销</a></p>
```

```html
<form action="findOperation.jsp" method="post" class="formclass">
  学生id: <input type="text" name="id" value="" class="information"/>
    <input type="submit" value="查询" class="btn"/>
</form>

<a href="add.jsp">添加</a>

<h2>学生信息列表</h2>
<table border="1">
    <tr>
      <td>编号</td>
      <td>名称</td>
      <td>年龄</td>
      <td>性别</td>
      <td>账户</td>
      <td>密码</td>
      <td>类型</td>
      <td colspan="2">操作</td>
    </tr>

    <c:forEach items="${studentList}" var="student">
     <tr>
       <td>${student.id}</td>
       <td>${student.name}</td>
       <td>${student.age}</td>
       <td>${student.sex=="m"?"男":"女"}</td>
       <td>${student.account}</td>
       <td>${student.password}</td>
       <td>${student.typeId==1?"管理员":"用户" }</td>
       <td><a href="deleteOperation.jsp?id=${student.id}">删除</a></td>
       <td><a href="update.jsp?id=${student.id}">更新</a></td>
     </tr>
    </c:forEach>
  </table>
    </div>
    <div class="footer"><p>《Java EE 应用开发及实训》第 2 版（机械工业出版社）</p></div>
  </div>
 </body>
</html>
```

上述代码在前一版本的基础上修改了两个地方。其一是在查询表单中添加了 action 属性，其二是在<table>中通过<c:forEach>遍历了请求中的属性名为 StudentList 的对象（从 index.jsp 传递过来），且通过 JSP EL 将每个学生的信息显示在表格中，同时在删除和更新列中增加了请求相关的 URL 和参数 id。

如果需要根据 id 显示学生信息，可以通过 view.jsp 中的 form 表单输入 id 值，并单击"提交"按钮，将请求发送到 findOperation.jsp，代码如下。

```
<%@ page language="java" contentType="text/html; charset=UTF-8"
    pageEncoding="UTF-8"%>
```

```
<%@ page import="java.util.*" %>
<%@ page import="org.ngweb.student.dao.StudentDao" %>
<%@ page import="org.ngweb.student.pojo.Student" %>
<html>
<head>
<meta http-equiv="Content-Type" content="text/html; charset=UTF-8">
<title>查询学生信息的数据库操作</title>
</head>
<body>
  <%
    StudentDao studentDao = new StudentDao();
    String id = request.getParameter("id");
    List<Student> studentList = null;
    if(id==""){
      studentList = studentDao.query();
    }else{
      Student student = studentDao.getById(Integer.parseInt(id));
      studentList = new ArrayList<Student>();
      if(student!=null){
          studentList.add(student);
      }

    }

    request.setAttribute("studentList", studentList);
  %>
  <jsp:forward page="view.jsp"/>
</body>
</html>
```

上述代码首先通过请求对象获得待查询的 id，然后判断 id 是否为空字符串，如果 id 参数的值为空字符串，则查询所有的学生信息，否则根据 id 的值查询学生的信息。此处需要注意的是，id 参数的值是字符串，需要先转换成整数再查询。

（3）添加学生信息

将项目二设计好的 add.html 复制到 WebContent 中，并更名为 add.jsp，修改后的代码如下。

```
<%@ page language="java" contentType="text/html; charset=UTF-8"
pageEncoding="UTF-8"%>
<html>
<head>
<meta http-equiv="Content-Type" content="text/html; charset=UTF-8">
<title>添加学生信息</title>
<link rel="stylesheet" type="text/css" href="css/common.css"/>
</head>
<body>
  <div class="main">
    <div class="header">
      <h1>学生信息管理系统</h1>
    </div>

    <div class="content">
```

```html
<h2>添加学生信息</h2>
<form action="addOperation.jsp" method="post" onsubmit="return check()"
    class="contact_form" >
    <ul>
      <li class="usually">
        <span>用户名：</span>
        <input type="text" name="name" value="" />
      </li>

      <li class="usually">
        <span>年龄：</span>
        <input type="text" name="age" value="" id="age"/>
      </li>

      <li class="usually">
        <span>性别： </span>
        <input type="radio" name="sex" value="m" id="male"/>
        <label for="male">男</label>
        <input type="radio" name="sex" value="f" id="female"/>
        <label for="female">女</label>
      </li>

      <li class="usually">
        <span>账号：</span>
        <input type="text" name="account" value="" class="information"/>
      </li>

      <li class="usually">
        <span>密码：</span>
        <input type="text" name="password" value="" class="information"/>
      </li>

      <li class="usually">
        <span>类型：</span>
        <select name="typeId">
          <option value="1">管理员</option>
          <option value="2">用户</option>
        </select>
      </li>

      <li>
        <input type="submit" value="添加" class="submit" />
      </li>
    </ul>
</form>
</div>
<div class="footer"><p>《Java EE 应用开发及实训》第 2 版（机械工业出版社）
</p></div>
  </div>

  <script type="text/javascript" src="js/script.js"></script>
</body>
```

</html>

上述代码中，添加学生信息的 form 表单的 action 属性对应的值是 addOperation.jsp，该文件的代码如下。

```jsp
<%@ page language="java" contentType="text/html; charset=UTF-8"
    pageEncoding="UTF-8"%>
<%@ page import="org.ngweb.student.dao.StudentDao" %>
<%@ page import="org.ngweb.student.pojo.Student" %>
<html>
<head>
<meta http-equiv="Content-Type" content="text/html; charset=UTF-8">
<title>更新学生信息的数据库操作</title>
</head>
<body>
  <%
    request.setCharacterEncoding("utf-8");
    StudentDao studentDao = new StudentDao();
    Student student = new Student();
    student.setName(request.getParameter("name"));
    student.setAge(Byte.parseByte(request.getParameter("age")));
    student.setSex(request.getParameter("sex"));
    student.setAccount(request.getParameter("account"));
    student.setPassword(request.getParameter("password"));
    student.setTypeId(Integer.parseInt(request.getParameter("typeId")));
    studentDao.addStudent(student);
    response.sendRedirect("index.jsp");
  %>
</body>
</html>
```

上述代码通过 StudentDao 添加学生记录，添加的信息来自表单提交的信息，此信息通过 request 隐式对象获取，添加操作结束后，重定向到 index.jsp，重定向的目的是重新查看最新的学生信息。

（4）删除学生信息

在 viewStudent.jsp 的<table>标签中有一列是删除学生信息的操作，此处是通过超链接实现的，当用户单击"删除"对应的超链接后，将对 deleteOperation.jsp 发送请求，同时请求的 URL 的后面还包括 id 参数，所以在 deleteOperation.jsp 中可以通过 request 获取 id 对应的参数以删除对应的学生信息，代码如下。

```jsp
<%@ page language="java" contentType="text/html; charset=UTF-8"
    pageEncoding="UTF-8"%>
<%@ page import="org.ngweb.student.dao.StudentDao" %>
<html>
<head>
<meta http-equiv="Content-Type" content="text/html; charset=UTF-8">
<title>删除学生信息的数据库操作</title>
</head>
<body>
  <%
    StudentDao studentDao = new StudentDao();
```

```
        int id = Integer.parseInt(request.getParameter("id"));    //学生的id
        studentDao.deleteStudent(id);
        response.sendRedirect("index.jsp");
    %>
    </body>
</html>
```

上述代码也是通过 StudentDao 删除指定学生的信息，然后重定向到 index.jsp。

（5）更新学生信息

通过 view.jsp 文档中的超链接可以跳转到更新学生信息页面 update.jsp，为了有更好的用户体验，需要在更新学生信息的表单中显示学生原有的信息，学生 id 通过 URL 参数传递，代码如下。

```
<%@ page language="java" contentType="text/html; charset=UTF-8"
    pageEncoding="UTF-8"%>
<%@ page import="org.ngweb.student.dao.StudentDao" %>
<%@ page import="org.ngweb.student.pojo.Student" %>
<html>
<head>
<meta http-equiv="Content-Type" content="text/html; charset=UTF-8">
<title>更新学生信息</title>
<link rel="stylesheet" type="text/css" href="css/common.css"/>
</head>
<body>
  <%
    StudentDao studentDao = new StudentDao();
    int id = Integer.parseInt(request.getParameter("id"));    //学生的id
    Student student = studentDao.getById(id);
    request.setAttribute("student", student);
  %>

    <div class="main">
        <div class="header">
            <h1>学生信息管理系统</h1>
        </div>

        <div class="content">
            <h2>更新学生信息</h2>
            <form action="updateOperation.jsp" method="post" onsubmit=
"return checkAdd()"
                class="contact_form">
                <input type="hidden" name="id" value="${student.id}" />
                <ul>
                    <li class="usually">
                        <span>用户名：</span>
                        <input type="text" name="name" value="${student.name}"/>
                    </li>

                    <li class="usually">
                        <span>年龄：</span>
                        <input type="text" name="age" value="${student.age}"/>
```

```html
                </li>
                
                <li class="usually">
                    <span>性别：</span>
                    <input type="radio" name="sex" value="m" class="information"
                        ${student.sex=="m"? "checked":""} id="male"/>
                    <label for="male">男</label>
                    <input type="radio" name="sex" value="f" class="information"
                        ${student.sex=="f"? "checked":""} id="female"/>
                    <label for="female">女</label>
                </li>
                
                <li class="usually">
                    <span>账号：</span>
                    <input type="text" name="account" value="${student.account}" />
                </li>
                
                <li class="usually">
                    <span>密码：</span>
                    <input type="text" name="password" value="${student.password}" />
                </li>
                
                <li class="usually">
                    <span>类型：</span>
                    <select name="typeId">
                        <option value="1"${student.typeId==1?"selected":""}>管理员</option>
                        <option value="2" ${student.typeId==2?"selected":""}>用户</option>
                    </select>
                </li>
                
                <li>
                    <input type="submit" value="修改" class="submit" />
                </li>
            </ul>
        </form>
    </div>
    <div class="footer"><p>《Java EE 应用开发及实训》第 2 版（机械工业出版社）</p></div>
</div>
<script type="text/javascript" src="js/script.js"></script>
</body>
</html>
```

上述代码先通过 StudentDao 获取了学生的信息，然后在每一个表单元素中通过 JSP 表达式显示出来，用户可以在原有信息的基础上进行修改。当用户单击 update.jsp 文件中的"修改"

按钮后，请求被提交，发送到 updateOperation.jsp。由 updateOperation.jsp 实现对学生的信息进行更新，代码如下。

```jsp
<%@ page language="java" contentType="text/html; charset=UTF-8"
pageEncoding="UTF-8"%>
<%@ page import="org.ngweb.student.dao.StudentDao" %>
<%@ page import="org.ngweb.student.pojo.Student" %>
<html>
<head>
<meta http-equiv="Content-Type" content="text/html; charset=UTF-8">
<title>更新学生信息的数据库操作</title>
</head>
<body>
  <%
    request.setCharacterEncoding("utf-8");
    StudentDao studentDao = new StudentDao();
    Student student = new Student();
    student.setId(Integer.parseInt(request.getParameter("id")));
    student.setName(request.getParameter("name"));
    student.setAge(Byte.parseByte(request.getParameter("age")));
    student.setSex(request.getParameter("sex"));
    student.setAccount(request.getParameter("account"));
    student.setPassword(request.getParameter("password"));
    student.setTypeId(Integer.parseInt(request.getParameter("typeId")));
    studentDao.updataStudent(student);
    response.sendRedirect("index.jsp");
  %>
</body>
</html>
```

上述代码先通过 request 获取修改后的学生信息，然后通过 StudentDao 对学生的信息进行更新，最后重定向到 index.jsp。

7. 前端设计

将项目二的前端设计成果复制到本项目中。
- 在 WebContent 目录下创建 css 目录，将第 2 章设计好的层叠样式表复制到这个目录中。
- 在 WebContent 目录下创建 js 目录，将第 2 章设计好的 JavaScript 文件复制到这个目录中。
- 在 WebContent 目录下创建 images 目录，将第 2 章中的图片 header.png 复制到这个目录中。

8. 项目配置

本项目的项目配置文件 web.xml 是 Eclipse 自动生成的，在本阶段不需要修改。代码如下。

```xml
<?xml version="1.0" encoding="UTF-8"?>
<web-app xmlns:xsi="http://www.w3.org/2001/XMLSchema-instance" xmlns=
"http://java.sun.com/xml/ns/javaee"xsi:schemaLocation="http://java.
sun.com/xml/ns/javaee http://java.sun.com/xml/ns/javaee/web-app_2_5.xsd"
id= "WebApp_ID" version="2.5">
```

```
        <display-name>student_jsp</display-name>
        <welcome-file-list>
        <welcome-file>index.html</welcome-file>
        <welcome-file>index.htm</welcome-file>
        <welcome-file>index.jsp</welcome-file>
        <welcome-file>default.html</welcome-file>
        <welcome-file>default.htm</welcome-file>
        <welcome-file>default.jsp</welcome-file>
        </welcome-file-list>
    </web-app>
```

9. 运行项目

项目完成后，可以运行项目，运行的部分结果如图 3-23 所示。

 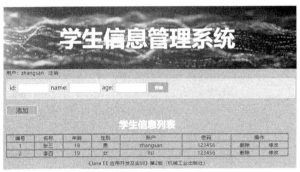

图 3-23　项目运行结果

▶3.7　习题

1. 思考题

1）简述 JSP 文件的基本语法。
2）简述 JSP 的 9 个内置对象。
3）转发页面和重定向页面有什么异同点？请详细解释。
4）举例说明 request 对象的常用方法。
5）举例说明 response 对象的常用方法。
6）内置对象 session 的用途是什么？
7）内置对象 request、session 和 application 的区别是什么？
8）JDBC 的作用是什么？

2. 实训题

1）习题：选择题与填空题，见本书在线实训平台【实训 3-14】。
2）习题：登录功能的设计与实现，见本书在线实训平台【实训 3-15】。
3）习题：EL 表达式和 JSP 标准标签库的使用，见本书在线实训平台【实训 3-16】。

4）习题：JDBC 项目的编程，见本书在线实训平台【实训 3-17】。

5）习题：基于 JSP 的图书管理系统的小型项目设计与实现，见本书在线实训平台【实训 3-18】。

6）测试：选择题与填空题（第 1～3 章），见本书在线实训平台【实训 3-19】。

7）测试：操作题之一（第 1～3 章），见本书在线实训平台【实训 3-20】。

8）测试：操作题之二（第 1～3 章），见本书在线实训平台【实训 3-21】。

第4章 Servlet 技术

前一章学习了服务器端编程技术中的 JSP 技术，包括 JSP 基本语法、隐式对象以及通过 JSP 实现动态网页的常用功能，并结合 JDBC 技术实现了学生信息管理系统的基本功能。

本章学习 Servlet 技术，通过 Servlet 将学生信息管理系统中的控制层分离出来。

▶4.1 学生信息管理系统改进目标

项目三的学生信息管理系统项目通过 JSP 同时实现显示层和控制层的功能。但是 JSP 的优势是显示，而不是控制，所以现在需要在项目四中，通过 Servlet 实现控制层，便于代码的后期维护与扩展。

为了实现这个目标，需要学习 Servlet 的工作机制、生命周期和 MVC 模型。

▶4.2 Servlet 技术

Java Servlet 是运行在 Web 服务器上的程序，它为 Java Web 应用程序提供了基于组件的、独立于平台的方法。Servlet 能访问所有的 Java API，包括访问数据库的 JDBC API。同时，使用 Servlet，可以收集来自网页表单的用户输入，呈现来自数据库或其他数据源的记录，还可以动态创建网页。

4.2.1 Servlet 接口及其实现类

Servlet 是 javax.servlet.http.HttpServlet 抽象类的一个子类，可以通过扩展 HttpServlet 来创建 Servlet，并通过覆盖 HttpServlet 类的有关方法来实现所需的功能。它的基本结构如下。

```java
public class demo extends HttpServlet {
    private static final long serialVersionUID = 1L;

    protected void doGet(HttpServletRequest request, HttpServletResponse response)
        throws ServletException, IOException {
    }

    protected void doPost(HttpServletRequest request, HttpServletResponse response)
```

```
        throws ServletException, IOException {
    }
}
```

Eclipse 内置了 Servlet 类的模板，因此编写一个 Servlet 类的步骤如下。

1）以 Eclipse 提供的模板创建一个 Servlet 类，该类继承 HttpServlet 类。
2）编写 doGet()和 doPost()方法，这些方法覆盖 HttpServlet 类的方法。
3）通过配置使这个类与一个 URL 建立映射，用户访问这个 URL 网址，就是执行这个类的方法。

4.2.2 Servlet 入门实例

【实训 4-1】 Servlet 入门实例
本节以一个最简单的 Servlet 为例，讲解 Servlet 技术。

4-1 Servlet 入门实例

1. 创建动态网站

创建一个名为 chapter4 的动态 web 项目，并将这个项目添加到 Tomcat 服务器中。

2. 创建 Servlet

在项目的 src 目录下创建一个包，名为 org.ngweb.chapter4.servlet，用于保存 Servlet。在 org.ngweb.chapter4.servlet 包中添加一个 Servlet，方法是右击 org.ngweb.chapter4.servlet 包名，选择快捷菜单中的"New"→"Servlet"，如图 4-1 所示。

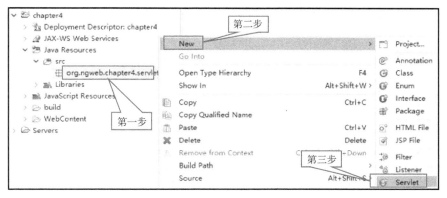

图 4-1 创建 Servlet（步骤一）

在弹出的对话框中填写 Servlet 的类名为 Hello，其他参数保持默认值，然后单击"Finish"按钮完成，如图 4-2 所示。

这时 Eclipse 会做两件事，一是创建一个以模板代码为样本、名为 Hello 的 Servlet；二是为这个 Servlet 进行配置（在 web.xml 文件中）。下一步修改 Hello.java 代码中的 doGet()方法。

图 4-2　创建 Servlet（步骤二）

3. 修改 Servlet 类

前面创建的 Hello.java 是 Eclipse 依据 Servlet 模板创建的，要将其修改为如下代码。

```java
package org.ngweb.chapter4.servlet;
import java.io.IOException;
import java.io.PrintWriter;
import javax.servlet.ServletException;
import javax.servlet.http.HttpServlet;
import javax.servlet.http.HttpServletRequest;
import javax.servlet.http.HttpServletResponse;

public class Hello extends HttpServlet {
  private static final long serialVersionUID = 1L;

  public Hello() {
    super();
  }

    protected void doGet(HttpServletRequest request, HttpServletResponse response) throws ServletException, IOException {
      response.setContentType("text/html");
      PrintWriter out = response.getWriter();
      out.println("<html>");
      out.println("<head><title>a servlet</title></head>");
      out.println("<body>");
      out.println("Hello,world");
      out.println("</body>");
      out.println("</html>");
    }

    protected void doPost(HttpServletRequest request, HttpServletResponse response) throws ServletException, IOException {
      doGet(request, response);
```

}
}

上述代码是在 doGet()方法中设置响应的 MIME 类型为 HTML，然后通过响应对象 response 获得输出流对象 out 变量（与 JSP 内置对象 out 的作用相同），最后通过 out 变量输出内容为"Hello, world"的 HTML 文档。

4. 设置目标环境

上述代码还不能运行，因为 Servlet 引用的一些包是在 Tomcat 中的，需要指定 Tomcat 作为目标运行环境，方法是从项目的快捷菜单中选择"Properties"，在弹出的对话框中找到 Targeted Runtimes，然后在右侧勾选安装好的 Tomcat 版本，如图 4-3 所示，图中选择的是 Apache Tomcat v8.0。

 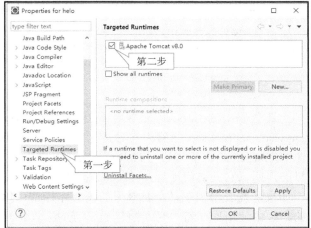

图 4-3　设置目标环境

5. 运行 Servlet

这时启动 Tomcat 服务器，在浏览器中输入地址 http://127.0.0.1:8080/chapter4/Hello，可以看到 Servlet 输出的内容，并可在浏览器上查看源代码，如图 4-4 所示，可以看到它的输出与第 1 章实训 1-2 的 hello.html 相同，但这里采用的是 Servlet 技术，是通过 out 变量输出的。

图 4-4　Servlet 生成的页面及其源代码

6. 关于 Servlet 的配置

这里有一个问题：为什么访问名为 Hello 的 Servlet 的路径是"chapter4/Hello"呢？其中 chapter4 是项目名称，而 Hello 是如何确定的呢？这就要查看 web.xml 文件，其中就包含了 Hello 这个 Servlet 与网址的映射关系。以下是 web.xml 中自动配置的内容。

```xml
<?xml version="1.0" encoding="UTF-8"?>
<web-app xmlns:xsi="http://www.w3.org/2001/XMLSchema-instance" xmlns=
"http://java.sun.com/ xml/ns/javaee" xsi:schemaLocation="http://java.sun.
com/xml/ns/javaee http://java.sun.com/xml/ns/javaee/ web-app_2_5.xsd" id=
"WebApp_ID" version="2.5">
    <display-name>hello</display-name>
    <welcome-file-list>
      <welcome-file>index.jsp</welcome-file>
      <!--省略了一些默认页-->
    </welcome-file-list>
    <servlet>
      <description></description>
      <display-name>Hello</display-name>
      <servlet-name>Hello</servlet-name>
      <servlet-class>org.ngweb.chapter4.servlet.Hello</servlet-class>
    </servlet>
    <servlet-mapping>
      <servlet-name>Hello</servlet-name>
      <url-pattern>/Hello</url-pattern>
    </servlet-mapping>
</web-app>
```

上述代码中的<servlet>元素用于定义一个 Servlet，名字是 Hello，对应的全限定类名是 org.ngweb.chapter4.servlet.Hello。另一个元素是<servlet-mapping>，用于将 Servlet 映射到一个资源的地址上，此例子将名为 Hello 的 Servlet 映射到/Hello 这个地址，此地址是相对于 chapter4 项目的，所以它的访问地址是"/chapter4/Hello"。

如果开发者希望在某个目录下的所有路径都可以访问同一个 Servlet，则可以在 Servlet 映射的路径中使用通配符"*"。"*"通配符的格式有两种，具体如下。

1）格式为"*.扩展名"，例如"*.do"匹配以".do"结尾的所有 URL 地址。
2）格式为"/*"，例如"/abc/*"匹配以"/abc/"开始的所有 URL 地址。

需要注意的是，这两种通配符的格式不能混合使用，例如"/abc/*.do"就是不合法的映射路径。

4.2.3 理解 Servlet

1. Servlet 的工作机制

现在以上述代码为例描述 Servlet 的工作机制，如图 4-5 所示。
Servlet 工作机制如下。
1）客户端发送请求，请求的 URL 为 http://127.0.0.1:8080/chapter4/Hello。
2）Web 服务器上的 Web 容器收到请求的 URL，并从 web.xml 中找到映射的 Servlet 类。
3）首次请求时，Web 容器加载这个 Servlet 类并创建一个 Servlet 实例；否则直接跳转到第 4 步。
4）Servlet 实例将产生 HTML 格式的内容输出并上交给 Web 服务器。
5）Web 服务器以静态 HTML 网页的形式将响应返回到浏览器中。

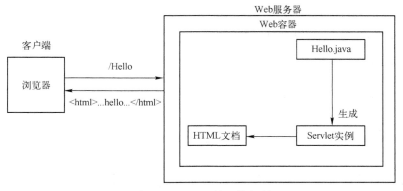

图 4-5　Servlet 的工作机制

JSP 技术是基于 Servlet 的，每一个 JSP 其实都是一个 Servlet。Web 容器会自动将 JSP 文件翻译为 Servlet 的 Java 代码，用户在浏览器上看到的内容就是这个 Servlet 的输出。Servlet 与 JSP 之间的联系见表 4-1。

表 4-1　Servlet 与 JSP 之间的联系

对比项	JSP	Servlet
代码构成	由 HTML 代码、JSP 标签和 Java 代码构成	由 Java 代码构成
生命周期	先翻译为 Servlet，然后生成实例响应客户请求	直接生成实例响应客户请求
内置对象	直接使用 JSP 的内置对象	只能直接使用 request 和 response 对象。其他对象需要通过 request、response 和 HttpServlet 生成
优势	便于开发显示层	便于开发控制逻辑

2. Servlet 的生命周期

Servlet 生命周期可被定义为从创建直到销毁的整个过程。以下是 Servlet 遵循的过程，如图 4-6 所示。

1）初始化阶段：Servlet 调用 init() 方法进行初始化。
2）运行阶段：Servlet 调用 service() 方法处理客户端的请求。
3）销毁阶段：Servlet 调用 destroy() 方法终止。

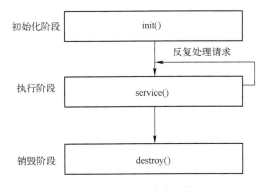

图 4-6　Servlet 生命周期

与 JSP 一样，Servlet 也是在客户端第一次发送请求的时候，由 Web 容器创建 Servlet 实例对象，并调用 Servlet 对象的 init() 方法，然后调用 Servlet 对象的 service() 方法进行响应，之后客户端再次请求时，直接调用 service()方法响应客户端，最后在服务器关闭或 Web 应用被移出容器时调用 destroy()方法，以便释放资源。

3. Servlet 的响应方法

Servlet 生命周期中的服务方法是 service()，但是 Servlet 可以根据客户端的不同请求方式调用对应的响应方法，例如用户的请求方式是 GET，则 Servlet 调用 doGet()方法响应客户端，详细对应关系见表 4-2。

表 4-2　Servlet 响应不同请求对应的方法

HTTP 请求方式	Servlet 的响应请求方法	HTTP 请求方式	Servlet 的响应请求方法
GET	doGet()	DELETE	doDelete()
POST	doPost()	OPTIONS	doOptions()
PUT	doPut()	TRACE	doTrace()
HEAD	doHead()		

最常用的请求方式是 GET 和 POST，所以在 Servlet 中一般只添加 doGet()方法和 doPost()方法。

GET 方式和 POST 方式的区别见表 4-3。

表 4-3　GET 与 POST 的区别

对比项	GET 方式	POST 方式
安全性	数据放在 URL 中，用户可见，不安全	数据对用户来说不可见
传输量	受到 URL 长度的影响，数据量有限	数据量相对较大
编码类型	只接受 ASCII 字符	没有限制，也可以是二进制数据，如上传文件
缓存	请求会被浏览器主动缓存	需要手动设置才能缓存

4. Servlet 关键对象与 JSP 内置对象的关系

由于 JSP 是 Servlet 的技术扩展，所有 JSP 文件在内部都会被转换为 Servlet，在运行的层面上，JSP 和 Servlet 是完全相同的，所以 Servlet 的关键对象与 JSP 内置对象之间是一一对应的，见表 4-4。

表 4-4　Servlet 中的对象与 JSP 内置对象的关系

对象类型	JSP 内置对象	Servlet 中对象
HttpServletRequest	request	在响应方法的形参中，直接使用形参变量
HttpServletResponse	response	在响应方法的形参中，直接使用形参变量
HttpSession	session	通过 request 的 getSession()方法获得
ServletContext	application	通过当前 Servlet 实例的 getServletContext()方法获得
PrintWriter	out	通过 response 的 getWriter()方法获得

▶4.3　MVC 模式

MVC（Model-View-Controller，模型-视图-控制器）设计模式用于应用程序的分层开发。

- Model（模型层）：负责处理业务逻辑，在需要时，还需要同数据库进行交互。
- View（视图层）：负责数据的可视化展现，这些数据来自模型层。
- Controller（控制器）：控制和协调模型、数据库以及视图之间的交互。

MVC 模式可以细分为 Model I 和 Model II 两种，如图 4-7 所示。

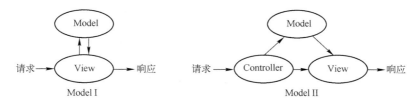

图 4-7　MVC 模式（Model I 和 Model II）

第 3 章采用 MVC 模式的 Model I 实现了学生信息管理系统，其中的 POJO 类（Book 类和 Student 类）是模型，而 JSP 是视图（包含控制器的部分），在第 3 章中没有单独的控制器部分。

4.3.1　MVC Model I 模式

MVC Model I 模式是一种简化的 MVC 模式，它只有模型层和视图层，没有把控制器从视图层中提取出来。

Model I 模式适用于快速开发小型项目，由于 JSP 页面身兼视图和控制器的角色，导致代码的扩展性差，如图 4-8 所示。

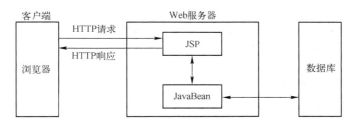

图 4-8　Model I 架构图

上图中的 JavaBean 是具有如下特征的 Java 类（POJO 类也是一种 JavaBean）。
- 所有属性都是 private 的。
- 提供默认构造方法（无参构造方法）。
- 提供 getter 和 setter 方法来访问私有属性。
- 实现 serializable 接口，可被序列化，在新的规范中取消了这个要求。

4.3.2　MVC Model II 模式

4-2　MVC 模式

MVC Model II 模式是经典的 MVC 框架，模型层、视图层和控制器有严格的区分，各司其职，目前得到了广泛的应用，包括应用于 ASP.NET、PHP 等技术中。

本章将采用 JSP + Servlet + JavaBean 技术来实现 Model II 模式，将所有的请求交给 Servlet（控制器）处理，之后由 Servlet 调用 JavaBean（模型），并将结果交给 JSP（视图）进行数据的展示，如图 4-9 所示。

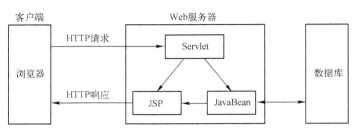

图 4-9　Model II 架构图

▶4.4　项目四：基于 Servlet 的学生信息管理系统

【实训 4-2】　项目四　基于 Servlet 的学生信息管理系统

项目三已经通过 JSP 和 JDBC 实现了学生信息管理系统的功能，项目四将在这个基础上，结合 Servlet、JSP 和 JDBC 实现学生信息管理系统，将控制层剥离出来，由 Servlet 负责控制，JSP 负责显示，而 JDBC 负责数据访问。

4.4.1　项目描述

1．项目概况

项目名称：student_servlet（学生信息管理系统之四）
数据库名：mybatis2

2．需求分析和功能设计

项目的本阶段没有新的用户需求，与第 3 章的项目三完全相同，不再赘述。与项目三的不同在于实现方式改为采用 MVC 的 Model II 模式。

3．数据结构设计

本项目的数据库结构与第 3 章的项目三完全相同，不再赘述。

4.4.2　项目实施

1．创建项目

创建一个名为 student_servlet 的动态 Web 项目，项目架构如图 4-10 所示（其中包含后续部分创建的文件）。

将 MySQL 的 JDBC 驱动程序复制到 WebContent/WEB-INF/lib 目录下，复制后不需要添加到 Build Path 中，因为在动态 Web 项目中，这一步是自动进行的。

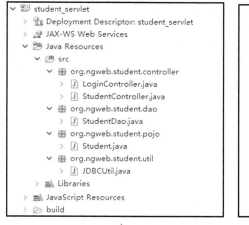
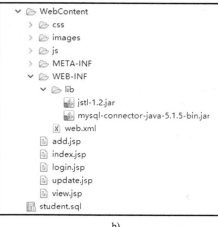

图 4-10 基于 Servlet 的学生信息管理系统
a) Java 包和 Java 类 b) 视图和 Jar 包

2. 初始化项目

由于项目四是在项目三的基础上加以改进,因此需要将项目三已完成的代码复制到项目四中,这些代码如下。

- 数据库结构:将 student.sql 文件复制到当前项目的根目录中(该文件仅作参考)。
- POJO 类:将 POJO 类以及包复制到当前项目的 src 目录中。
- DAO 类和 JDBC 工具类:将 DAO 类、JDBC 工具类及其包复制到当前项目的 src 目录下。
- JSP 文件:将 WebContent 目录下所有 JSP 文件复制到 WebContent 目录下。

由于读者完成的项目三的代码可能有潜在的不足之处,因此应该通过 Jitor 校验器来完成项目的初始化,登录 Jitor 并打开项目四的指导,单击第 2 步将自动完成上述各部分的初始化。初始化后需要刷新项目才能看到上述文件。

> **提示:** Jitor 校验器为每一个项目都提供了初始化的代码文件和配置文件,所有实训及项目都应该在 Jitor 的帮助下完成。

3. 控制类

(1)登录和注销

在 src 目录中新建 org.ngweb.student.controller 包,然后在包中创建名为 LoginController 的 Servlet,代码如下。

```
package org.ngweb.student.controller;
import java.io.IOException;
import java.sql.SQLException;
import javax.servlet.ServletException;
import javax.servlet.http.HttpServlet;
import javax.servlet.http.HttpServletRequest;
```

```java
import javax.servlet.http.HttpServletResponse;
import javax.servlet.http.HttpSession;
import org.ngweb.student.dao.StudentDao;
import org.ngweb.student.pojo.Student;

public class LoginController extends HttpServlet {
    private static final long serialVersionUID = 1L;

    public LoginController() {
        super();
    }

    protected void doGet(HttpServletRequest request,
            HttpServletResponse response) throws ServletException, IOException {
        HttpSession session = request.getSession();
        session.invalidate();         //注销
        request.getRequestDispatcher("login.jsp").forward(request, response);
    }

    protected void doPost(HttpServletRequest request,
            HttpServletResponse response) throws ServletException, IOException {
        String msg = "";
        request.setCharacterEncoding("UTF-8");
        String username = request.getParameter("username");
        String password = request.getParameter("password");

        if (username != null && password != null) {
            Student student = new Student();
            student.setAccount(username);
            student.setPassword(password);

            StudentDao studentDao = new StudentDao();

            try {
                if (studentDao.isExistent(student)) {
                    HttpSession session = request.getSession();
                    //保存用户名
                    session.setAttribute("account", username);
                    response.sendRedirect("StudentController");
                } else {
                    msg = "用户名或密码不正确";
                    request.setAttribute("msg", msg);
                    request.getRequestDispatcher("login.jsp").forward
                            (request, response);
                }
            } catch (SQLException e) {
                e.printStackTrace();
            }
```

```
            }
        }
    }
```

上述代码根据客户端的请求方式分别处理不同的请求，如果客户端的请求方式是 GET，则调用 doGet()方法响应，即进行注销处理；如果客户端的请求方式是 POST，则调用 doPost()方法响应，即进行登录处理。

在 doGet()方法中，通过调用 session 对象的 invalidate()方法实现注销。

在 doPost()方法中，通过 request 对象获得用户名和密码，如果用户名和密码正确，则将用户名保存在 session 域，否则给 msg 属性赋值"用户名或密码不正确"，并将请求转发到登录页面，让用户重新登录。

（2）主控 Servlet

为了方便代码的管理，可以将与学生信息相关的增删查改的请求全部由同一个 Servlet 处理。

在前一步创建的 org.ngweb.student.controller 包中新建名为 StudentController 的主控 Servlet，代码如下（StudentController.java）。

```java
package org.ngweb.student.controller;
import java.io.IOException;
import java.sql.SQLException;
import java.util.ArrayList;
import java.util.List;
import javax.servlet.ServletException;
import javax.servlet.http.HttpServlet;
import javax.servlet.http.HttpServletRequest;
import javax.servlet.http.HttpServletResponse;
import org.ngweb.student.dao.StudentDao;
import org.ngweb.student.pojo.Student;

public class StudentController extends HttpServlet {
    private static final long serialVersionUID = 1L;

    public StudentController() {
        super();
    }

    protected void doGet(HttpServletRequest request, HttpServletResponse response)
            throws ServletException, IOException {
        request.setCharacterEncoding("utf-8");
        String operation = request.getParameter("operation");

        if(operation==null){
          query(request,response);
        }else if("find".equals(operation)){
          findStudent(request,response);
        }else if("add".equals(operation)){
          addStudent(request,response);
        }else if("delete".equals(operation)){
```

```
      deleteStudent(request,response);
    }else if("update".equals(operation)){
      updateStudent(request,response);
    }else if("getById".equals(operation)){
      getStudentById(request,response);
    }
  }

  void query(HttpServletRequest request, HttpServletResponse response){/*
代码见下文*/}
  void findStudent(HttpServletRequest request, HttpServletResponse
response){/*代码见 Jitor 校验器*/}
  void addStudent(HttpServletRequest request, HttpServletResponse
response){/*代码见 Jitor 校验器*/}
  void deleteStudent(HttpServletRequest request, HttpServletResponse
response){/*代码见 Jitor 校验器*/}
  void updateStudent(HttpServletRequest request, HttpServletResponse
response){/*代码见 Jitor 校验器*/}
  void getStudentById(HttpServletRequest request, HttpServletResponse
response){/*代码见 Jitor 校验器*/}

  protected void doPost(HttpServletRequest request, HttpServletResponse
response)
      throws ServletException, IOException {
    doGet(request, response);
  }
}
```

上述代码中的 query()等 6 个方法是实现具体功能的,由于代码比较长,下面仅讲解 query()方法,其余方法的代码见 Jitor 校验器中的在线指导材料。

（3）列出学生信息

query()的作用是列出学生信息,它从数据库中查询得到学生的信息,再交给显示层的 view.jsp 显示。

Servlet 的 doGet()方法先获取参数名为 operation 的值,根据 operation 的值判断具体的操作。如果 operation 的值是 null,则查询所有学生的信息,调用 StudentController 类的方法 query(),代码如下。

```
  void query(HttpServletRequest request, HttpServletResponse response){
    StudentDao stuentDao = new StudentDao();
    List<Student> list=null;
    try {
      list = stuentDao.query();
    } catch(SQLException e) {
      e.printStackTrace();
    }
    request.setAttribute("studentList", list);

    try {
      request.getRequestDispatcher("view.jsp").forward(request, response);
    } catch(ServletException e) {
```

```
            e.printStackTrace();
        } catch(IOException e) {
            e.printStackTrace();
        }
    }
```
其余方法的代码见 Jitor 校验器的在线指导材料。

4．显示层

由于原来在 JSP 文件中的控制部分的代码都转移到 Servlet 中，现在 JSP 只负责显示，代码相对项目三精简了很多。

在项目三中 login.jsp、view.jsp、add.jsp 和 update.jsp 四个文件（由 Jitor 复制一份无错误的版本到项目四）的基础上，对其进行修改。

其中 index.jsp 文件不需要复制到项目四。

- 此页面原来的功能是查询所有的学生信息，这部分功能代码已经移到主控 Servlet 类 StudentController.java 文件的 query 方法中。项目四中 index.jsp 文件的作用完全不同，只是通过 index.jsp 文件将请求转发到登录页面。

（1）登录页面

登录页面（login.jsp）的修改主要是两个部分。

- 删除 Java 代码：因为这部分代码已经移到 LoginController.java 文件中。
- 修改表单 action 的值：原来的值是 login.jsp，现在改为 LoginController。

```jsp
<%@ page language="java" contentType="text/html; charset=UTF-8"
    pageEncoding="UTF-8"%>
<html>
<head>
<meta http-equiv="Content-Type" content="text/html; charset=UTF-8">
<link rel="stylesheet" href="css/common.css" type="text/css" />
<link rel="stylesheet" href="css/login.css" type="text/css" />
<title>登录页面</title>
</head>
<body>
  <div class="main">
    <div class="header">
      <h1>学生信息管理系统</h1>
    </div>
    <div class="loginMain">
      <p>${msg}</p>
      <form action="LoginController" method="post" onsubmit="return checkLogin()">
        <input type="text" name="username" placeholder="用户名" />
        <input type="password" name="password" placeholder="密码" />
        <input type="submit" value="登录" class="btn" />
      </form>
    </div>
  </div>
  <script type="text/javascript" src="js/script.js"></script>
```

```
    </body>
</html>
```

（2）index.jsp 页面

在 WebContent 目录下新建 index.jsp 文件，代码如下。

```
<%@ page language="java" contentType="text/html; charset=UTF-8"
pageEncoding="UTF-8"%>
<html>
<head>
<meta http-equiv="Content-Type" content="text/html; charset=UTF-8">
<title>首页</title>
</head>
<body>
  <jsp:forward page="login.jsp"/>
</body>
</html>
```

上述代码通过 JSP 动作指令将请求转发到 login.jsp 页面。

（3）显示学生信息

显示学生列表页面（view.jsp）的修改主要是下述部分。

- 修改表单 action 的值：现在改为 StudentController。
- 增加一个名为 operation 的隐藏域：值为"find"，表示查找学生。

```
<%@ page language="java" contentType="text/html; charset=UTF-8"
pageEncoding="UTF-8"%>
<%@ taglib prefix="c" uri="http://java.sun.com/jsp/jstl/core"%>
<html>
<head>
<meta http-equiv="Content-Type" content="text/html; charset=UTF-8">
<title>学生信息管理系统主页</title>
<link rel="stylesheet" type="text/css" href="css/common.css"/>
<link rel="stylesheet" type="text/css" href="css/view.css"/>
</head>
<body>
  <div class="main">
    <div class="header">
      <h1>学生信息管理系统</h1>
    </div>

    <div class="content">
      <p>用户：${account}   <a href="LoginController">注销</a></p>

      <form action="StudentController" method="post" class="formclass">
        <input type="hidden" name="operation" value="find" />
        学生 id <input type="text" name="id" value="" class="information"/>
        <input type="submit" value="查询" class="btn"/>
      </form>

      <a href="add.jsp">添加</a>
```

```html
            <h2>学生信息列表</h2>
            <table border="1">
                <tr>
                  <td>编号</td>
                  <td>名称</td>
                  <td>年龄</td>
                  <td>性别</td>
                  <td>账户</td>
                  <td>密码</td>
                  <td colspan="2">操作</td>
                </tr>

                <c:forEach items="${studentList}" var="student">
                <tr>
                  <td>${student.id}</td>
                  <td>${student.name}</td>
                  <td>${student.age}</td>
                  <td>${student.sex=='m'?"男":"女"}</td>
                  <td>${student.account}</td>
                  <td>${student.password}</td>
                  <td><a href="StudentController?id=${student.id}&operation=delete">删除</a></td>
                  <td><a href="StudentController?id=${student.id}&operation=getById">更新</a></td>
                </tr>
                </c:forEach>
             </table>
         </div>
         <div class="footer"><p>《Java EE 应用开发及实训》第 2 版（机械工业出版社）</p></div>
      </div>
    </body>
</html>
```

上述代码负责查询和显示所有学生信息，此时查询表单中 action 属性的值变成了 StudentController，同时为了体现此请求为查询，在表单中添加了一个 type 属性值为 hidden 的 input 标签，其 name 属性值为 "operation"，而 value 对应的值是 "find"。

同理，为了区分删除和更新操作，在删除和更新超链接的 href 中添加了 operation 参数，其值分别是 "delete" 和 "getById"。

项目中还有添加学生信息的 add.jsp、更新学生信息的 update.jsp 文件，这些代码及其说明见 Jitor 检验器中的指导材料。

要注意的是，对应的 addOperation.jsp 和 updateOperation.jsp 文件中的内容已经移到主控 Servlet 类 StudentController.java 文件的 addStudent 和 updateStudent 方法中，所以应该删除这两个文件。

（4）删除学生信息

删除 deleteOperation.jsp 文件，内容已经移到主控 Servlet 类 StudentController.java 文件的 deleteStudent 方法中。

5. 前端设计

将项目三的前端设计成果复制到本项目中。
- 将 CSS 文件复制到 WebContent 目录下的 css 目录。
- 将 JS 文件复制到 WebContent 目录下的 js 目录。
- 将图片文件复制到 WebContent 目录下的 images 目录。

上述文件已在初始化部分由 Jitor 校验器自动复制了一份正确的版本。

6. 项目配置

本项目的项目配置文件 web.xml 中需要增加对两个 Servlet 的映射配置，代码如下。

```xml
<?xml version="1.0" encoding="UTF-8"?>
<web-app xmlns:xsi="http://www.w3.org/2001/XMLSchema-instance"
  xmlns="http://java.sun.com/xml/ns/javaee"
  xsi:schemaLocation="http://java.sun.com/xml/ns/javaee http://java.sun.com/xml/ns/javaee/web-app_2_5.xsd"
  id="WebApp_ID" version="2.5">
    <display-name>student_servlet</display-name>
    <welcome-file-list>
      <welcome-file>index.html</welcome-file>
      <welcome-file>index.htm</welcome-file>
      <welcome-file>index.jsp</welcome-file>
      <welcome-file>default.html</welcome-file>
      <welcome-file>default.htm</welcome-file>
      <welcome-file>default.jsp</welcome-file>
    </welcome-file-list>
    <servlet>
      <description></description>
      <display-name>LoginController</display-name>
      <servlet-name>LoginController</servlet-name>
      <servlet-class>org.ngweb.student.controller.LoginController</servlet-class>
    </servlet>
    <servlet-mapping>
      <servlet-name>LoginController</servlet-name>
      <url-pattern>/LoginController</url-pattern>
    </servlet-mapping>
    <servlet>
      <description></description>
      <display-name>StudentController</display-name>
      <servlet-name>StudentController</servlet-name>
      <servlet-class>org.ngweb.student.controller.StudentController</servlet-class>
    </servlet>
    <servlet-mapping>
      <servlet-name>StudentController</servlet-name>
      <url-pattern>/StudentController</url-pattern>
    </servlet-mapping>
```

```
</web-app>
```

7. 运行项目

项目运行的结果与项目三相同,如图 3-23 所示。虽然结果是相同的,但由于采用了 Servlet 技术,代码的结构更清晰,可读性更好。

▶4.5 习题

1. 思考题

1）简述 Servlet 的生命周期。
2）简述 Servlet 与 JSP 的区别。

2. 实训题

1）习题：选择题与填空题,见本书在线实训平台【实训 4-3】。
2）习题：Servlet 设计与实现,见本书在线实训平台【实训 4-4】。
3）习题：基于 Servlet 的图书管理系统的小型项目设计与实现,见本书在线实训平台【实训 4-5】。

第5章 MyBatis 技术

第 3 章和第 4 章学习了服务器端编程技术中的 JSP 技术、JDBC 编程和 Servlet 技术，包括 JSP 基本语法、内置对象、EL、JSTL 等，并用这些技术实现了学生信息管理系统的基本功能。

本章将学习 MyBatis 持久层框架，把 MyBatis 技术整合到学生信息管理系统中，而不是直接使用 JDBC 技术。MyBatis 与 Hibernate 一样，也是一种 ORM 框架，因其性能优异，具有高度的灵活性、可优化性和易于维护等特点，受到广大互联网企业的青睐。

▶5.1 学生信息管理系统改进目标

项目四有个缺点：通过 JDBC 编程实现学生信息的增删查改，导致系统的灵活性和优化性不高，且不易于维护。而 MyBatis 的优点是提供强大而灵活的映射机制，方便 Java 开发者使用，所以学生信息管理系统本阶段的需求是将 MyBatis 框架应用到项目中，取代 JDBC 编程。

为了实现这个目标，首先需要学习 MyBatis 技术。

▶5.2 MyBatis 入门

5.2.1 MyBatis 简介

MyBatis（前身是 iBatis）是一个支持普通 SQL 查询、存储过程以及高级映射的持久层框架，它也是基于 JDBC 技术的，但是消除了几乎所有 JDBC 代码和参数的手动设置以及对结果集的检索，并使用简单的 XML 或注解进行配置，直接将 Java 的 POJO 类映射成数据库中的记录，从而使 Java 开发人员只需定义 SQL 语句，无须关注底层的数据库连接、事务控制等。

5.2.2 MyBatis 入门实例

【实训 5-1】 MyBatis 入门实例

首先创建一个动态 web 项目，项目名称为 chapter5，并在项目的目录 WebContent/WEB-INF/lib 中添加 JAR 包，如图 5-1 所示（图中也包含后续步骤将要创建的包及文件）。

1. log4j 的配置

MyBatis 需要 log4j 的支持，并导入了 3 个相关的 jar 包，另外还需要一个 log4j 的配置文件 log4j.properties（保存在 src 目录下），配置如下。

5-1 MyBatis 入门实例 1

```
log4j.rootLogger=DEBUG , stdout
log4j.logger.com.wxit=DEBUG
log4j.appender.stdout=org.apache.log4j.ConsoleAppender
log4j.appender.stdout.layout=org.apache.log4j.PatternLayout
log4j.appender.stdout.layout.ConversionPattern=%5p %d %C: %m%n
```

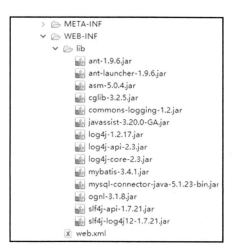

图 5-1　MyBatis 入门实例框架图

2. 数据库开发

本章使用的数据库与第 3 章的数据库相同，但是数据改为中文的数据。创建数据库、表以及初始数据的 SQL 语句如下。

```
set names gbk;

drop database if exists mybatis2;
create database mybatis2 default charset utf8 collate utf8_general_ci;

use mybatis2;
drop table if exists t_student;
create table t_student(
  id int(11) primary key auto_increment,
  name varchar(20) not null,
  age tinyint(4) not null
);

insert into t_student values(1,'张三', 18);
insert into t_student values(2,'李四', 19);
insert into t_student values(3,'王五', 20);
```

上述代码中的表 t_student 有三个字段，分别是主键 id、姓名 name 和年龄 age。

3. POJO 开发

在项目的 src 目录下创建 org.ngweb.chapter5.pojo 包，并在包中新建 Student 类，代码如下。

```
package org.ngweb.chapter5.pojo;

public class Student {
  private Integer id;
  private String name;
  private Byte age;

  /*省略了 getters 和 setters*/

  @Override
  public String toString() {
    return "Student [id=" + id + ", name=" + name + ", age=" + age + "]";
  }
}
```

上述代码中的 getter 方法和 setter 方法已经省略。

4．映射器开发

映射器是 MyBatis 中最核心的组件之一，它由映射器接口和映射器 XML 文件（或注解）共同组成，作用如下。

- 定义参数类型。
- 描述缓存。
- 描述 SQL 语句。
- 定义查询结果和 POJO 的映射关系。

5-2 MyBatis 入门实例 2

（1）映射器接口

在 src 目录下创建 org.ngweb.chapter5.mapper 包，在包中创建一个名为 StudentMapper 的接口，代码如下。

```
package org.ngweb.chapter5.mapper;
import java.util.List;
import org.ngweb.chapter5.pojo.Student;

public interface StudentMapper {
  //根据 id 查找学生信息
  public Student findStudentById(int id);
  //查询所有学生信息
  public List<Student> findAll();
  //添加学生信息
  public int addStudent(Student student);
  //删除学生信息
  public int deleteStudent(int id);
  //更新学生信息
  public int updateStudent(Student student);
}
```

这个接口的实现类实例将会由 MyBatis 根据映射器 XML 文件中的配置内容生成。

（2）映射器 XML 文件

上述代码中的方法是对数据库进行增删查改，这些方法只有方法的声明，没有方法体，对数据库的操作还要添加配置文件 StudentMapper.xml，代码如下。

```xml
<?xml version="1.0" encoding="UTF-8" ?>
<!DOCTYPE mapper PUBLIC "-//mybatis.org//DTD Mapper 3.0//EN"
  "http://mybatis.org/dtd/mybatis-3-mapper.dtd">

<mapper namespace="org.ngweb.chapter5.mapper.StudentMapper">

    <select id="findStudentById" parameterType="Integer" resultType="org.ngweb.chapter5.pojo.Student">
       select * from t_student where id = #{id}
    </select>

    <select id="findAll" resultType="org.ngweb.chapter5.pojo.Student">
       select * from t_student
    </select>

    <insert id="addStudent" parameterType="org.ngweb.chapter5.pojo.Student">
       insert into t_student values(null, #{name}, #{age})
    </insert>

    <delete id="deleteStudent" parameterType="Integer">
      delete from t_student where id=#{id}
    </delete>

    <update id="updateStudent" parameterType="org.ngweb.chapter5.pojo.Student">
       update t_student set name=#{name}, age=#{age} where id=#{id}
    </update>
</mapper>
```

映射器配置文件的名称一般与其对应的接口名称一致，以提高可读性。配置文件的根元素是 mapper，而 mapper 的属性 namespace 的值是映射器接口的全限定类名。

配置文件通过 id 属性将 mapper 的子元素与接口的方法一一对应起来，例如，select id="findStudentById"表示该 select 子元素对应 findStudentById 方法。

配置文件通过 parameterType 属性指定输入参数的类型，同时通过 resultType 属性指定输出参数的类型，例如 findStudentById 的输入参数类型是整型，所以 select 中的 parameterType 属性的值为 Integer，该方法的输出类型为 org.ngweb.chapter5.pojo.Student，所以 select 的 resultType 属性的值为 org.ngweb.chapter5.pojo.Student。

配置文件通过 SQL 语句指定具体的操作。

5. MyBatis 配置文件

在项目 src 下创建 mybatis-config.xml 文件，代码如下。

```xml
<?xml version="1.0" encoding="UTF-8" ?>
<!DOCTYPE configuration PUBLIC "-//mybatis.org//DTD Config 3.0//EN"
    "http://mybatis.org/dtd/mybatis-3-config.dtd">
<configuration>
    <environments default="mysql">
        <environment id="mysql">
            <transactionManager type="JDBC"/>
```

```xml
            <dataSource type="POOLED">
                <property name="driver" value="com.mysql.jdbc.Driver"/>
                <property name="url" value="jdbc:mysql://localhost:3306/mybatis2"/>
                <property name="username" value="root"/>
                <property name="password" value="123456"/>
            </dataSource>
        </environment>
    </environments>

    <mappers>
        <mapper resource="org/ngweb/chapter5/mapper/StudentMapper.xml"/>
    </mappers>
</configuration>
```

MyBatis 的配置文件主要用于创建数据库连接，同时加载映射器。上述文件中的根元素是 configuration，其子元素分别是 environments 和 mappers。environments 主要用于配置与数据相关的环境，例如数据库的驱动、URL、用户名和密码等，而 mappers 用于指定映射器配置文件的路径。

6．测试

本入门实例采用单元测试进行演示，而不用通常的 Java Application 类。

（1）创建单元测试类

首先为单元测试建立一个名为 org.ngweb.chapter5.test 的包，然后在这个包内创建一个名为 MyBatisTest 的测试类（JUnit Test Case），如图 5-2a 所示。如果是第一次创建，还会弹出一个添加 JUnit4 类库的对话框，直接单击"OK"按钮即可，如图 5-2b 所示。

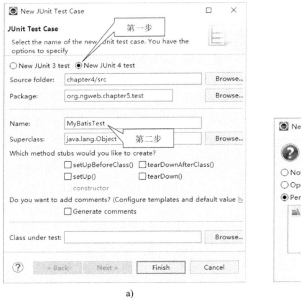
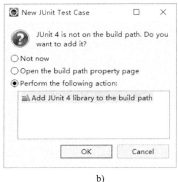

图 5-2　创建 MyBatisTest 的测试类

a）创建 MyBatisTest 测试类　b）添加 JUnit4 类库

（2）测试根据 id 查询学生信息

修改这个测试类，编写一个名为 findByIdTest() 的测试方法，功能是测试根据 id 查询学生信息的方法，代码如下。

```java
package org.ngweb.chapter5.test;
import java.io.IOException;
import java.io.InputStream;
import org.apache.ibatis.io.Resources;
import org.apache.ibatis.session.SqlSession;
import org.apache.ibatis.session.SqlSessionFactory;
import org.apache.ibatis.session.SqlSessionFactoryBuilder;
import org.junit.Test;
import org.ngweb.chapter5.mapper.StudentMapper;
import org.ngweb.chapter5.pojo.Student;

public class MyBatisTest {
  @Test
  public void findByIdTest() throws IOException{
    //读取 MyBatis 配置文件
    InputStream inputStream = Resources.getResourceAsStream("mybatis-config.xml");
    //根据配置文件构建 SqlSessionFactory
    SqlSessionFactory sqlSessionFactory = new SqlSessionFactoryBuilder().build(inputStream);
    //通过 SqlSessionFactory 创建 SqlSession
    SqlSession sqlSession = null;

    try{
      //通过 SqlSessionFactory 创建 SqlSession
      sqlSession = sqlSessionFactory.openSession();
      //通过 SqlSession 执行映射文件中定义的 SQL，并返回结果
      StudentMapper studentMapper = sqlSession.getMapper(StudentMapper.class);
      Student student = studentMapper.findStudentById(1);
      //打印输出结果
      System.out.println(student);
    }catch(Exception e){
      e.printStackTrace();
    }finally{
      if(sqlSession!=null){
        sqlSession.close();
      }
    }
  }
}
```

上述代码首先通过 Resources 获取 MyBatis 配置文件的信息，再根据配置文件生成 SqlSessionFactory 实例，然后通过 SqlSessionFactory 的 openSession() 方法生成 SqlSession 实例，最后通过 SqlSession 的 getMapper() 方法获取映射器实例 studentMapper，并通过映射器实例查询数据库。单元测试的运行结果如图 5-3 所示。

图 5-3　MyBatis 运行结果

从图中可以看出，MyBatis 框架首先准备了 SQL 语句，再向 SQL 语句中的 id 传递整数 1，然后通过 Total 显示查询了一条记录，并打印了这条记录。依此类推，可以在 MyBatisTest 类中添加其他方法测试映射器的增删查改功能。

（3）测试查询所有学生

为上述测试类添加名为 findAllTest() 的测试方法，代码如下，其作用是查询所有的学生信息。

```java
@Test
public void findAllTest() throws IOException{
  //读取配置文件
  InputStream inputStream = Resources.getResourceAsStream("mybatis-config.xml");
  //根据配置文件构建 SqlSessionFactory
  SqlSessionFactory sqlSessionFactory = new SqlSessionFactoryBuilder().build(inputStream);
  //通过 SqlSessionFactory 创建 SqlSession
  SqlSession sqlSession = null;

  try{
    //通过 SqlSessionFactory 创建 SqlSession
    sqlSession = sqlSessionFactory.openSession();
    //通过 SqlSession 执行映射文件中定义的 SQL，并返回结果
    StudentMapper studentMapper = sqlSession.getMapper(StudentMapper.class);
    List<Student> studentList = studentMapper.findAll();
    //打印输出结果
    System.out.println(studentList);
    sqlSession.commit();
  }catch(Exception e){
    sqlSession.rollback();
  }finally{
    if(sqlSession!=null){
      sqlSession.close();
    }
  }
}
```

（4）插入数据

下述代码是 addStudentTest() 函数的实现，其作用是在表 student 中添加一行新的学生记录。

```java
@Test
public void addStudentTest() throws IOException{
  //读取配置文件
```

```java
        InputStream inputStream = Resources.getResourceAsStream("mybatis-config.xml");
        //根据配置文件构建 SqlSessionFactory
        SqlSessionFactory sqlSessionFactory = new SqlSessionFactoryBuilder().build(inputStream);
        //通过 SqlSessionFactory 创建 SqlSession
        SqlSession sqlSession = null;

        try{
          //通过 SqlSessionFactory 创建 SqlSession
          sqlSession = sqlSessionFactory.openSession();
          //通过 SqlSession 执行映射文件中定义的 SQL，并返回结果
          StudentMapper studentMapper = sqlSession.getMapper(StudentMapper.class);
          Student student = new Student();
          student.setName("赵六");
          student.setAge((byte) 15);
          int result = studentMapper.addStudent(student);

          //打印输出结果
          if(result>0){
            System.out.println("插值成功");
          }else{
            System.out.println("插值失败");
          }
          sqlSession.commit();
        }catch(Exception e){
          sqlSession.rollback();
        }finally{
          if(sqlSession!=null){
            sqlSession.close();
          }
        }
    }
```

通常情况下并不需要关注事务的处理。因为本章的例子是通过映射器实例添加、更新或删除记录，因此需要调用 sqlSession 的 commit()方法提交事务，如果操作失败则调用 sqlSession 的 rollback()方法回滚事务，最后通过 close()方法释放 sqlSession 实例的资源。

（5）删除数据

下述代码是 deleteStudentTest()函数的实现，作用是在表 student 中删除 id 为 4 的学生记录。

```java
    @Test
    public void deleteStudentTest() throws IOException{
        //读取配置文件
        InputStream inputStream = Resources.getResourceAsStream("mybatis-config.xml");
        //根据配置文件构建 SqlSessionFactory
        SqlSessionFactory sqlSessionFactory = new SqlSessionFactoryBuilder().build(inputStream);
```

```
    //通过 SqlSessionFactory 创建 SqlSession
    SqlSession sqlSession = null;

    try{
      //通过 SqlSessionFactory 创建 SqlSession
      sqlSession = sqlSessionFactory.openSession();
      //通过 SqlSession 执行映射文件中定义的 SQL,并返回结果
      StudentMapper studentMapper = sqlSession.getMapper(StudentMapper.class);
      int result = studentMapper.deleteStudent(4);
      //打印输出结果
      if(result>0){
        System.out.println("删除成功");
      }else{
        System.out.println("删除失败");
      }
      sqlSession.commit();
    }catch(Exception e){
      sqlSession.rollback();
    }finally{
      if(sqlSession!=null){
        sqlSession.close();
      }
    }
  }
```

（6）更新数据

下述代码是 updateStudentTest() 函数的实现,作用是更新表 student 中 id 为 1 的学生记录。

```
  @Test
  public void updateStudentTest() throws IOException{
    //读取配置文件
    InputStream inputStream = Resources.getResourceAsStream("mybatis-config.xml");

    //根据配置文件构建 SqlSessionFactory
    SqlSessionFactory sqlSessionFactory = new SqlSessionFactoryBuilder().build(inputStream);

    //通过 SqlSessionFactory 创建 SqlSession
    SqlSession sqlSession = null;

    try{
      //通过 SqlSessionFactory 创建 SqlSession
      sqlSession = sqlSessionFactory.openSession();
      //通过 SqlSession 执行映射文件中定义的 SQL,并返回结果
      StudentMapper studentMapper = sqlSession.getMapper(StudentMapper.class);
      Student student = new Student();
      student.setId(1);
      student.setName("张三2");
```

```
    student.setAge((byte) 1);
    int result = studentMapper.updateStudent(student);

    //打印输出结果
    if(result>0){
      System.out.println("更新成功");
    }else{
      System.out.println("更新失败");
    }

    sqlSession.commit();
  }catch(Exception e){
    sqlSession.rollback();
  }finally{
    if(sqlSession!=null){
      sqlSession.close();
    }
  }
}
```

▶5.3 MyBatis 基础

5.3.1 MyBatis 的核心对象

MyBatis 的核心对象包括 SqlSessionFactoryBuilder、SqlSessionFactory、SqlSession 和映射器实例。

1. 核心对象简介

（1）SqlSessionFactoryBuilder

用来创建 SqlSessionFactory，一旦创建了 SqlSessionFactory，就不需要了（一次性使用的），因此通常以匿名对象的方式引用。

```
new SqlSessionFactoryBuilder().build(inputStream)
```

（2）SqlSessionFactory

主要作用是创建 SqlSession，它是单个数据库映射关系经过编译后的内存镜像，一旦被创建，在整个应用执行期间都会存在，通常使用单例模式创建 SqlSessionFactory（见下面讲解）。在入门实例中对应的代码如下。

```
SqlSessionFactory sqlSessionFactory = new SqlSessionFactoryBuilder().
build(inputStream);
```

（3）SqlSession

类似于 JDBC 中的 Connection，可以用来创建映射器实例。SqlSession 的实例不是线程安全的，应该是一个局部变量，处理完请求后需要关闭连接，否则数据库资源很快被耗费掉。在入门实例中对应的代码如下。

```
sqlSession = sqlSessionFactory.openSession();
```

(4) 映射器实例

在前述的入门实例中,只编写了映射器接口,例如 StudentMapper 接口,而没有编写这个接口的实现类。MyBatis 通过映射机制自动生成映射器接口的实例(根据映射器的 XML 文件来生成),而不需要程序员编写实现类,这正是 MyBatis 的巧妙之处。下述代码生成 StudentMapper 接口的实例。

```
StudentMapper studentMapper = sqlSession.getMapper(StudentMapper.class);
```

然后通过这个实例 studentMapper,就可以使用接口中定义的增删查改等方法。例如下述代码。

```
int result = studentMapper.updateStudent(student);
```

映射器实例在方法中创建,一旦处理了相关事务就应该销毁,因此应该是一个局部变量。上述四个核心对象之间的关系如图 5-4 所示。

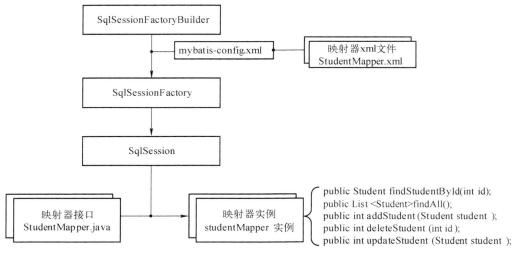

图 5-4 四个核心对象之间的关系

如图 5-4 所示,MyBatis 的工作流程是 SqlSessionFactoryBuilder 读取配置文件(其中包含所有映射器 xml 文件),生成一个 SqlSessionFactory,由后者生成一个 SqlSession。然后由 SqlSession 创建映射器实例,最后通过映射器实例实现增删改查操作。

使用 MyBatis 的主要编程任务是编写映射器(映射器 xml 文件和映射器接口),以及进行配置(mybatis-config.xml 文件)。下面将重点讲解这两方面的内容。

2. 创建 SqlSessionFactory

理解了上述工作流程之后,可以编写一个通用的 Util 类,采用单例模式来创建 SqlSessionFactory,后面的代码将使用这个类来获取 SqlSession,简化代码的编写。

```
package org.ngweb.chapter5.util;
import Java.io.IOException;
import org.apache.ibatis.io.Resources;
import org.apache.ibatis.session.SqlSession;
```

```java
import org.apache.ibatis.session.SqlSessionFactory;
import org.apache.ibatis.session.SqlSessionFactoryBuilder;

public class SqlSessionFactoryUtil {
  private static SqlSessionFactory sqlSessionFactory = null;

  public static SqlSessionFactory getSqlSessionFactory(){
    if(sqlSessionFactory!=null){
      return sqlSessionFactory;
    }else{
      try{
        sqlSessionFactory = new SqlSessionFactoryBuilder().
                build(Resources.getResourceAsStream("mybatis-config.xml"));
      }catch(IOException e){
        e.printStackTrace();
      }
    }
    return sqlSessionFactory;
  }

  public static SqlSession openSession(){
    if(sqlSessionFactory==null){
      getSqlSessionFactory();
    }
    return sqlSessionFactory.openSession();

  }
}
```

上述代码中,由于 sqlSessionFactory 是一个静态变量,并且使用 private 修饰,只能在 SqlSessionFactoryUtil 类中创建,sqlSessionFactory 的初始值为 null,所以第一次调用 getSqlSessionFactory()方法时会创建 sqlSessionFactory 实例,之后再调用此方法时,直接返回之前创建的实例(静态的)。

拓展知识:
单例模式(Singleton Pattern)是 Java 中最简单的设计模式之一,特点如下。
1)单例类只能有一个实例。
2)单例类必须自己创建自己的唯一实例。
3)单例类必须给所有其他对象提供这一实例。

5.3.2 MyBatis 配置文件

MyBatis 配置文件的默认名称是 mybatis-config.xml,这个配置文件有很多元素,这些元素有的是用来创建数据库连接,有的是用来注册映射器,有的则是为了简化编程而提供全限定类名的别名或者提供插件。主要元素如下所示。

```
<configuration>              配置
    <properties/>            属性
    <settings/>              设置
    <typeAliases/>           类型命名
    <typeHandlers/>          类型处理器
    <objectFactory>          对象工厂
    <plugins>                插件
    <enviroments>            配置环境
        <environment>        环境变量
            <transactionManager />  事务管理器
            <dataSource/>    数据源
        </environment>
    </enviroments>
    <databaseProvider>       数据库厂商标识
    <mappers/>               映射器
</configuration>
```

需要注意的是，这些子元素必须按照上述代码从上到下的顺序进行配置，否则报错。下面对常用的几个属性做详细的讲解。

1. properties 元素

properties 元素用于将一些经常修改的属性值从外部文件引入，方便管理配置。

例如下述代码。

```
<dataSource type="POOLED">
  <property name="driver" value="com.mysql.jdbc.Driver"/>
  <property name="url" value="jdbc:mysql://localhost:3306/mybatis"/>
  <property name="username" value="root"/>
  <property name="password" value="123456"/>
</dataSource>
```

可以改写为如下代码，先将属性值保存到一个属性文件中，命名为 dbjc.properties。

```
jdbc.driver=com.mysql.jdbc.Driver
jdbc.url=jdbc:mysql://localhost:3306/mybatis
jdbc.username=root
jdbc.password=123456
```

然后在主配置文件中引入 dbjc.properties 这个文件，再引用其中的属性值。

```
<properties resource="dbjc.properties"/>
<dataSource type="POOLED">
  <property name="driver" value="${jdbc.driver}"/>
  <property name="url" value="${jdbc.url}"/>
  <property name="username" value="${jdbc.username}"/>
  <property name="password" value="${jdbc.password}"/>
</dataSource>
```

上述代码通过"${}"引用属性文件中的值，今后需要修改密码时，只需要修改 dbjc.properties 文件，而不需要修改主配置文件。

2. typeAlias 元素

由于类的全限定名称很长，需要频繁使用的时候，可以使用别名来代替。

```
<typeAliases>
  <typeAlias alias="student" type="org.ngweb.chapter5.pojo.Student"/>
</typeAliases>
```

上述代码是为 org.ngweb.chapter5.pojo.Student 取别名 student。

如果只有少数 POJO 需要指定别名，则可以重复使用 typeAlias 元素，如果项目中的 POJO 比较多，则需要通过 package 元素指定别名，代码如下。

```
<typeAliases>
  <package name="org.ngweb.chapter5.pojo"/>
</typeAliases>
```

上述代码为 org.ngweb.chapter5.pojo 包中的所有 POJO 指定了别名，且别名的取名规则是将每个类名的第一个字符小写，其他不变，例如 org.ngweb.chapter5.pojo.Student 的别名是 student。

MyBatis 还预定义了一些常见的 Java 内建类型的别名，见表 5-1。

表 5-1　Java 类型的别名

别名	映射的类型	别名	映射的类型	别名	映射的类型
_byte	byte	byte	Byte	decimal	BigDecimal
_long	long	long	Long	object	Object
_short	short	short	Short	map	Map
_int，_integer	int	int, integer	Integer	hashmap	HashMap
_double	double	double	Double	list	List
_float	float	float	Float	arrayList	ArrayList
_boolean	boolean	boolean	Boolean	collection	Collection
string	String	date	Date	iterator	Iterator

3. typeHandlers 类型处理器

MyBatis 在设置预处理语句中的参数或从结果集中取值时，typeHandlers 类型处理器用于将数据库的数据类型与 Java 的数据类型进行相互转换。表 5-2 列出了一些默认的类型处理器。

表 5-2　默认的类型处理器

类型处理器	Java 类型	JDBC 类型
BooleanTypeHandler	java.lang.Boolean,boolean	数据库兼容的 boolean
ByteTypeHandler	java.lang.Byte, byte	数据库兼容的 numeric 或 byte
ShortTypeHandler	java.lang.Short,short	数据库兼容的 numeric 或 smallint
IntegerTypeHandler	java.lang.Integer,int	数据库兼容的 numeric 或 integer
LongTypeHandler	java.lang.Long,long	数据库兼容的 numeric 或 bigint
FloatTypeHandler	java.lang.Float,float	数据库兼容的 numeric 或 float
DoubleTypeHandler	java.lang.Double,double	数据库兼容的 numeric 或 double
BigDecimalTypeHandler	java.lang.BigDecimal	数据库兼容的 numeric 或 decimal

（续）

类型处理器	Java 类型	JDBC 类型
StringTypeHandler	java.lang.String	Char, Varchar
DateTypeHandler	java.util.Date	Timestamp
SqlDateTypeHandler	java.sql.Date	Date

4. environments 元素

environments 元素用于指定运行环境。通过 environments 元素可以将 SQL 映射应用于多种数据库，并通过 default 属性指定默认的环境。

environments 元素的子元素是 environment，后者主要有 transactionManager 和 dataSource 两个子元素。

- transactionManager 事务管理器：有 JDBC 和 MANAGED 两种类型，其中 JDBC 类型直接使用了 JDBC 的提交和回滚设置，它依赖从数据源得到的连接来管理事务的作用域；MANAGED 配置从来不提交或回滚一个连接，而是让容器来管理事务的整个生命周期，默认情况下会关闭连接。
- dataSource 数据源：有 UNPOOLED、POOLED 和 JNDI 三种数据源类型，其中 POOLED 利用"池"的概念将 JDBC 连接对象组织起来，避免了为创建新的连接实例所需初始化和认证的时间，是当前最流行的处理方法。

5. mappers 元素

mappers 元素指定映射文件的位置，可以使用以下两种方法引入。

```xml
<mappers>
  <mapper resource="org/ngweb/chapter5/mapper/studentMapper.xml" />
</mappers>
```

上述代码通过 mapper 元素的 resource 指定相对于类路径的资源，如果需要注册多个映射器，则需要多次使用 mapper 元素，此时可以使用以下方法。

```xml
<mappers>
  <package name="org.ngweb.chapter5.mapper"/>
</mappers>
```

上述代码将注册 org.ngweb.chapter5.mapper 包下的所有映射器。

5.3.3 映射器 xml 文件

映射器配置文件是由一组与增删改查有关的 SQL 语句组成的，例如下述代码片段。

```xml
<select id="findAll" resultType="org.ngweb.chapter5.pojo.Student">
  select * from t_student
</select>

<insert id="addStudent" parameterType="org.ngweb.chapter5.pojo.Student">
  insert into t_student values(null, #{name}, #{age})
</insert>
```

每一个元素对应映射器接口的一个方法，方法名与元素的 id 必须完全相同。

```
public List<Student> findAll();
public int addStudent(Student student);
```

在调用映射器接口的一个方法时，MyBatis 会通过一种称为 MappedStatement 的对象找到对应的映射器元素，执行该元素中的 SQL 语句，例如调用上述代码中的 findAll() 方法时，就会执行对应的 select * from t_student 语句。

在执行方法时，如果方法有参数，例如 addStudent() 的参数是 Student 类，这时映射器元素需要指定参数的类型，即指定 parameterType 属性。

如果方法有返回值，例如 findAll() 的返回值是一个 List<Student>，这时映射器元素需要指定返回值的类型，可以指定 resultType 属性，并且会自动转换为 List。

常用的映射器元素有五种，见表 5-3，下面分别进行讲解。

表 5-3 常用的映射器元素

元素名称	描 述	备 注
select	查询语句	可以自定义参数返回结果集，最常用、最复杂的元素之一
insert	插入语句	执行后返回一个整数，代表插入的条数
update	更新语句	执行后返回一个整数，代表更新的条数
delete	删除语句	执行后返回一个整数，代表删除的条数
resultMap	定义 SQL 到 POJO 的映射规则	提供映射规则，它是最复杂、最强大的元素

1. select 元素

select 元素用于映射查询语句，从数据库中读取数据，其中属性见表 5-4。

表 5-4 select 元素的常用属性

元 素	说 明	备 注
id	命名空间中唯一的标识符	用于引用这条语句
parameterType	全限定类名或别名（typeAlias）	可以选择 Map、List、JavaBean 传递给 SQL
resultType	全限定类名或别名（typeAlias）	在自动匹配的情况下，结果集将通过 JavaBean 的规范映射
resultMap	对外部 resultMap 的引用	手动映射结果集

下面通过实例说明 select 元素，代码如下。

```
<select id="countStudentByName" parameterType="student" resultType="int">
    select count(*) from t_student where name like concat('%', #{name}, '%')
</select>
```

上述代码用于统计 student 表中的学生人数，在 where 条件中使用 concat 方法连接查询字符串，进行 like 模糊查询，其中 #{name} 用于访问输入参数 student 的成员变量 name，合并后的结果是"%name%"。需要注意的是，parameterType 和 resultType 用来指定 countStudentByName 方法的输入参数和输出参数类型，而不是输入参数和输出参数的名称。

对应的映射器接口中的方法如下。

```
public int countStudentByName(Student student);
```

2. insert、delete 和 update 元素

insert、delete 和 update 元素的常见属性见表 5-5。

表 5-5　insert、delete 和 update 元素的属性

属　　性	描　　述	备　　注
id	命名空间中唯一的标识符	用于引用这条语句
parameterType	全限定类名或别名（typeAlias）	可以选择 Map、List、基本类型或 JavaBean 传递给 SQL
useGeneratedKeys	是否使用 JDBC 的 getGeneratedKeys()方法来获取由数据库内部产生的主键值（比如数据库表的自增主键）	insert 操作或 update 操作时可选
keyProperty	标记属性名（比如自增量主键值回填到这里）	

insert 元素用于映射插入语句，在执行完元素中定义的 SQL 语句后，返回一个表示插入记录的条数。下面修改入门实例中的 insert 元素。

```
<insert id="addStudent" parameterType="org.ngweb.chapter5.pojo.Student"
keyProperty="id" use-GeneratedKeys="true">
    insert into t_student values(null, #{name}, #{age})
</insert>
```

上述代码通过#{name}和#{age}访问 student 对象的名称和年龄，这两个变量名必须与 Student 类的成员变量名一致，其次是 insert 元素中的 SQL 语句没有给字段 id 赋值，而是使用 null 使得 id 自增长，如果插入记录后需要及时获取新记录的 id 值，可以通过设置 useGeneratedKeys 属性和 keyProperty 属性来实现，即通过 useGeneratedKeys()方法返回 student 表的主键值，然后设置 keyProperty 的属性值为 id，将主键值赋给输入参数 student 的成员变量 id。

```
@Test
public void addStudentTest() throws IOException{
  SqlSession sqlSession = null;

  try{
    sqlSession = SqlSessionFactoryUtil.openSession();
    StudentMapper studentMapper=sqlSession.getMapper(StudentMapper.class);
    Student student = new Student();
    student.setName("田七");
    student.setAge((byte) 15);
    int result = studentMapper.addStudent(student);
    if(result>0){
      System.out.println(student);
      System.out.println("添加成功");
    }else{
      System.out.println("添加失败");
    }
    sqlSession.commit();
  }catch(Exception e){
    sqlSession.rollback();
  }finally{
```

```
           if(sqlSession!=null){
             sqlSession.close();
           }
        }
     }
```

上述代码通过单例模式获取了 SqlSessionFactory 对象，且通过主键回填的方式为 student 对象的成员变量 id 值赋值，运行结果如图 5-5 所示。

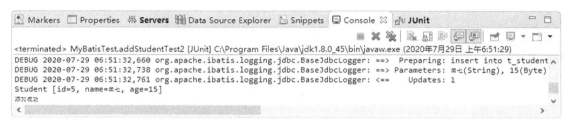

图 5-5　插值运行结果

图 5-5 中 Student 对象的 id=5，主键值 5 是由数据库自增量而生成的，当使用了 keyProperty="id" useGeneratedKeys="true"时，这个值就回填到用于插值的 Student 对象的 id 属性中（插入前 id 值为空）。

由于插入、删除和更新的默认输出类型是整型，所以 insert 元素、delete 元素和 update 元素中不需要指定返回值的类型。

3. resultMap 元素

resultMap 的作用是定义映射规则，主要负责结果集的映射关系（从 SQL 到 POJO 的映射关系定义）。resultMap 元素的子元素见表 5-6。

表 5-6　resultMap 的子元素

元素名称	说明	例子
constructor	类在实例化时注入结果到构造方法中	
id	将主键的值映射到 POJO 的成员变量中	<id property="id" column="user_id" />
result	将非主键的值映射到 POJO 的成员变量中	<result property="username" column="user_name"/>
association	一对一的关联映射（后续会详细介绍）	
collection	一对多的关联映射（后续会详细介绍）	
discriminator	鉴别器（本书不讲解）	

其中 id 元素和 result 元素的属性见表 5-7。

表 5-7　resultMap 的子元素的属性

属性名称	说明	例子
property	映射到列的属性	<id property="id" column="user_id" />
column	对应 SQL 的列	<id property="id" column="user_id" />
javaType	配置 Java 的类型	
jdbcType	配置数据库类型	
typeHandler	类型处理器	

【实训 5-2】 映射器例子。

(1) 数据库开发

在入门实例的基础上，创建表 t_student2。

```
create table t_student2(
  id int primary key auto_increment,
  s_name varchar(20) not null,
  age tinyint(4)
);
```

上述 t_student2 中有三个字段，分别是 id、s_name 和 age，其中 id 是主键。再插入一些测试数据。

(2) 映射器开发

在入门实例的 StudentMapper.java 文件中添加方法，代码如下。

```
public Student getStudentFromOtherTable(int id);
```

由于表 t_student2 中的字段名称与 Student 类的成员变量名称不一致，导致 MyBatis 框架无法自动将字段中的值对应到 Student 对象的成员变量，需要在配置文件 StudentMapper.xml 中通过 ResultMap 元素对结果进行手动映射。

```
<resultMap type="org.ngweb.chapter5.pojo.Student" id="studentMap">
    <id column="id" property="id"/>
    <result column="s_name" property="name"/>
    <result column="age" property="age"/>
</resultMap>

<select id = "getStudentFromOtherTable" parameterType="int" resultMap="studentMap">
    select id, s_name, age from t_student2 where id = #{id}
</select>
```

上述代码中，select 元素中的 SQL 语句对数据表 t_student2 进行查询，并设置属性 resultMap 的值为 studentMap（与 resultMap 元素的属性 id 保持一致）。

resultMap 中的属性 type 指定映射后的类名或别名，而属性 id 用于唯一标识当前的 resultMap 元素。

子元素 id 用于将表 t_student2 的主键 id 映射到 Student 类型对象的成员变量 id 中，而子元素 result 用于将 t_student2 表的其他字段映射到 Student 类型对象的成员变量。

(3) 测试

为了说明代码的正确性，在 MyBatisTest 类中添加测试方法，代码如下。

```
@Test
public void getStudentFromOtherTableTest(){
  SqlSession sqlSession = null;

  try{
    sqlSession = SqlSessionFactoryUtil.openSession();
    StudentMapper studentMapper=sqlSession.getMapper(StudentMapper.class);
    Student student = studentMapper.getStudentFromOtherTable(1);
    System.out.println(student);
```

```
    }catch(Exception e){
      sqlSession.rollback();
    }finally{
      if(sqlSession!=null){
        sqlSession.close();
      }
    }
  }
```

上述代码依然可以获取 id 为 1 的学生信息。如果在 select 元素中不是使用 resultMap 属性，而是使用 resultType 属性，即 MyBatis 框架的默认映射机制进行结果映射，则通过 getStudentFromOtherTable 方法返回的 student 对象中 name 的值为 null。

5.3.4 动态 SQL

【实训 5-3】动态 SQL。

开发人员使用 JDBC 或其他类似的框架进行数据库开发时，如果出现特殊的需求，就需要手动拼装 SQL，这是一个非常麻烦且痛苦的工作，而 MyBatis 提供的 SQL 语句动态组装的功能，恰能解决这一麻烦。

动态 SQL 是 MyBatis 的强大特性之一，可以节省大量的工作量，其主要的元素见表 5-8。

表 5-8 常用的动态 SQL 元素

元素	说明
<if>	判断语句，用于单条件分支判断
<where>、<set>	辅助元素，用于处理一些 SQL 拼装
<choose>、<when>、<otherwise>	根据参数的值动态组装 SQL
<foreach>	对集合进行遍历

1. if 元素

if 元素是常用的判断语句。例如：查询学生信息时，如果填写了姓名则根据姓名查询，否则查询所有学生，开发流程如下。

（1）映射器开发

在项目 chapter5 的 StudentMapper 接口中添加方法，此方法是根据姓名对学生信息进行查询，代码如下。

```
public List<Student> findStudentByName(Student student);
```

然后在 StudentMapper.xml 中添加如下代码。

```
<select id="findStudentByName" parameterType="org.ngweb.chapter5.pojo.Student" resultType= "org.ngweb.chapter5.pojo.Student">
  select id, name, age from t_student where 1=1
  <if test="name!=null and name!=''">
    and name like concat('%',#{name},'%')
  </if>
</select>
```

上述代码在 select 元素中增加了判断功能，即当 name 为空字符串或者为 null 时不运行 if

元素中的 SQL 语句。

（2）测试

在项目 chapter5 的 MyBatisTest 类中添加测试方法。

```java
@Test
public void findStudentByNameTest(){
  SqlSession sqlSession = null;

  try{
    sqlSession = SqlSessionFactoryUtil.openSession();
    StudentMapper studentMapper = sqlSession.getMapper(StudentMapper.class);
    Student student = new Student();
    student.setName("五"); // 代码①
    List<Student> studentList = studentMapper.findStudentByName(student);
    System.out.println(studentList);
    sqlSession.commit();
  }catch(Exception e){
    e.printStackTrace();
    sqlSession.rollback();
  }finally{
    if(sqlSession!=null){
      sqlSession.close();
    }
  }
}
```

上述代码首先新建了一个 Student 类型的对象 student，再通过代码①设置 student 的成员变量 name 为"五"，然后通过 StudentMapper 实例的方法 findStudentByName 对姓名含有"五"的学生进行模糊查询，效果如图 5-6 所示，显示查找到两位姓名中含有"五"的学生"王五"和"赵五"。如果注释掉代码①，则查询所有的学生信息。

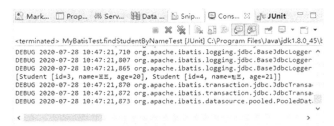

图 5-6　根据名称进行模糊查询的结果

2. where 元素

上述实例中的 SQL 语句包含"where 1=1"的条件，MyBatis 提供了 where 元素来处理这个问题，开发流程如下。

（1）映射器

在 chapter5 项目的 StudentMapper 接口中添加方法，代码如下。

```java
public List<Student> findStudentByName2(Student student);
```

在 chapter5 项目的 StudentMapper.xml 中添加相应的配置，代码如下。

```xml
<select id="findStudentByName2" parameterType="org.ngweb.chapter5.pojo.Student" resultType= "org.ngweb.chapter5.pojo.Student">
  select id, name, age from t_student
  <where>
   <if test="name!=null and name!=''">
     and name like concat('%', #{name}, '%')
   </if>
  </where>
</select>
```

上述代码只有当 where 内的条件成立时才会在拼接 SQL 中加入 where 关键字，否则不会添加。即使 where 之后的内容有多余的 "and" 或 "or"，where 也会自动将其除去。例如当 if 元素中 test 的值为 true 且 name 的值为 zs 时，拼接的结果是 "select id, name, age from t_student where name like '%zs%'"。

（2）测试

在 MyBatisTest 类中添加测试方法，代码如下。

```java
@Test
public void findStudentByName2Test(){
  SqlSession sqlSession = null;

  try{
    sqlSession = SqlSessionFactoryUtil.openSession();
    StudentMapper studentMapper = sqlSession.getMapper(StudentMapper.class);
    Student s = new Student();
    s.setName("五");
    List<Student> studentList = studentMapper.findStudentByName2(s);
    System.out.println(studentList);
    sqlSession.commit();
  }catch(Exception e){
    e.printStackTrace();
    sqlSession.rollback();
  }finally{
    if(sqlSession!=null){
      sqlSession.close();
    }
  }
}
```

上述代码的运行结果如图 5-6 所示，其结果虽然与没有 where 元素时一样，但是省去了多余的 "1=1"。

3. set 元素

在更新持久化对象的时候往往只更新某一个或几个字段。如果每次更新记录都要将其所有的字段对应的值更新一遍，执行效率会非常低。MyBatis 中的 set 元素能解决此问题，开发流程如下。

（1）映射器开发

在 chapter5 项目的 StudentMapper 类中添加方法，代码如下。

```java
public int updateStudent2(Student student);
```

在 chapter5 项目的 StudentMapper.xml 中添加相应的配置，代码如下。

```xml
<update id="updateStudent2" parameterType="org.ngweb.chapter5.pojo.Student">
    update t_student
    <set>
      <if test="name!=null and name!=''">
          name=#{name},
      </if>

      <if test="age!=null and age!=''">
          age=#{age},
      </if>
    </set>
    where id=#{id}
</update>
```

上述代码将 set 元素和 if 元素结合起来组装 SQL 语句，其中 set 元素会消除 SQL 语句中的最后一个多余的逗号，if 元素用于判断相应的字段是否传入值，如果传入的更新字段不为空，就对此字段进行动态 SQL 组装，并更新此字段，否则不更新此字段。

（2）测试

在项目 chapter5 的 MyBatisTest 类中添加测试方法，代码如下。

```java
@Test
public void updateStudent2Test() throws IOException{
  SqlSession sqlSession = null;

  try{
    sqlSession = SqlSessionFactoryUtil.openSession();
    StudentMapper studentMapper = sqlSession.getMapper(StudentMapper.class);
    Student student = new Student();
    student.setId(1);
    student.setName("张三3");
    int result = studentMapper.updateStudent2(student);

    //打印输出结果
    if(result>0){
      System.out.println("更新成功");
    }else{
      System.out.println("更新失败");
    }

    sqlSession.commit();
  }catch(Exception e){
    sqlSession.rollback();
  }finally{
```

```
      if(sqlSession!=null){
        sqlSession.close();
      }
    }
  }
```

上述代码首先创建了一个 Student 对象，然后对数据表 student 中 id 为 1 的记录进行更新。运行代码后在数据库中查看 id 为 1 的记录，会发现其字段 age 对应的值没有变（没有变为 0 或 null），只是更新了字段 name 对应的值。

4. choose、when、otherwise 元素

MyBatis 提供了 choose 元素用来在多个条件中选择一个，有些像 Java 中的分支语句 switch 语句或 if 语句，开发流程如下。

（1）映射器开发

在项目 chapter5 的 StudentMapper 接口中添加方法，代码如下。

```
public List<Student> findByCondition(Student student);
```

在 chapter5 项目的 StudentMapper.xml 中添加相应的配置，代码如下。

```xml
<select id="findByCondition" parameterType="org.ngweb.chapter5.pojo.Student" resultType="org.ngweb.chapter5.pojo.Student">
  select * from t_student
  <where>
    <choose>
      <when test="name!=null and name!=''">
        and name like concat('%', #{name}, '%')
      </when>
      <when test="age!=null and age > 0">
        and age = #{age}
      </when>
      <otherwise>
        and id = 1
      </otherwise>
    </choose>
  </where>
</select>
```

上述代码首先判断 Student 对象的成员变量 name 是否不为 null 且不是空字符串，如果 test 的值为 true，则根据字符 name 进行模糊查询；如果为 false，则继续判断成员变量 age 是否不为 null 且值大于 0，如果 test 的值为 true，则根据字段 age 进行查询，否则查询 id 为 1 的学生信息。

（2）测试

在项目 chapter5 的 MyBatisTest 类中添加测试方法，代码如下。

```java
@Test
public void findByConditionTest() throws IOException{
  SqlSession sqlSession = null;
  
  try{
    sqlSession = SqlSessionFactoryUtil.openSession();
```

```
      StudentMapper studentMapper = sqlSession.getMapper(StudentMapper.
class);
      Student student = new Student();
      student.setName("五");
      student.setAge((byte)/5);
      List<Student> list = studentMapper.findByCondition(student);
      System.out.println(list);
    }catch(Exception e){
      sqlSession.rollback();
    }finally{
      if(sqlSession!=null){
        sqlSession.close();
      }
    }
  }
```

上述代码新建了 Student 类型的对象 student，同时为 student 对象的成员变量 name 和 age 设置值，此时只会查询名称中包含"五"的所有学生信息；如果只为成员变量 age 赋值，则查询所有年龄为 15 岁的学生信息；如果既不为成员变量 name 赋值，也不为成员变量 age 赋值，则查询 id 为 1 的学生信息。

5. foreach 元素

foreach 元素允许遍历指定集合（List、数组、Map），并在元素中使用集合项（item）和索引（index）变量，也允许指定开头和结尾的字符串以及集合项迭代之间的分隔符。

（1）映射器开发

在项目 chapter5 的 StudentMapper 接口中添加方法，查询指定 id 的学生信息。

```
    public List<Student> findBySomeId(List<Integer> idList);
```

在 chapter5 项目的 StudentMapper.xml 中添加相应的配置，代码如下。

```xml
    <select id="findBySomeId" resultType="org.ngweb.chapter5.pojo.Student">
      select * from t_student
      <where>
        id in
        <foreach item="id" collection="list" open="(" separator="," close=")">
          #{id}
        </foreach>
      </where>
    </select>
```

上述代码中的 foreach 属性见表 5-9。

表 5-9　foreach 属性

属 性 名	描　　述
collection	集合的类型，例如 list、array 或者 Map 的 key
item	遍历的每个元素
separator	元素之间的分隔符
open	包装集合元素的开始字符

(续)

属 性 名	描 述
close	包装集合元素的关闭字符
index	如果遍历 List 和数组，则 index 是元素的序号，在 Map 中，index 是元素的 key，可选

（2）测试

在项目 chapter5 的 MyBatisTest 类中添加测试方法，代码如下。

```
@Test
public void findBySomeIdTest() throws IOException{
  SqlSession sqlSession = null;

  try{
    sqlSession = SqlSessionFactoryUtil.openSession();
    StudentMapper studentMapper = sqlSession.getMapper(StudentMapper.class);
    List<Integer> idList = new ArrayList<>();
    idList.add(1);
    idList.add(3);
    idList.add(5);
    List<Student> list = studentMapper.findBySomeId(idList);
    System.out.println(list);
  }catch(Exception e){
    sqlSession.rollback();
  }finally{
    if(sqlSession!=null){
      sqlSession.close();
    }
  }
}
```

上述代码首先新建 List 类型的变量 idList，然后在 idList 中添加了三个整数，分别是 1、3、5，最后调用 StudentMapper 类型的映射器实例查询 id 分别为 1、3、5 的学生信息。

▶5.4 MyBatis 的关联映射

5.4.1 关联关系概述

在关系型数据库中，表与表之间存在着三种关联关系，分别是一对一联系、一对多联系和多对多联系，如图 5-7 所示。

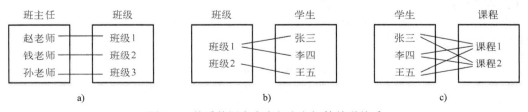

图 5-7 关系数据库中表与表之间的关联关系

a) 一对一联系 b) 一对多联系 c) 多对多联系

- 一对一联系：例如一个班主任只管理一个班级，一个班级只有一个班主任。这时可在任意一方引入对方主键作为外键，并加上唯一性约束。
- 一对多联系：例如一个班级有多位学生，一个学生只属于一个班级。这时在"多"的一方添加"一"的一方的主键作为外键。
- 多对多联系：例如一个学生可以选修多门课程，一门课程可被多个学生选修。这时新建一个中间表来表示多对多的关联关系，在中间表中引入两张表的主键作为外键，两个主键成为联合主键或使用新字段作为主键。

在关系型数据库中通过表与表的联系来描述数据之间的关系，而在 Java 中则通过类与类的联系来描述数据之间的关系，如图 5-8 所示。

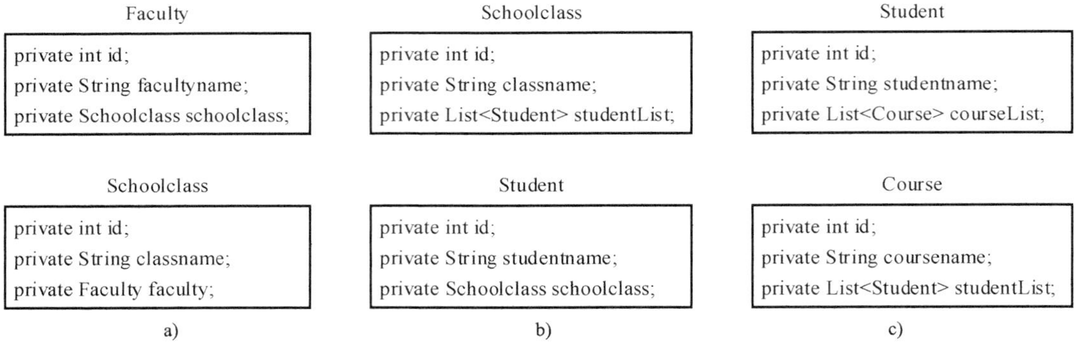

```
Faculty
private int id;
private String facultyname;
private Schoolclass schoolclass;

Schoolclass
private int id;
private String classname;
private List<Student> studentList;

Student
private int id;
private String studentname;
private List<Course> courseList;

Schoolclass
private int id;
private String classname;
private Faculty faculty;

Student
private int id;
private String studentname;
private Schoolclass schoolclass;

Course
private int id;
private String coursename;
private List<Student> studentList;
```

a)   b)   c)

图 5-8　Java 中类与类之间的关联关系
a) 一对一联系　b) 一对多联系　c) 多对多联系

- 一对一的联系：一对一的联系可以在任何一方的 POJO 类中加上另一方的成员变量来实现。例如在图 5-8a 中，可以在 Faculty 类中添加 Schoolclass 类型的成员变量，也可以在 Schoolclass 类中添加 Faculty 类型的成员变量。
- 一对多的联系：一对多的联系可以在一的一方的 POJO 类中加上另一方的成员变量的集合，也可以在多的一方加上另一方的成员变量来实现。例如在图 5-8b 中，可以在 Schoolclass 类中添加 Student 类型的对象集合 studentList，也可以在 Student 类中添加 Schoolclass 类型的成员变量。
- 多对多的联系：多对多联系可以拆分为两个一对多联系，详见后面的讲解。但是也可以如图 5-8c 所示，在 Student 类中添加 Course 类型的对象集合 courseList，并在 Course 类中添加 Student 类型的对象集合 studentList。

5.4.2　一对一联系

【实训 5-4】 MyBatis 一对一实例。

在 MyBatis 中可以使用 resultMap 元素的子元素 association 实现一对一的关联关系，association 元素的常见属性见表 5-10。

5-3　MyBatis 关联映射（一对一）

表 5-10　association 元素的常见属性

属　　性	描　　述
property	指定 POJO 对象属性
column	指定表中对应的字段

(续)

属性	描述
javaType	指定 POJO 对象属性的类型
select	指定引入嵌套查询的子 SQL 语句

本节讲解班主任表（faculty）和班级表（schoolclass）的一对一联系的查询，为此，新建一个动态 Web 项目，框架图如图 5-9 所示，具体步骤如下。

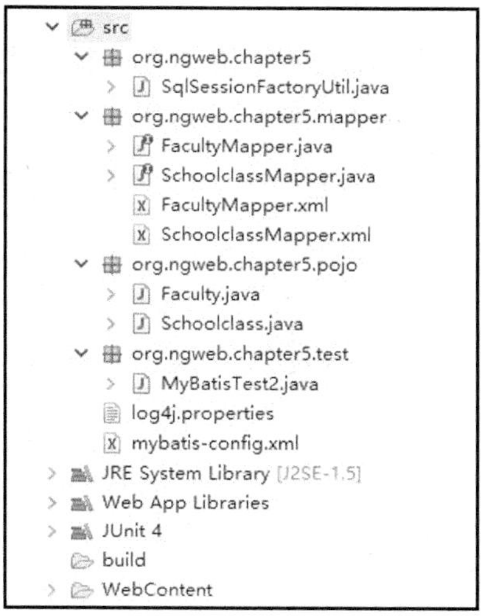

1. 数据库开发

首先在数据库 mybatis2 中创建 faculty 表和 schoolclass 表，代码如下。

```sql
set names gbk;

drop database if exists mybatis2;
create database mybatis2;
use mybatis2;

create table faculty (
  id int primary key auto_increment,
  facultyname varchar(18)
);

insert into faculty values(1, '赵老师');
insert into faculty values(2, '钱老师');

create table schoolclass (
  id int primary key auto_increment,
  classname varchar(32),
  facultyid int,
  foreign key(facultyid) references faculty(id)
);

insert into schoolclass values(1, '班级1', 1);
insert into schoolclass values(2, '班级2', 2);
```

图 5-9　一对一联系实例框架图

上述代码有两个表，其中 faculty 是主表，schoolclass 是从表，schoolclass 表中的外键 facultyid 引用 faculty 表的主键 id。

2. POJO 层开发

在 src 目录的 org.ngweb.chapter5.pojo 包下分别创建 Faculty 类和 Schoolclass 类。Faculty 类的代码如下。

```java
package org.ngweb.chapter5.pojo;

public class Faculty {
    private int id;
```

```java
    private String facultyname;
    private Schoolclass schoolclass;

    // 省略 getter 和 setter
    public String toString() {
        return "Faculty [id=" + id + ", facultyname=" + facultyname + "]";
    }
}
```

上述代码中的属性与表的字段一一对应，但是增加一个成员变量 Schoolclass。

Schoolclass 类的代码如下。

```java
package org.ngweb.chapter5.pojo;

public class Schoolclass {
    private int id;
    private String classname;
    private Faculty faculty;

    // 省略 getter 和 setter
    public String toString() {
        return "Schoolclass [id=" + id + ", classname=" + classname + "]";
    }
}
```

上述代码中的属性与表的字段一一对应，但是外键列改为 Faculty 的实例。

特别要注意的是，为了在 Schoolclass 对象中保存班主任的信息，所以在 Schoolclass 类中添加了 Faculty 类型的对象 faculty。同理，Faculty 对象中也添加了 Schoolclass 类型的对象 schoolclass，用于保存班级的信息。

3. 映射器开发

（1）映射器接口

在 chapter5 项目的 org.ngweb.chapter5.mapper 包中创建 FacultyMapper 接口和 SchoolclassMapper 接口。FacultyMapper 接口的代码如下。

```java
package org.ngweb.chapter5.mapper;
import org.ngweb.chapter5.pojo.Faculty;

public interface FacultyMapper {
    public Faculty getById(Integer id);
}
```

上述接口只有一个 getById()方法，即通过 id 获取班主任的信息。

SchoolclassMapper 接口的代码如下。

```java
package org.ngweb.chapter5.mapper;
import org.ngweb.chapter5.pojo.Schoolclass;

public interface SchoolclassMapper {
```

```
        public Schoolclass getById(Integer id);
}
```

上述接口也只有一个 getById() 方法，即通过 id 获取班级的信息。

（2）映射器 xml 文件

下面创建与上述两个接口对应的配置文件，以下是 FacultyMapper.xml 的代码。

```xml
<?xml version="1.0" encoding="UTF-8"?>
<!DOCTYPE mapper PUBLIC "-//mybatis.org//DTD Mapper 3.0//EN"
    "http://mybatis.org/dtd/mybatis-3-mapper.dtd">

<mapper namespace="org.ngweb.chapter5.mapper.FacultyMapper">
    <select id="getById" parameterType="int"
        resultType="org.ngweb.chapter5.pojo.Faculty">
        select id, facultyname from faculty where id=#{id}
    </select>
</mapper>
```

以下是 SchoolclassMapper.xml 的代码。

```xml
<?xml version="1.0" encoding="UTF-8"?>
<!DOCTYPE mapper PUBLIC "-//mybatis.org//DTD Mapper 3.0//EN"
    "http://mybatis.org/dtd/mybatis-3-mapper.dtd">
<mapper namespace="org.ngweb.chapter5.mapper.SchoolclassMapper">
    <select id="getById" parameterType="int"
        resultType="org.ngweb.chapter5.pojo.Schoolclass">
        select id, classname, facultyid from schoolclass where id=#{id}
    </select>
</mapper>
```

上述两个映射器 xml 文件还没有实现一对一联系，后面将逐步修改它，添加一对一联系。

4．注册映射器

在 MyBatis-config.xml 的 mapper 元素中添加上述两个映射器 xml 文件，代码如下。

```xml
<mappers>
    <mapper resource="org/ngweb/chapter5/mapper/FacultyMapper.xml"/>
    <mapper resource="org/ngweb/chapter5/mapper/SchoolclassMapper.xml"/>
</mappers>
```

上述代码使用了 mapper 的 resource 属性注册映射器，也可以使用 package 属性注册映射器（见 5.3.2 5 节）。

5．测试

在项目 chapter5 的 org.ngweb.chapter5.test 包中新建类 MyBatisTest2，并在其中添加两个测试方法，分别按教师主键和班级主键进行查询，代码如下。

```java
package org.ngweb.chapter5.test;
import org.apache.ibatis.session.SqlSession;
import org.junit.Test;
import org.ngweb.chapter5.SqlSessionFactoryUtil;
```

```java
import org.ngweb.chapter5.mapper.FacultyMapper;
import org.ngweb.chapter5.mapper.SchoolclassMapper;
import org.ngweb.chapter5.pojo.Faculty;
import org.ngweb.chapter5.pojo.Schoolclass;

public class MyBatisTest2 {
    @Test
    public void getFacultyByIdTest() {
        SqlSession sqlSession = null;

        try {
            sqlSession = SqlSessionFactoryUtil.openSession();
            FacultyMapper facultyMapper = sqlSession.getMapper(FacultyMapper.class);
            Faculty faculty = facultyMapper.getById(1);
            System.out.println("教师: " + faculty);
            System.out.println("老师管理的班级: " + faculty.getSchoolclass());
            sqlSession.commit();
        } catch (Exception e) {
            e.printStackTrace();
            sqlSession.rollback();
        } finally {
            if (sqlSession != null) {
                sqlSession.close();
            }
        }
    }

    @Test
    public void getSchoolclassByIdTest() {
        SqlSession sqlSession = null;

        try {
            sqlSession = SqlSessionFactoryUtil.openSession();
            SchoolclassMapper schoolclassMapper = sqlSession.getMapper(SchoolclassMapper.class);
            Schoolclass schoolclass = schoolclassMapper.getById(1);
            System.out.println("班级: " + schoolclass);
            System.out.println("班级的班主任: " + schoolclass.getFaculty());
            sqlSession.commit();
        } catch (Exception e) {
            e.printStackTrace();
            sqlSession.rollback();
        } finally {
            if (sqlSession != null) {
                sqlSession.close();
            }
        }
    }
}
```

测试分下述三种情况进行。

（1）未建立联系

直接运行上述测试代码，结果是成功通过，运行结果如图 5-10 所示。

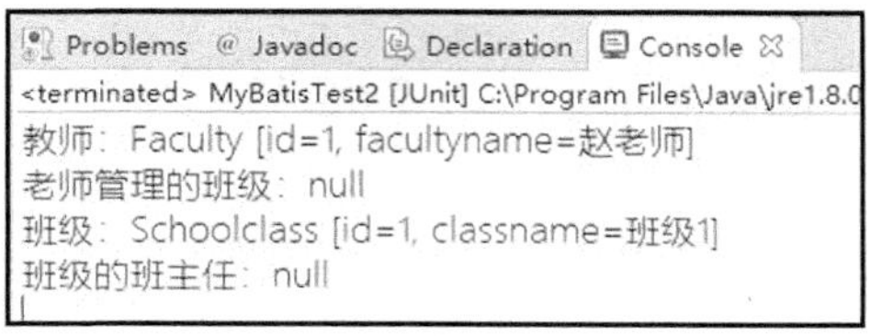

从图 5-10 的结果可以看到，老师管理的班级以及班级的班主任都为空，意味着一对一联系并没有反映出来。这时虽然在数据库层面上，两张表之间有一对一的联系，但是在 MyBatis 上来看，可以认为两张表之间还没有建立联系。

图 5-10 一对一的运行结果（未建立联系）

（2）从表建立 association

下面是为从表 schoolclass 对应的 Schoolclass 类的 faculty 属性进行赋值。

在从表 schoolclass 的映射器 xml 文件 SchoolclassMapper.xml 中加上 association 一对一的关联映射（添加在新加入的 resultMap 元素中），修改后的代码如下。

```xml
<?xml version="1.0" encoding="UTF-8"?>
<!DOCTYPE mapper PUBLIC "-//mybatis.org//DTD Mapper 3.0//EN"
  "http://mybatis.org/dtd/mybatis-3-mapper.dtd">

<mapper namespace="org.ngweb.chapter5.mapper.SchoolclassMapper">
    <resultMap type="org.ngweb.chapter5.pojo.Schoolclass" id="schoolclassMap">
        <id column="id" property="id" />
        <result column="classname" property="classname" />

        <association column="facultyid" property="faculty"
            javaType="org.ngweb.chapter5.pojo.Faculty"
            select="org.ngweb.chapter5.mapper.FacultyMapper.getById">
        </association>
    </resultMap>

    <select id="getById" parameterType="int" resultMap="schoolclassMap">
        SELECT id, classname, facultyid from schoolclass where id=#{id}
    </select>
</mapper>
```

修改前的映射器 xml 文件中没有 resultMap 元素，为了对 faculty 属性进行赋值，添加 resultMap 元素，为所有属性进行映射：id 是主键，使用 id 元素进行映射；classname 是非主键属性，使用 result 元素进行映射；而 faculty 属性是外键 facultyid 所对应的班主任表的一行记录，需要使用 association 元素进行映射。

在 association 元素中，将外键列 facultyid 映射到 faculty 属性，该属性的类型是 org.ngweb.chapter5.pojo.Faculty，可以通过 org.ngweb.chapter5.mapper.FacultyMapper 类的 getById 方法查询得到。

在查询 schoolclass 表时，应该把 facultyid 列也列入查询范围，否则无法查询外键对应的数据。

运行测试，结果如图 5-11 所示，这时可以查到班级的班主任信息。

（3）主表建立 association

下面是为主表 faculty 对应的 Faculty 类的 schoolclass 属性进行赋值。

在主表 Faculty 的映射器 xml 文件 FacultyMapper.xml 中加上 association 一对一的关联映射（添加在新加入的 resultMap 元素中），修改后的代码如下。

```xml
<?xml version="1.0" encoding="UTF-8"?>
<!DOCTYPE mapper PUBLIC "-//mybatis.org//DTD Mapper 3.0//EN"
  "http://mybatis.org/dtd/mybatis-3-mapper.dtd">

<mapper namespace="org.ngweb.chapter5.mapper.FacultyMapper">
    <resultMap type="org.ngweb.chapter5.pojo.Faculty" id="facultyMap">
        <id column="id" property="id" />
        <result column="facultyname" property="facultyname" />

        <association column="id" property="schoolclass"
        javaType="org.ngweb.chapter5.pojo.Schoolclass"
select="org.ngweb.chapter5.mapper.SchoolclassMapper.getByFacultyId">
        </association>
    </resultMap>

    <select id="getById" parameterType="int" resultMap="facultyMap">
        SELECT id,facultyname from faculty where id=#{id}
    </select>
</mapper>
```

上述代码的 association 元素引用了 SchoolclassMapper 中的一个新的方法，因此在 SchoolclassMapper.java 接口中需要添加这个方法，代码如下。

```
publicSchoolclassgetByFacultyId(Integer id);
```

同时，在 SchoolclassMapper.xml 中添加一个 select 元素，代码如下。

```xml
<select id="getByFacultyId" parameterType="int" resultMap="schoolclassMap">
    SELECT id, classname, facultyid from schoolclass where facultyid=#{id}
</select>
```

这条 select 语句是在 schoolclass 表中，通过外键 facultyid 查询班级（一对一连接的外键应有唯一性约束）。因此 MyBatis 摒弃了复杂的内连接语句，使 SQL 查询变得很简单。

运行测试，结果如图 5-12 所示，同时还可以看到班主任所管理的班级信息。

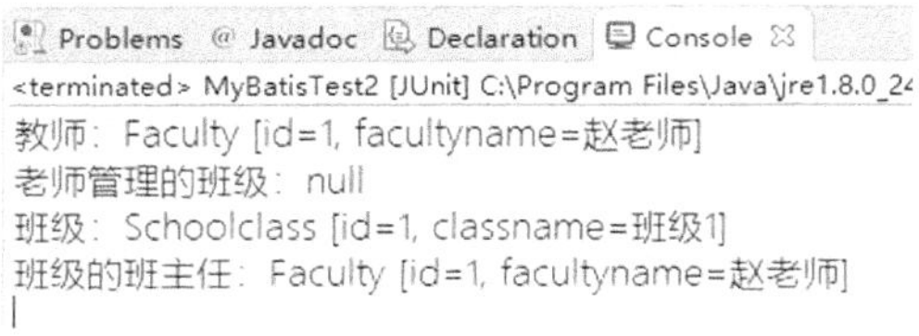

图 5-11　一对一的运行结果（从表建立 association） 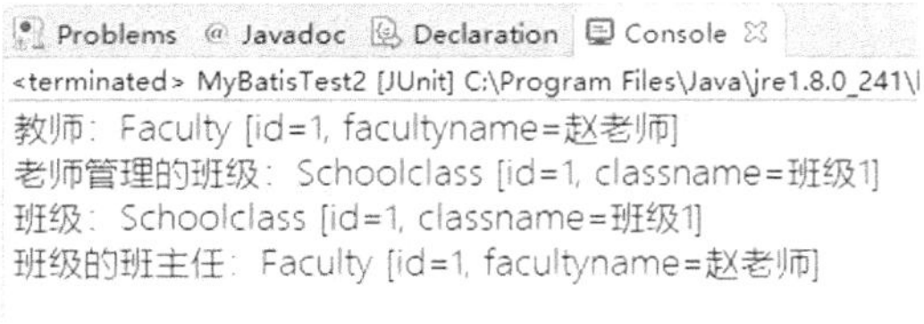　　图 5-12　一对一的运行结果（主表建立 association）

至此，实现了一对一联系的双向关联。即，从班级类可以查询到班主任类，从班主任类也可查询到班级类。

5.4.3　一对多联系

【实训 5-5】 MyBatis 一对多实例。

与一对一的关联关系相比，开发人员接触更多的是一对多（或多对一）。

在 MyBatis 中可以使用 resultMap 元素的子元素 collection 实现一对多的关联关系，collection 元素的属性与 association 元素属性基本相同，多了一个 ofType 属性，如表 5-11 所示。

5-4　MyBatis 关联映射（一对多）

表 5-11 collection 元素的常见属性

属　　性	描　　述
property	指定 POJO 对象属性
column	指定表中对应的字段
select	指定引入嵌套查询的子 SQL 语句
ofType	指定映射到 List 集合属性中 POJO 的类型

本节讲解班级表和学生表的一对多联系的查询，为此，新建一个动态 Web 项目，其框架图如图 5-13 所示，具体步骤如下。

1. 数据库开发

首先在数据库 mybatis2 中创建 schoolclass 表和 student 表，代码如下。

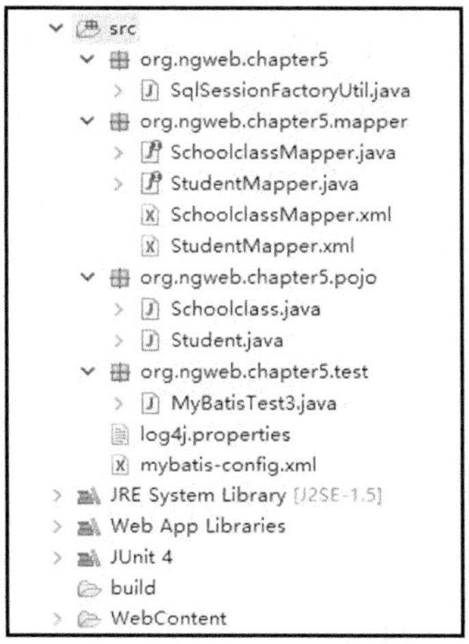

```
set names gbk;

drop database if exists mybatis2;
create database mybatis2;
use mybatis2;

create table schoolclass (
  id int primary key auto_increment,
  classname varchar(32)
);

insert into schoolclass values(1, '班级1');
insert into schoolclass values(2, '班级2');

create table student (
  id int primary key auto_increment,
  studentname varchar(18),
  classid int,
  foreign key(classid) references schoolclass(id)
);

insert into student values(1, '张三', 1);
insert into student values(2, '李四', 1);
insert into student values(3, '王五', 2);
```

图 5-13　一对一联系实例框架图

上述代码有两个表，其中 schoolclass 是主表，student 是从表，student 表中的外键 classid 引用 schoolclass 表的主键 id。

2. POJO 层开发

在项目的 org.ngweb.chapter5.pojo 包下分别创建 Student 类和 Schoolclass 类，Student 类的代码如下。

```
package org.ngweb.chapter5.pojo;
```

```java
public class Student {
    private int id;
    private String studentname;
    private Schoolclass schoolclass;

    // 省略 getter 和 setter
    public String toString() {
        return "Student [id=" + id + ", studentname=" + studentname +
"]";
    }
}
```

上述代码中的属性与表的字段一一对应。

Schoolclass 类的代码如下。

```java
package org.ngweb.chapter5.pojo;
import java.util.List;

public class Schoolclass {
    private int id;
    private String classname;
    private List<Student> studentList;

    // 省略 getter 和 setter
    public String toString() {
        return "Schoolclass [id=" + id + ", classname=" + classname +
"]";
    }
}
```

上述代码中的属性与表的字段一一对应。

特别要注意的是，在这个一对多的联系中，Student 是多的一方，它只属于一个班级，因此添加了一个 Schoolclass 类型的对象 schoolclass。Schoolclass 是一的一方，它有多个学生，因此添加了一个列表属性 studentList，用于保存多个学生的信息。

3. 映射器开发

（1）映射器接口

在 src 目录的 org.ngweb.chapter5.mapper 包中创建 StudentMapper 类和 SchoolclassMapper 类。StudentMapper 类的代码如下。

```java
package org.ngweb.chapter5.mapper;
import org.ngweb.chapter5.pojo.Student;

public interface StudentMapper {
    public Student getById(Integer id);
}
```

上述接口只有一个 getById()方法，即通过 id 获取学生的信息。

SchoolclassMapper 类的代码如下。

```java
package org.ngweb.chapter5.mapper;
```

```
import org.ngweb.chapter5.pojo.Schoolclass;

public interface SchoolclassMapper {
    public Schoolclass getById(Integer id);
}
```

上述接口也只有一个 getById() 方法，即通过 id 获取班级的信息。

（2）映射器 xml 文件

下面创建与上述两个接口对应的配置文件，以下是 StudentMapper.xml 的代码。

```
<?xml version="1.0" encoding="UTF-8"?>
<!DOCTYPE mapper PUBLIC "-//mybatis.org//DTD Mapper 3.0//EN"
  "http://mybatis.org/dtd/mybatis-3-mapper.dtd">

<mapper namespace="org.ngweb.chapter5.mapper.StudentMapper">
    <select id="getById" parameterType="int"
        resultType="org.ngweb.chapter5.pojo.Student">
        SELECT id, studentname, classid from student where id=#{id}
    </select>
</mapper>
```

以下是 SchoolclassMapper.xml 的代码。

```
<?xml version="1.0" encoding="UTF-8"?>
<!DOCTYPE mapper PUBLIC "-//mybatis.org//DTD Mapper 3.0//EN"
  "http://mybatis.org/dtd/mybatis-3-mapper.dtd">

<mapper namespace="org.ngweb.chapter5.mapper.SchoolclassMapper">
    <select id="getById" parameterType="int"
        resultType="org.ngweb.chapter5.pojo.Schoolclass">
        SELECT id, classname from schoolclass where id=#{id}
    </select>
</mapper>
```

上述两个映射器 xml 文件还没有实现一对多联系，后面的步骤将逐步修改它，添加一对多联系。

4．注册映射器

在 MyBatis-config.xml 的 mapper 元素中添加上述两个映射器 xml 文件，代码如下。

```
<mappers>
    <mapper resource="org/ngweb/chapter5/mapper/StudentMapper.xml" />
    <mapper resource="org/ngweb/chapter5/mapper/SchoolclassMapper.xml" />
</mappers>
```

上述代码使用了 mapper 的 resource 属性注册映射器，也可以使用 package 属性注册映射器（见 5.3.2 5 节）。

5．测试

在项目 chapter5 的 org.ngweb.chapter5.test 包中新建类 MyBatisTest3，并在其中添加两个测

试方法，分别按学生主键和班级主键进行查询，代码如下。

```java
package org.ngweb.chapter5.test;
import java.util.List;
import org.apache.ibatis.session.SqlSession;
import org.junit.Test;
import org.ngweb.chapter5.SqlSessionFactoryUtil;
import org.ngweb.chapter5.mapper.SchoolclassMapper;
import org.ngweb.chapter5.mapper.StudentMapper;
import org.ngweb.chapter5.pojo.Schoolclass;
import org.ngweb.chapter5.pojo.Student;

public class MyBatisTest3 {

    @Test
    public void getStudentByIdTest() {
        SqlSession sqlSession = null;

        try {
            sqlSession = SqlSessionFactoryUtil.openSession();
            StudentMapper studentMapper = sqlSession.getMapper(StudentMapper.class);
            Student student = studentMapper.getById(1);
            System.out.println("学生: " + student);
            System.out.println("学生所属的班级: " + student.getSchoolclass());
            sqlSession.commit();
        } catch (Exception e) {
            e.printStackTrace();
            sqlSession.rollback();
        } finally {
            if (sqlSession != null) {
                sqlSession.close();
            }
        }
    }
}
```

测试分下述两种情况进行。

（1）未建立联系

直接运行上述测试，结果是成功通过，运行结果如图 5-14 所示。

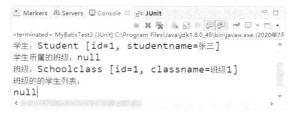

图 5-14　一对多的运行结果（未建立联系）

从图 5-14 的结果可以看到，多的一方查不到所属的班级，一的一方查不到学生列表。因此还没有建立一对多联系。这时虽然在数据库层面上，两张表之间有一对多的联系，但是在 MyBatis 上来看，可以认为两张表之间还没有建立联系。

(2)主表建立 collection

为了在一的一方（班级表）查询多的一方的列表（学生表），首先需要在接口 StudentMapper 中添加如下方法。

```java
public List<Student> getStudentList(Integer classId);
```

上述方法是通过班级 id 获得对应班级的所有学生。

相应地在 StudentMapper.xml 文件中添加对应的 select 元素，代码如下。

```xml
<select id="getStudentList" parameterType="int" resultType="org.ngweb.chapter5.pojo.Student">
    SELECT id, studentname, classid from student where classid=#{classId}
</select>
```

一的一方要加上 collection 元素，该元素查询多的一方的集合，SchoolclassMapper.xml 修改后的代码如下。

```xml
<?xml version="1.0" encoding="UTF-8" ?>
<!DOCTYPE mapper
  PUBLIC "-//mybatis.org//DTD Mapper 3.0//EN"
  "http://mybatis.org/dtd/mybatis-3-mapper.dtd">

<mapper namespace="org.ngweb.chapter5.mapper.SchoolclassMapper">
    <resultMap type="org.ngweb.chapter5.pojo.Schoolclass" id="schoolclassMap">
        <id column="id" property="id" />
        <result column="classname" property="classname" />

        <collection column="id" property="studentList"
            ofType="org.ngweb.chapter5.pojo.Student" select="org.ngweb.chapter5.mapper.StudentMapper.getStudentList" />
    </resultMap>

    <select id="getById" parameterType="int" resultMap="schoolclassMap">
        SELECT id, classname from schoolclass where id=#{id}
    </select>
</mapper>
```

上述代码的 collection 元素，将自身的主键 id 映射到 studentList 属性，这时使用了嵌套查询，这个嵌套查询的方法是 StudentMapper 接口的 getStudentList。

运行测试，结果如图 5-15 所示，这时可以查到班级的学生列表信息。

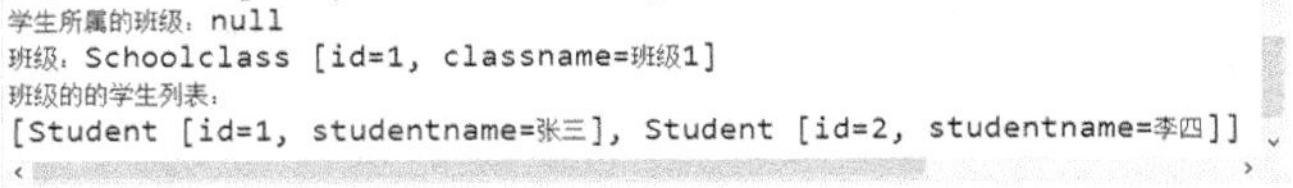

图 5-15 一对多的运行结果（主表建立 collection）

对于从表，也可以如同一对一联系，建立与主表的 association 联系。

5.4.4 多对多联系

在实际项目开发中，多对多的关联关系也很常见。

例如一个学生可以选修多门课程，一门课程可被多个学生选修，这里的学生表和课程表之间是多对多联系。

这时可以新建一个选修表，选修表中除了自身的主键，还将学生 ID 和课程 ID 作为外键，分别引用学生表和课程表。学生表和选修表成为一对多联系，课程表和选修表也成为一对多联系，这样的两个一对多联系就实现了多对多联系，如图 5-16 所示。

图 5-16　多对多联系拆分为两个一对多

因此，多对多联系可以拆分为两个一对多联系进行处理。

▶5.5　项目五：基于 MyBatis 的学生信息管理系统

在项目四中已经通过 JSP、Servlet 和 JDBC 实现了学生信息管理系统的功能，本项目将在原有的基础上，用 MyBatis 框架替换 JDBC，并且增加用户类型，能根据用户的类型显示不同的页面。

5.5.1　项目描述

1．项目概况

项目名称：student_mybatis（学生信息管理系统之五）
数据库名：mybatis2

2．需求分析和功能设计

项目的本阶段增加了新的用户需求，在第 3 章的项目三的基础上根据用户的角色显示不同的界面，即管理员的功能与之前的功能相同，普通用户登录后只能看到个人信息。同时在查询部分不仅能根据 id 查询学生信息，还能根据姓名和年龄进行查询。

3．数据结构设计

本项目的数据库结构与第 3 章的项目三完全相同，不再赘述。

5.5.2　项目实施

【实训 5-6】　项目五　基于 MyBatis 的学生信息管理系统。

1．创建项目

首先创建一个名为 student_mybatis 的动态 web 项目，项目架构如图 5-17 所示。

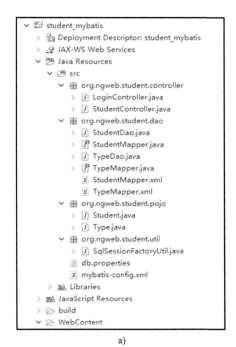

图 5-17 基于 MyBatis 的学生信息管理系统项目架构
a) Java 包和 Java 类 b) 视图和 Jar 包

由于此项目使用了 MyBatis 框架，需要导入 MyBatis 项目相关的 JAR 包（见图 5-17）。

2. 创建数据库结构

本项目的数据库结构与第 3 章一样，不再赘述。

3. POJO 类

本项目有两张表，需要分别为两张表添加 POJO 类，其中与 t_student 表对应的 Student 类代码如下。

```
package org.ngweb.student.pojo;

public class Student {
  private Integer id;
  private String name;
  private Byte age;
  private String sex;
  private String account;
  private String password;
  private Type type;

  /*getters 和 setters*/
}
```

与 t_type 表对应的 Type 类代码如下。

```
package org.ngweb.student.pojo;
```

```
public class Type {
  private Integer id;
  private String name;

  /*getters 和 setters*/
}
```

4. DAO 层和工具类

（1）SqlSessionFactory 工具类

在 src 目录下创建 org.ngweb.student.util 包，并在包中添加 SqlSessionFactoryUtil 类，代码见 3.5.1 节，不再赘述。

（2）用户类型的 DAO 层

在项目 student_mybatis 的 src 目录中新建名为 org.ngweb.student.dao 的包，在包中新建名为 TypeMapper 的接口，代码如下。

```
package org.ngweb.student.dao;
import org.ngweb.student.pojo.Type;

public interface TypeMapper {
  //根据 id 查询类型
  public Type getById(Integer id);
}
```

上述代码的 TypeMapper 接口中只有一个方法，即通过类型的 id 获得 Type 对象。

接下来开发与接口 TypeMapper 对应的配置文件，即在 org.ngweb.student.dao 目录下新建 TypeMapper.xml，代码如下。

```
<?xml version="1.0" encoding="UTF-8" ?>
<!DOCTYPE mapper PUBLIC "-//mybatis.org//DTD Mapper 3.0//EN"
  "http://mybatis.org/dtd/mybatis-3-mapper.dtd">

<mapper namespace="org.ngweb.student.dao.TypeMapper">
  <select id="getById" parameterType="int" resultType="type">
    select id, name from t_type where id = #{id}
  </select>
</mapper>
```

上述代码中的 SQL 语句是通过 id 查询 t_type 表中的记录。

最后需要通过 SqlSession 获得 TypeMapper 类型的映射器实例，以操作数据库，在 org.ngweb.student.dao 中新建 TypeDao.java，代码如下。

```
package org.ngweb.student.dao;
import org.apache.ibatis.session.SqlSession;
import org.ngweb.student.pojo.Type;
import org.ngweb.student.util.SqlSessionFactoryUtil;

public class TypeDao{
```

```java
public Type getById(Integer id) {
    SqlSession sqlSession = null;
    Type type = null;
    try{
      //通过SqlSessionFactoryUtil获得SqlSession
      sqlSession = SqlSessionFactoryUtil.openSession();
      //通过SqlSession获得映射器
      TypeMapper typeMapper = sqlSession.getMapper(TypeMapper.class);
      type = typeMapper.getById(id);
    }catch(Exception e){
      e.printStackTrace();
    }finally{
      if(sqlSession!=null){
        sqlSession.close();
      }
    }
    return type;
  }
}
```

上述代码中的 getById 首先通过 SqlSessionFactoryUtil 获得对象 sqlSession，然后通过 sqlSession 获得映射器实例 typeMapper，最后通过 typeMapper 的方法 getById 得到指定 id 的 Type 对象。

（3）学生管理的 DAO 层

在项目 student_mybatis 的 org.ngweb.student.dao 包中新建名为 StudentMapper 的接口，代码如下。

```java
package org.ngweb.student.dao;
import java.util.List;
import org.ngweb.student.pojo.Student;

public interface StudentMapper {
    //添加学生信息
    public int addStudent(Student student);
    //更新学生信息
    public int updateStudent(Student student);
    //根据id删除学生信息
    public int deleteStudent(int id);
    //根据条件查询学生信息
    public List<Student> search(Student student);
}
```

上述代码中 StudentMapper 是一个接口，其中的 search()方法会根据传入的 Student 对象进行条件查询，如果 Student 对象中的三个成员变量都不为空，则根据 Student 对象三个成员变量的值进行查询，否则只根据不为空的成员变量的值进行查询。

接下来创建接口 StudentMapper 的映射文件 StudentMapper.xml，在名为 org.ngweb.student.dao 的包中新建 StudentMapper.xml，代码如下。

```xml
<?xml version="1.0" encoding="UTF-8" ?>
<!DOCTYPE mapper PUBLIC "-//mybatis.org//DTD Mapper 3.0//EN"
```

```xml
            "http://mybatis.org/dtd/mybatis-3-mapper.dtd">

    <mapper namespace="org.ngweb.student.dao.StudentMapper">

        <insert id="addStudent" parameterType="student">
            insert into t_student values
            (null, #{name}, #{age}, #{sex}, #{account}, #{password}, #{type.id})
        </insert>

        <update id="updataStudent" parameterType="student">
            update t_student
            <set>
               <if test="name!=null and name!=''">
                   name = #{name},
               </if>

               <if test="age!=null and age!=''">
                   age= #{age},
               </if>

               <if test="sex!=null and sex!=''">
                   sex= #{sex},
               </if>

               <if test="account!=null and account!=''">
                   account= #{account},
               </if>

               <if test="password!=null and password!=''">
                   password= #{password},
               </if>

               <if test="type!=null and type.id!=null">
                   type_id= #{type.id}
               </if>
            </set>
            where id = #{id}
        </update>

        <delete id="deleteStudent" parameterType="int">
            delete from t_student where id=#{id}
        </delete>

        <resultMap type="student" id="studentMap">
           <id column="id" property="id" />
           <result column="name" property="name" />
           <result column="age" property="age" />
           <result column="sex" property="sex" />
           <result column="account" property="account"/>
           <result column="password" property="password" />
           <association column="type_id" property="type"
```

```xml
            select="org.ngweb.student.dao.TypeDao.getById"/>
    </resultMap>

    <select id="search" parameterType="student" resultMap="studentMap">
        select id, name, age, sex, account, password, type_id from t_student
        <where>
            <if test="id!=null">
                and id=#{id}
            </if>

            <if test="name!=null and name!=''">
                and name like concat('%', #{name}, '%')
            </if>

            <if test="age!=null">
                and age=#{age}
            </if>

            <if test="account!=null and account!=''">
                and account=#{account}
            </if>

            <if test="password!=null and password!=''">
                and password=#{password}
            </if>
        </where>
    </select>
</mapper>
```

上述代码中，id 为 search 的 select 元素，可以分别根据 id、name、age、account 和 password 进行查询，其中 name 是模糊查询。

在名为 org.ngweb.student.dao 包中新建 StudentDao.java，代码如下。

```java
package org.ngweb.student.dao;

import java.util.List;

import org.apache.ibatis.session.SqlSession;
import org.ngweb.student.pojo.Student;
import org.ngweb.student.util.SqlSessionFactoryUtil;

public class StudentDao {

    public int addStudent(Student student) {
        SqlSession sqlSession = null;
        int result = 0;

        try{
            //通过 SqlSessionFactoryUtil 获得 SqlSession
            sqlSession = SqlSessionFactoryUtil.openSession();
            //通过 SqlSession 获得映射器
            StudentMapper studentDao = sqlSession.getMapper(StudentMapper.
```

```java
class);
            result = studentDao.addStudent(student);
            sqlSession.commit();
        }catch(Exception e){
            sqlSession.rollback();
        }finally{
            if(sqlSession!=null){
                sqlSession.close();
            }
        }
        return result;
    }

    public int updateStudent(Student student) {
        int result = 0;
        SqlSession sqlSession = null;

        try{
            //通过SqlSessionFactoryUtil获得SqlSession
            sqlSession = SqlSessionFactoryUtil.openSession();
            //通过SqlSession获得映射器
            StudentMapper studentDao = sqlSession.getMapper(StudentMapper.class);
            result = studentDao.updataStudent(student);
            sqlSession.commit();
        }catch(Exception e){
            e.printStackTrace();
            sqlSession.rollback();
        }finally{
            if(sqlSession!=null){
                sqlSession.close();
            }
        }

        return result;
    }

    public int deleteStudent(int id) {
        int result = 0;
        SqlSession sqlSession = null;

        try{
            //通过SqlSessionFactoryUtil获得SqlSession
            sqlSession = SqlSessionFactoryUtil.openSession();
            //通过SqlSession获得映射器
            StudentMapper studentDao = sqlSession.getMapper(StudentMapper.class);
            result = studentDao.deleteStudent(id);
            sqlSession.commit();
        }catch(Exception e){
            sqlSession.rollback();
```

```java
            }finally{
                if(sqlSession!=null){
                    sqlSession.close();
                }
            }
            return result;
        }

        public List<Student> search(Student student) {
            SqlSession sqlSession = null;
            List<Student> studentList = null;
            try{
                //通过SqlSessionFactoryUtil获得SqlSession
                sqlSession = SqlSessionFactoryUtil.openSession();
                //通过SqlSession获得映射器
                StudentMapper studentDao = sqlSession.getMapper(StudentMapper.class);
                studentList = studentDao.search(student);
            }catch(Exception e){
                e.printStackTrace();
            }finally{
                if(sqlSession!=null){
                    sqlSession.close();
                }
            }
            return studentList;
        }
    }
```

上述代码都是通过映射器实例对数据库进行操作。

(4) MyBatis 配置

Mybatis 配置文件的作用主要是给 POJO 类取别名、配置数据库环境和注册映射器，在 src 目录下新建 mybatis-config.xml 文件，代码如下。

```xml
<?xml version="1.0" encoding="UTF-8" ?>
<!DOCTYPE configuration PUBLIC "-//mybatis.org//DTD Config 3.0//EN"
   "http://mybatis.org/dtd/mybatis-3-config.dtd">

<configuration>
  <properties resource="db.properties" />

  <typeAliases>
    <typeAlias type="org.ngweb.student.pojo.Student" alias="student"/>
    <typeAlias type="org.ngweb.student.pojo.Type" alias="type"/>
  </typeAliases>

  <environments default="mysql">
    <environment id="mysql">
      <transactionManager type="JDBC"/>
      <dataSource type="POOLED">
```

```xml
        <property name="driver" value="${jdbc.driver}"/>
        <property name="url" value="${jdbc.url}"/>
        <property name="username" value="${jdbc.username}"/>
        <property name="password" value="${jdbc.password}"/>
      </dataSource>
    </environment>
  </environments>

  <mappers>
    <mapper resource="org/ngweb/student/dao/TypeMapper.xml"/>
    <mapper resource="org/ngweb/student/dao/StudentMapper.xml"/>
  </mappers>
</configuration>
```

上述代码中引入了数据库的属性文件 db.properties，在 src 目录下新建 db.properties，其代码如下。

```
jdbc.driver=com.mysql.jdbc.Driver
jdbc.url=jdbc:mysql://localhost:3306/mybatis2
jdbc.username=root
jdbc.password=123456
```

5. 控制类

本项目用同一个 Servlet 处理登录和注销请求，同时用另一个 Servlet 处理与学生相关的所有请求。

（1）登录和注销

在 src 目录中新建 org.ngweb.student.controller 包，然后在包中创建名为 LoginController 的 Servlet，代码如下。

```java
package org.ngweb.student.controller;
import java.io.IOException;
import java.util.List;
import javax.servlet.ServletException;
import javax.servlet.http.HttpServlet;
import javax.servlet.http.HttpServletRequest;
import javax.servlet.http.HttpServletResponse;
import javax.servlet.http.HttpSession;
import org.ngweb.student.dao.StudentDao;
import org.ngweb.student.pojo.Student;

public class LoginController extends HttpServlet {
    private static final long serialVersionUID = 1L;

    public LoginController() {
        super();
    }

    protected void doGet(HttpServletRequest request, HttpServletResponse response) throws ServletException, IOException {
        HttpSession session = request.getSession();
```

```java
            session.invalidate();
            request.getRequestDispatcher("login.jsp").forward(request, response);
    }

    protected void doPost(HttpServletRequest request, HttpServletResponse response) throws ServletException, IOException {
        String msg="";
        request.setCharacterEncoding("UTF-8");
        String username = request.getParameter("username");
        String password = request.getParameter("password");

        if(username!=null && password!=null){
            Student student = new Student();
            student.setAccount(username);
            student.setPassword(password);

            StudentDao studentDao = new StudentDao();

            try {
                List<Student> studentList = studentDao.search(student);
                if(studentList.size()>0){
                    HttpSession session = request.getSession();
                    session.setAttribute("account", studentList.get(0));
                    response.sendRedirect("StudentController");
                }else{
                    msg = "用户名或密码不正确";
                    request.setAttribute("msg", msg);
                    request.getRequestDispatcher("login.jsp").forward(request, response);
                }
            } catch(Exception e) {
                e.printStackTrace();
            }
        }
    }
}
```

上述代码通过 doGet() 方法响应注销请求，通过 doPost() 方法响应登录请求。

（2）查询学生信息

在项目的 org.ngweb.student.controller 包中新建名为 StudentController 的 Servlet，代码如下。

```java
package org.ngweb.student.controller;
import java.io.IOException;
import java.util.List;
import javax.servlet.ServletException;
import javax.servlet.http.HttpServlet;
import javax.servlet.http.HttpServletRequest;
import javax.servlet.http.HttpServletResponse;
import org.ngweb.student.dao.StudentDaoImpl;
import org.ngweb.student.dao.TypeDaoImpl;
import org.ngweb.student.pojo.Student;
```

```java
import org.ngweb.student.pojo.Type;

public class StudentController extends HttpServlet {
  private static final long serialVersionUID = 1L;

  public StudentController() {
    super();
  }

    protected void doGet(HttpServletRequest request, HttpServletResponse response) throws ServletException, IOException {
        request.setCharacterEncoding("utf-8");
        String operation = request.getParameter("operation");

        if(operation==null){
            query(request,response);
        }else if("find".equals(operation)){
            findStudent(request,response);
        }else if("add".equals(operation)){
            addStudent(request,response);
        }else if("delete".equals(operation)){
            deleteStudent(request,response);
        }else if("update".equals(operation)){
            updateStudent(request,response);
        }else if("getById".equals(operation)){
            getStudentById(request,response);
        }
    }
    void query(HttpServletRequest request, HttpServletResponse response) {/*代码见下文*/}
    void findStudent(HttpServletRequest request, HttpServletResponse response) {/*代码见下文*/}
    void addStudent(HttpServletRequest request, HttpServletResponse response) {/*代码见下文*/}
    void deleteStudent(HttpServletRequest request, HttpServletResponse response) {/*代码见下文*/}
    void updateStudent(HttpServletRequest request, HttpServletResponse response) {/*代码见下文*/}
    void getStudentById(HttpServletRequest request, HttpServletResponse response) {/*代码见下文*/}

    protected void doPost(HttpServletRequest request, HttpServletResponse response) throws ServletException, IOException {
       doGet(request, response);
    }
}
```

上述代码的 doGet() 方法中先获取参数名为 operation 的值，根据 operation 的值判断具体的操作。如果 operation 的值是 null，则查询所有学生的信息，可以在 StudentController 类中添加一个查询所有学生信息的方法 query()，代码如下。

```java
void query(HttpServletRequest request, HttpServletResponse response){
```

```
        StudentDao studentDao = new StudentDao();
        //根据StudentDao实例获得所有学生的信息
        List<Student> list=null;
        try {
            Student student = new Student();
            list = studentDao.search(student);
        } catch (Exception e) {
            e.printStackTrace();
        }
        //将学生信息存入请求域
        request.setAttribute("studentList", list);
        try {
            request.getRequestDispatcher("view.jsp").forward(request, response);
        } catch (ServletException e) {
            e.printStackTrace();
        } catch (IOException e) {
            e.printStackTrace();
        }
    }
```

如果operation的值是"find"，则根据id、name或age查询学生的信息，并显示学生信息。可以在StudentController类中添加一个根据条件查询学生信息的方法findStudent()，代码如下。

```
    void findStudent(HttpServletRequest request, HttpServletResponse response){
        Student student = new Student();
        String idStr = request.getParameter("id");
        if(!idStr.equals("")){
            int id = Integer.parseInt(idStr);
            student.setId(id);
        }

        String name = request.getParameter("name");
        if(!name.equals("")){
            student.setName(name);
        }

        String ageStr = request.getParameter("age");
        if(!ageStr.equals("")){
            Byte age = Byte.parseByte(ageStr);
            student.setAge(age);
        }

        StudentDao studentDao = new StudentDao();
        List<Student> studentList = studentDao.search(student);
        request.setAttribute("studentList", studentList);

        try {
            request.getRequestDispatcher("view.jsp").forward(request, response);
        } catch (ServletException e) {
```

```
            e.printStackTrace();
        } catch (IOException e) {
            e.printStackTrace();
        }
    }
```

上述代码首先通过 request 对象获得请求参数 id、name 和 age 的值，再将请求参数的值赋值给 Student 类型的对象 student，然后通过调用 search 方法查询学生的对象集合，最后将查询的集合存放在请求域中，同时将请求转发到 view.jsp。

（3）添加学生信息

如果 operation 的值是"add"字符串，则添加学生的信息，并显示学生信息。可以在 StudentController 类中新增一个添加学生信息的方法 addStudent()，代码如下。

```
void addStudent(HttpServletRequest request, HttpServletResponse response){
    StudentDao studentDao = new StudentDao();
    Student student = new Student();
    student.setName(request.getParameter("name"));
    student.setAge(Byte.parseByte(request.getParameter("age")));
    student.setSex(request.getParameter("sex"));
    student.setAccount(request.getParameter("account"));
    student.setPassword(request.getParameter("password"));

    Type type = new Type();
    type.setId(Integer.parseInt(request.getParameter("typeId")));
    student.setType(type);

    try {
        studentDao.addStudent(student);
        response.sendRedirect("StudentController");
    }catch (IOException e) {
        e.printStackTrace();
    }catch (Exception e) {
        e.printStackTrace();
    }
}
```

上述代码通过 request 对象获得请求参数 name、age、sex、account、password 和 typeId，然后使用请求参数的值为 Student 类型的对象 student 赋值，最后调用 addStudent 方法添加学生信息，并将请求转发到 StudentController。

（4）删除学生信息

如果 operation 的值是字符串"delete"，则删除学生信息，并显示学生信息。可以在 StudentController 类中添加一个删除学生信息的方法 deleteStudent()，代码如下。

```
void deleteStudent(HttpServletRequest request, HttpServletResponse response){
    StudentDao studentDao = new StudentDao();
    int id = Integer.parseInt(request.getParameter("id"));
    try {
        studentDao.deleteStudent(id);
        response.sendRedirect("StudentController");//重定向，而不是转发
```

```
        }catch (IOException e) {
            e.printStackTrace();
        }catch (Exception e) {
            e.printStackTrace();
        }
    }
```

上述代码通过 request 对象获得请求参数 id 的值，然后调用 deleteStudent 方法删除指定 id 的记录，最后重定向到 StudentController。

（5）更新学生信息

如果 operation 的值是 "update" 字符串，则更新学生的信息并显示。可以在 StudentController 类中添加一个更新学生信息的方法 updateStudent()，代码如下。

```
    void updateStudent(HttpServletRequest request, HttpServletResponse
response){
        StudentDao studentDao = new StudentDao();
        Student student = new Student();
        student.setId(Integer.parseInt(request.getParameter("id")));
        student.setName(request.getParameter("name"));
        student.setAge(Byte.parseByte(request.getParameter("age")));
        student.setSex(request.getParameter("sex"));
        student.setAccount(request.getParameter("account"));
        student.setPassword(request.getParameter("password"));

        Type type = new Type();
        type.setId(Integer.parseInt(request.getParameter("typeId")));
        student.setType(type);

        try {
        studentDao.updateStudent(student);
            response.sendRedirect("StudentController");
        } catch (IOException e) {
            e.printStackTrace();
        } catch (Exception e) {
            e.printStackTrace();
        }
    }
```

为了提升客户体验，需要在用户更新学生信息之前就显示原来的信息，所以还需要在 StudentController 类中添加一个当 operation 的值是 "getById"，则根据 id 的值查询学生信息的方法，代码如下。

```
    void getStudentById(HttpServletRequest request, HttpServletResponse
response){
         StudentDao studentDao = new StudentDao();
         int id = Integer.parseInt(request.getParameter("id"));
         Student s = new Student();
         s.setId(id);
         List<Student> studentList = studentDao.search(s);
         Student student = studentList.get(0);
         request.setAttribute("student", student);
```

```
            try {
                request.getRequestDispatcher("update.jsp").forward(request,
response);
            } catch (ServletException e) {
                e.printStackTrace();
            } catch (IOException e) {
                e.printStackTrace();
            }
        }
```

上述代码首先通过 request 对象获得请求参数 id 的值，再新建 Student 类型的对象 student，并将请求参数 id 的值赋值给 student 对象的成员变量 id，然后通过调用 search 方法获得学生的对象集合，并将集合中的第一个对象存储在请求域，最后将请求转发到 update.jsp。

6. 显示层

由于控制层代码都转移到 Servlet 中，现在 JSP 只负责显示，代码相对前一版精简了很多。

将项目三设计好的 index.jsp、login.jsp、view.jsp、add.jsp 和 update.jsp 复制到 WebContent 目录中，删除 JSP 文件中的 page import 指令和程序标识，即 JSP 文件中的所有 Java 代码，修改表单的 action 属性值。然后对其中的 view.jsp 和 update.jsp 进行修改。

- view.jsp：需要将查询条件放宽，同时根据用户的类型显示不同的界面。
- update.jsp：需要修改<select>的 option 元素。

（1）显示学生信息

显示学生页面相对前一版做了两个方面的改进：一是可以根据学生的学号、姓名和年龄查询学生信息；二是通过<c:if>判断学生的类型，显示不同的界面。

```
<%@ page language="java" contentType="text/html; charset=UTF-8" pageEncoding="UTF-8"%>
<%@ taglib prefix="c" uri="http://java.sun.com/jsp/jstl/core"%>
<html>
<head>
<meta http-equiv="Content-Type" content="text/html; charset=UTF-8">
<title>学生信息管理系统主页</title>
<link rel="stylesheet" type="text/css" href="css/common.css"/>
<link rel="stylesheet" type="text/css" href="css/view.css"/>
</head>
<body>
  <div class="main">
    <div class="header">
       <h1>学生信息管理系统</h1>
    </div>

    <div class="content">
      <p>${account.type.name}: ${account.account}   <a href="LoginController">注销</a></p>

        <c:if test="${account.type.id==1}">
          <form action="StudentController" method="post" class="formclass">
```

```html
            <input type="hidden" name="operation" value="find" />
            id: <input type="text" name="id" value="" class="information"/>
            name: <input type="text" name="name" value="" class="information"/>
            age: <input type="text" name="age" value="" class="information"/>
            <input type="submit" value="查询" class="btn"/>
        </form>

        <a href="add.jsp">添加</a>

        <h2>学生信息列表</h2>
        <table border="1">
            <tr>
                <td>编号</td>
                <td>名称</td>
                <td>年龄</td>
                <td>性别</td>
                <td>账户</td>
                <td>密码</td>
                <td>类型</td>
                <td colspan="2">操作</td>
            </tr>

            <c:forEach items="${studentList}" var="student">
            <tr>
                <td>${student.id}</td>
                <td>${student.name}</td>
                <td>${student.age}</td>
                <td>${student.sex=='m'?"男":"女"}</td>
                <td>${student.account}</td>
                <td>${student.password}</td>
                <td>${student.type.name}</td>
                <td><a href="StudentController?id=${student.id}&operation=delete">删除</a></td>
                <td><a href="StudentController?id=${student.id}&operation=getById">更新</a></td>
            </tr>
            </c:forEach>
        </table>
    </c:if>

    <c:if test="${account.type.id==2}">
        <h2>学生信息列表</h2>
        <table border="1">
            <tr>
                <td>编号</td>
                <td>名称</td>
                <td>年龄</td>
                <td>性别</td>
                <td>账户</td>
                <td>密码</td>
                <td>类型</td>
```

```
            </tr>
            
            <tr>
              <td>${account.id}</td>
              <td>${account.name}</td>
              <td>${account.age}</td>
              <td>${account.sex=='m'?"男":"女"}</td>
              <td>${account.account}</td>
              <td>${account.password}</td>
              <td>${account.type.name}</td>
            </tr>
          </table>
        </c:if>
      </div>
      
      <div class="footer"><p>《Java EE 应用开发及实训》第 2 版（机械工业出版社）</p></div>
    </div>
  </body>
</html>
```

上述代码会在<c:if>中根据 account 对象（登录时存入 session 域）的 type 属性的 id 判断用户的类型，如果用户类型的 id 是 1，则允许用户对系统中的所有学生信息进行增删查改，如果 id 是 2，则只允许用户查看自己的信息。

（2）更新学生信息

将项目三的 update.jsp 复制到 WebContent 目录中，代码改为如下。

```
<%@ page language="java" contentType="text/html; charset=UTF-8"
    pageEncoding="UTF-8"%>
<html>
<head>
<meta http-equiv="Content-Type" content="text/html; charset=UTF-8">
<title>更新学生信息</title>
<link rel="stylesheet" type="text/css" href="css/common.css"/>
</head>
<body>
  <div class="main">
    <div class="header">
      <h1>学生信息管理系统</h1>
    </div>
    
    <div class="content">
      <h2>更新学生信息</h2>
      <form action="StudentController" method="post" onsubmit="return check()" class="contact_form">
        <input type="hidden" name="operation" value="update" />
        <input type="hidden" name="id" value="${student.id}" />
        <ul>
          <li class="usually">
            <span>用户名：</span>
            <input type="text" name="name" value="${student.name}" />
```

```html
          </li>
          <li class="usually">
            <span>年龄：</span>
            <input type="text" name="age" value="${student.age}" />
          </li>
          <li class="usually">
            <span>性别：</span>
            <input type="radio" name="sex" value="m" class="information" ${student.sex=="m" ? "checked":""} id="male"/>
            <label for="male">男</label>
            <input type="radio" name="sex" value="f" class="information" ${student.sex=="f" ? "checked":""} id="female"/>
            <label for="female">女</label>
          </li>
          <li class="usually">
            <span>账号：</span>
            <input type="text" name="account" value="${student.account}" />
          </li>
          <li class="usually">
            <span>密码：</span>
            <input type="text" name="password" value="${student.password}" />
          </li>
          <li class="usually">
            <span>类型：</span>
            <select name="typeId">
              <option value="1" ${student.type.id==1 ? "selected":""}>管理员</option>
              <option value="2" ${student.type.id==2 ? "selected":""}>用户</option>
            </select>
          </li>
          <li>
            <input type="submit" value="修改" class="submit" />
          </li>
        </ul>
      </form>
    </div>
    <div class="footer"><p>《Java EE 应用开发及实训》第 2 版（机械工业出版社）</p></div>
  </div>
  <script type="text/javascript" src="js/script.js"></script>
</body>
</html>
```

7. 前端设计

将第 2 章的前端设计成果复制到本项目中。
- 在 WebContent 目录下创建 css 目录，将第 3 章设计好的层叠样式表复制到这个目录中。
- 在 WebContent 目录下创建 js 目录，将第 3 章设计好的 JavaScript 文件复制到这个目录中。

- 在 WebContent 目录下创建 images 目录,将第 2 章中的图片 header.png 复制到这个目录中。

8. 项目配置

本项目的项目配置文件 web.xml 是 Eclipse 自动生成的,代码如下。

```xml
<?xml version="1.0" encoding="UTF-8"?>
<web-app xmlns:xsi="http://www.w3.org/2001/XMLSchema-instance" xmlns="http://java.sun.com/xml/ns/javaee" xsi:schemaLocation="http://java.sun.com/xml/ns/javaee http://java.sun.com/xml/ns/javaee/web-app_2_5.xsd" id="WebApp_ID" version="2.5">
    <display-name>student_mybatis</display-name>
    <welcome-file-list>
    <welcome-file>index.html</welcome-file>
    <welcome-file>index.htm</welcome-file>
    <welcome-file>index.jsp</welcome-file>
    <welcome-file>default.html</welcome-file>
    <welcome-file>default.htm</welcome-file>
    <welcome-file>default.jsp</welcome-file>
    </welcome-file-list>

    <servlet>
    <description></description>
    <display-name>LoginController</display-name>
    <servlet-name>LoginController</servlet-name>
    <servlet-class>org.ngweb.student.controller.LoginController</servlet-class>
    </servlet>
    <servlet-mapping>
    <servlet-name>LoginController</servlet-name>
    <url-pattern>/LoginController</url-pattern>
    </servlet-mapping>

    <servlet>
    <description></description>
    <display-name>StudentController</display-name>
    <servlet-name>StudentController</servlet-name>
    <servlet-class>org.ngweb.student.controller.StudentController</servlet-class>
    </servlet>
    <servlet-mapping>
    <servlet-name>StudentController</servlet-name>
    <url-pattern>/StudentController</url-pattern>
    </servlet-mapping>
</web-app>
```

9. 运行结果

项目运行的结果与项目三相近,以不同身份登录,界面和功能有些区别,如图 3-23 所示。

5.6 习题

1. 思考题

1）MyBatis 的工作原理是什么？
2）resultType 和 resultMap 的区别是什么？
3）JDBC 编程有哪些不足之处，MyBatis 是如何解决这些问题的？
4）如何理解 MyBatis 的主键回填？

2. 实训题

1）习题：选择题与填空题，见本书在线实训平台【实训 5-7】。
2）习题：MyBatis 设计与实现，见本书在线实训平台【实训 5-8】。
3）习题：基于 MyBatis 的图书管理系统的小型项目设计与实现，见本书在线实训平台【实训 5-9】。
4）测试：选择题与填空题（第 1～5 章），见本书在线实训平台【实训 5-10】。
5）测试：操作题之一（第 1～5 章），见本书在线实训平台【实训 5-11】。
6）测试：操作题之二（第 1～5 章），见本书在线实训平台【实训 5-12】。

第6章 Spring 技术

第 5 章学习了 MyBatis 技术的基本使用方法，并开发了基于 MyBatis 的学生信息管理系统。

从项目的功能和界面来看，这个项目已经完成了全部的开发任务，但是对于复杂一些的项目，这种开发技术存在结构不清晰，可扩展性不好的缺点。因此还要在这个基础上，学习新的技术 Spring，它能以灵活的方式架设项目，并提高项目的性能。

▶6.1 学生信息管理系统项目改进目标

到这个阶段，学生信息管理系统需要从架构设计方面转向更高的要求：采用 Spring 技术管理 MyBatis，使代码更简化，功能更强大。

为了实现这个目标，需要学习 Spring 的核心技术 IoC（Inversion of Control，控制反转）以及 AOP（Aspect Oriented Programming，面向切面的编程）。

▶6.2 Spring 入门

Spring 是由 Rod Johnson 组织和开发的一个分层的 Java SE/EE 一站式轻量级开源框架，它以 IoC 和 AOP 技术为内核，使用基本的 JavaBean 来完成工作。Spring 致力于 Java EE 应用各层的解决方案，它在表现层提供了与 Spring MVC、Struts2 框架的整合；在业务逻辑层可以管理事务和记录日志等；在持久层可以整合 MyBatis、Hibernate、JdbcTemplate 等技术。因此可以说 Spring 贯穿于表现层、业务逻辑层和持久层，但它并不想取代那些已有的框架，而是以高度的开放性与它们进行无缝集成。

> **提示：** JavaBean（简称 Bean）是一种可重用的 Java 组件，在语法上是满足一定规范的 Java 类，例如必须提供无参的构造方法，以及 getter 和 setter 方法。

6.2.1 Spring 入门实例

6-1 Spring 入门实例

【实训 6-1】Spring 入门实例

首先在 Eclipse 中创建一个 Java Project，命名为 chapter6。在项目中创建一个 lib 目录，并在目录中添加如图 6-1 所示的 JAR 包。最后右击所有的 JAR 包，将 JAR 包添加到 Build Path 中。

首先在 src 目录中创建 org.ngweb.chapter6.ioc 包，然后在包中新建类 Computer，代码如下。

```
package org.ngweb.chapter6.ioc;
```

```
public class Computer {
    public void surf(){
        System.out.println("上网");
    }
}
```

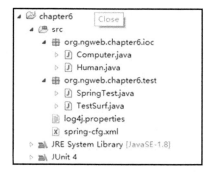

图 6-1　Spring 入门实例架构

上述代码的 Computer 类中有一个 surf 方法，即输出字符串"上网"。下面分别采用两种方式来调用这个 surf 方法。

1. 传统模式

在 org.ngweb.chapter6.test 包中创建一个类，代码如下。

```
package org.ngweb.chapter6.test;
import org.ngweb.chapter6.ioc.Computer;

public class TestSurf {
    public static void main(String[] args) {
        Computer computer = new Computer();
        computer.surf();
    }
}
```

运行这个类，将会实例化 Computer，并调用它的 surf()方法，输出字符串"上网"。

2. IoC 模式

在 src 下新建一个 spring-cfg.xml 文件，内容如下。

```
<?xml version='1.0' encoding='UTF-8' ?>
<!-- was: <?xml version="1.0" encoding="UTF-8"?> -->
<beans xmlns="http://www.springframework.org/schema/beans"
  xmlns:xsi="http://www.w3.org/2001/XMLSchema-instance" xmlns:p="http://
www.springframework.org/schema/p"
    xmlns:aop="http://www.springframework.org/schema/aop" xmlns:tx="http:
//www.springframework.org/schema/tx"
    xmlns:context="http://www.springframework.org/schema/context"
    xsi:schemaLocation="http://www.springframework.org/schema/beans
    http://www.springframework.org/schema/beans/spring-beans-4.0.xsd
    http://www.springframework.org/schema/aop
```

```
                http://www.springframework.org/schema/aop/spring-aop-4.0.xsd
                http://www.springframework.org/schema/tx
                http://www.springframework.org/schema/tx/spring-tx-4.0.xsd
                http://www.springframework.org/schema/context
                http://www.springframework.org/schema/context/spring-context-4.0.xsd">

    <bean id="computer" class="org.ngweb.chapter6.ioc.Computer"/>
</beans>
```

上述配置文件的根元素是 beans，beans 的子元素 bean 中创建了一个 id 为 computer 的对象，即一个 Bean。相当于 Spring IoC 容器执行了下述代码。

```
Computer computer= new Computer();
```

在 org.ngweb.chapter6.test 包中新建一个单元测试类（JUnit Test Case），命名为 SpringTest，第一次创建时，还要添加 JUnit4 的 Jar 包，并在类中添加测试方法。

```
package org.ngweb.chapter6.test;
import org.junit.Test;
import org.ngweb.chapter6.ioc.Computer;
import org.springframework.context.ApplicationContext;
import org.springframework.context.support.ClassPathXmlApplication-
Context;

public class SpringTest {

    @SuppressWarnings("resource")
    @Test
    public void springIoCTest(){
        ApplicationContext ac = new ClassPathXmlApplicationContext
("spring-cfg.xml");
        Computer computer=(Computer) ac.getBean("computer");
        computer.surf();
    }
}
```

上述代码通过 ApplicationContext 的实现类 ClassPathXmlApplicationContext 初始化 Spring IoC 容器，然后通过 IoC 容器的 getBean()方法获得 id 为 computer 的实例，下述代码的作用是将 IoC 容器创建的实例赋值给变量 computer。

```
Computer computer=(Computer) ac.getBean("computer");
```

最后调用实例的 surf()方法，控制台的输出如图 6-2 所示。

图 6-2　Spring 入门实例效果图

3. 传统模式和 IoC 模式的比较

上述两种调用 surf() 的方法的主要区别在于由谁来实例化 Computer。
- 传统模式：由调用者通过 new 操作符直接创建一个实例，然后通过这个实例调用所需要的方法。
- IoC 模式：调用者委托 IoC 容器创建实例，然后再从 IoC 容器中取得这个实例，通过这个实例调用所需要的方法。

从表面上看，两者差别不大，但是 IoC 容器可以合理地管理项目的所有实例，可以大大提升程序的可扩展性、灵活性，并且还能提高程序的运行效率。

6.2.2 Spring 的核心容器

Spring 框架的主要内容是通过其核心容器来实现的，Spring 框架提供了两种核心容器，分别为 BeanFactory 和 ApplicationContext。
- BeanFactory 接口：基础类型的 IoC 容器，是管理 Bean 的工厂，主要负责初始化各种 Bean，并调用它们生命周期的方法。
- ApplicationContext 接口：BeanFactory 的子接口，在 BeanFactory 的基础上添加了对资源访问、事件传播等方面的支持，主要通过 ClassPathXmlApplicationContext 或 FileSystemXmlApplicationContext 创建。

创建 Spring 容器后就可以获取 Spring 容器中的 Bean，Spring 容器获取 Bean 通常采用以下两种方式。
- Obejct getBean(String name)：根据容器中 bean 的 id 或 name 获取指定的 bean。
- <T> T getBean(Class<T> requiredType)：根据类的类型获取 Bean 的实例。

▶6.3 依赖注入

前述入门实例是控制反转（IoC）的一个例子，原来是由调用者作为主角的，现在反过来，由 IoC 容器作为主角，Spring 框架的核心就是 IoC。

例如当某个 Java 对象（调用者）需要调用另一个 Java 对象（被调用者）时，在传统模式下，调用者通常使用 new 的方式创建对象，然后调用创建的对象，这样不利于后期项目的升级和维护。传统模式下的核心代码片段如下。

```
Computer computer= new Computer();
computer.surf();
```

在使用 Spring 框架后，对象的实例不再由调用者创建，而是由 Spring 容器来创建，这样控制权从调用者转移到 Spring 容器，控制权发生了反转，这就是 Spring 的控制反转。IoC 模式下的核心代码片段如下。

```
Computer computer=(Computer) ac.getBean("computer");
computer.surf();
```

两种模式的区别在于创建实例的途径不同。

这里还有一个问题：采用 getBean 来取得一个实例还是不够灵活，能否让 IoC 直接提供一个实例给调用者，也就是注入给调用者？

答案是通过下述两种注入方式将一个实例提供给调用者，而调用者仅仅是被动接收所需要的实例。

- 属性 setter 方法注入：Spring 容器通过 setter 方法注入被依赖的实例。
- 构造方法注入：Spring 容器通过构造方法注入被依赖的实例。

这时，Spring 容器负责控制实例之间的依赖关系，根据设计好的依赖关系向一个实例注入另一个实例，这就是 Spring 的依赖注入（DI）。

Spring 容器既负责创建对象，也负责注入被依赖对象，因此，IoC 和 DI 的含义基本相同，只是从不同的角度描述同一个问题，采用不同的术语时的侧重点不同。

6.3.1 属性 setter 方法注入

【实训 6-2】 依赖注入（属性 setter 注入）

采用属性 setter 方法注入时，Spring 容器先调用无参构造器实例化 Bean，然后使用 Bean 的 setter 方法注入被依赖的实例，注意以下两点。

- Bean 类必须提供一个无参构造器。
- Bean 类必须为需要注入的属性提供对应的 setter 方法。

在项目 chapter6 的 org.ngweb.chapter6.ioc 包中新建 Human 类，代码如下。

```
package org.ngweb.chapter6.ioc;

public class Human {
    private Computer computer;

    public void setComputer(Computer computer) {  // 用于注入的setter方法
        this.computer = computer;
    }

    public void useComputer(){
        computer.surf();
    }
}
```

上述代码中的成员变量 computer 没有初始化，只有一个与之对应的 setter 方法，但是在 useComputer()方法中却可以直接调用 computer 的方法 surf()，这是因为在初始化容器时，指定了将 Computer 实例注入 Human 实例中。

初始化容器是在 spring-cfg.xml 中实现的，代码如下。

```
<?xml version='1.0' encoding='UTF-8'?>
<!-- was: <?xml version="1.0" encoding="UTF-8"?> -->
<beans xmlns="http://www.springframework.org/schema/beans"
   xmlns:xsi="http://www.w3.org/2001/XMLSchema-instance" xmlns:p="http://www.springframework.org/schema/p"
    xmlns:aop="http://www.springframework.org/schema/aop" xmlns:tx="http://www.springframework.org/schema/tx"
    xmlns:context="http://www.springframework.org/schema/context"
```

```xml
xsi:schemaLocation="http://www.springframework.org/schema/beans
   http://www.springframework.org/schema/beans/spring-beans-4.0.xsd
   http://www.springframework.org/schema/aop
   http://www.springframework.org/schema/aop/spring-aop-4.0.xsd
   http://www.springframework.org/schema/tx
   http://www.springframework.org/schema/tx/spring-tx-4.0.xsd
   http://www.springframework.org/schema/context
   http://www.springframework.org/schema/context/spring-context-4.0.xsd">

    <bean id="computer" class="org.ngweb.chapter6.ioc.Computer"/>

    <bean id="human" class="org.ngweb.chapter6.ioc.Human">
        <property name="computer" ref="computer"/> <!-- 这是 setter 方法注入的格式要求 -->
    </bean>
</beans>
```

上述配置定义了两个 Bean，它们的 id 分别是 computer 和 human，这两个 Bean 是有依赖关系的，human 依赖 computer。元素 property 用于属性 setter 注入，将 ref 引用的 Bean 注入 name 指定的属性中。

由于 human 依赖 computer，因此 computer 先创建，human 后创建，否则在注入时就会找不到被注入的实例。

在 SpringTest 类中添加测试方法，代码如下。

```java
@Test
public void springIoCTest2(){
    ApplicationContext ac = new ClassPathXmlApplicationContext("spring-cfg.xml");
    Human human = ac.getBean(Human.class);
    human.useComputer();
}
```

上述代码通过 ClassPathXmlApplicationContext 初始化 Spring IoC 容器，并通过 IoC 容器获得 id 为 human 的 Bean。从 IoC 容器得到的 human 实例已经被注入了 computer 实例，因此才能直接调用 human 的 useComputer()方法。

调用实例的 useComputer()的结果如图 6-3 所示。

```
信息: Loading XML bean definitions from class path resource [spring-cfg.xml]
上网
```

图 6-3　属性 setter 方法注入的效果图

6.3.2　构造方法注入

【实训 6-3】　依赖注入（构造方法注入）

Spring 容器可以使用带参数的构造器注入被依赖的实例，下面修改 Human 类的代码。

```java
package org.ngweb.chapter6.ioc;

public class Human {
```

```java
    private Computer computer;

    public Human(Computer computer) {   // 用于注入的构造方法
        this.computer = computer;
    }

    public void useComputer(){
        computer.surf();
    }
}
```

上述代码为类 Human 添加一个带参数的构造器，构造器中传入的是 Computer 类型的参数。接下来修改 spring-cfg.xml 中 id 为 human 的 Bean 的配置，代码如下。

```xml
<bean id="computer" class="org.ngweb.chapter6.ioc.Computer"/>

<bean id="human" class="org.ngweb.chapter6.ioc.Human">
    <constructor-arg index="0" ref="computer"/>  <!-- 这是构造方法注入的格式要求 -->
</bean>
```

与前一小节不同的是，通过 constructor-arg 元素将 id（ref）为 computer 的 Bean 注入构造方法中。

constructor-arg 元素用于构造方法注入，index 属性用于定义参数的位置，而 ref 用于指定被注入的 Bean。

在 SpringTest 类中添加测试方法，代码如下（代码与前一小节的测试代码相同）。

```java
@Test
public void springIoCTest3(){
    ApplicationContext ac = new ClassPathXmlApplicationContext("spring-cfg.xml");
    Human human =(Human) ac.getBean("human");
    human.useComputer();
}
```

上述代码通过 ClassPathXmlApplicationContext 初始化 Spring IoC 容器，通过 getBean()方法获得 id 为 human 的 Bean，调用 Bean 的 useComputer()方法。运行效果如图 6-4 所示。

```
信息: Loading XML bean definitions from class path resource [spring-cfg.xml]
上网
```

图 6-4　构造器注入的效果图

Spring 中 XML 配置文件的根元素是 Beans，Beans 中包含多个子元素 bean。bean 元素和其子元素的常用属性见表 6-1。

表 6-1　bean 元素和其子元素的常用属性

属性或子元素名称	描述
id	Bean 的唯一标识符
name	Bean 的标识，可指定多个名称（名称用逗号分开）
class	指定 Bean 的全限定类名

（续）

属性或子元素名称	描述
scope	设定 Bean 的作用域，例如 singleton（默认，容器只会存在一个单例的 Bean 实例）、prototype（Spring 容器会对每一个请求的 Bean 创建新的实例）
constructor-arg	bean 元素的子元素，用带参构造器实例化 Bean，它的属性 index 从 0 开始，type 指定参数类型，ref 或 value 指定值
property	bean 元素的子元素，通过 Bean 的 setter 方法完成依赖注入，其属性 ref 或 value 用于指定值
ref	用于指定 Bean 的实例的引用
value	直接指定一个常量值

▶6.4 Bean 的装配方式

【实训 6-4】 Bean 的装配方式

Spring 在创建 Bean 的实例时，需要注入实例所依赖的对象，而 Bean 的装配就是创建对象的协作关系。Spring 支持如下几种 Bean 的装配方式。

- 基于 XML 的装配：包括属性 setter 注入和构造器注入，前面已经详细讲解过。
- 基于注解（Annotation）的装配：这是很常用的，下面详细讲解。
- 自动装配：这是很常用的，下面详细讲解。

6-2 Bean 的装配方式

6.4.1 基于注解的装配

Spring 中使用 XML 配置 Bean 会导致 XML 配置文件过于臃肿，给后续的维护和升级带来一定的困难。为此 Spring 提供了对 Annotation 的全面支持。Spring 中定义了一系列的注解，常用注解见表 6-2。

表 6-2 Spring 常用注解

注解	描述
@Component	描述 Spring 中的一个 Bean，表示一个组件，可以作用在任何层次
@Repository	将数据访问层（DAO 层）的类标识为 Spring 中的 Bean，其功能与 @Component 相同
@Service	将业务层（Service 层）的类标识为 Spring 中的 Bean，其功能与 @Component 相同
@Controller	将控制层（Controller 层）的类标识为 Spring 中的 Bean，其功能与 @Component 相同
@Autowired	对 Bean 的属性及其 setter 方法及构造器进行标注，配合对应的注解处理完成 Bean 的自动配置工作。默认按照 Bean 的类型进行装配
@Value	为成员变量注入值，可以是常量，也可以是配置文件中的属性值

🔍 提示：注解（Annotation）和注释（Comment）是完全不同的要素，注释是给人（程序员）看的，而注解是给计算机（编译程序）看的，告诉编译程序如何处理。

下面通过实例说明 Spring 注解的使用方法。在 chapter6 项目的 src 目录下新建 org.ngweb.chapter6.annotation 包，并在包中新建 Role 类，代码如下。

```
package org.ngweb.chapter6.annotation;
import org.springframework.beans.factory.annotation.Value;
```

```
import org.springframework.stereotype.Component;

@Component
public class Role {
    @Value("1")
    public Integer id;

}
```

上述代码在 Role 类名上添加了@Component 注解，即表示 Spring 可以扫描此类并将其作为 Bean 管理起来，且 Bean 的名称为 role。在成员变量 id 上添加@Value 注解，即为 id 注入整数 1。

然后在包 org.ngweb.student.annotation 中新建 PojoConfig 类来扫描对象，代码如下。

```
package org.ngweb.chapter6.annotation;
import org.springframework.context.annotation.ComponentScan;

@ComponentScan
public class PojoConfig {

}
```

这个类中没有方法，注解@ComponentScan 代表扫描对象，默认情况下 Spring IoC 容器会扫描当前包中的 Bean。

最后在 SpringTest 类中添加测试方法，代码如下。

```
@Test
public void springAnnotationComponent(){
    ApplicationContext ac = new AnnotationConfigApplicationContext(PojoConfig.class);
    Role role =(Role) ac.getBean(Role.class);
    System.out.println(role.id);
}
```

上述代码先通过 ApplicationContext 的实现类 AnnotationConfigApplicationContext 初始化 Spring IoC 容器，然后通过容器获得 Bean 的实例 role，最后打印 role 的信息，效果如图 6-5 所示。需要注意的是，如果通过此容器获得 XML 文件中配置的 Bean，控制台会提示没有指定的 Bean，原因是此容器只负责扫描范围内添加了注解的 Bean。

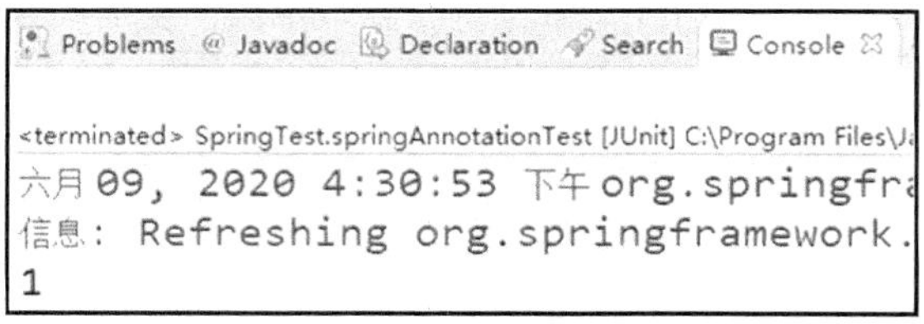

图 6-5 @Component 装配 bean 的效果图

6.4.2 自动装配

自动装配是由 Spring 自己发现对应的 Bean，并注入其他 Bean 的属性中。

在 org.ngweb.student.annotation 包中新建类 BeanA，代码如下。

```java
package org.ngweb.chapter6.annotation;
import org.springframework.beans.factory.annotation.Autowired;
import org.springframework.stereotype.Component;

@Component
public class BeanA {
    @Autowired
    public BeanB beanB;
}
```

上述代码通过 Autowired 自动装配 BeanB 类型的对象，其中 BeanB 的代码如下。

```java
package org.ngweb.chapter6.annotation;
import org.springframework.stereotype.Component;

@Component
public class BeanB {

}
```

上述代码中的类 BeanB 里面没有成员变量和方法。

由于扫描对象的类 PojoConfig 已经存在，只需在 SpringTest 类中添加测试方法，代码如下。

```java
@Test
public void springAnnotationTest(){
    ApplicationContext ac = new AnnotationConfigApplicationContext(PojoConfig.class);
    BeanA beanA =(BeanA) ac.getBean("beanA");
    System.out.println(beanA.beanB);
}
```

上述代码采用 Autowired 注解，向 BeanA 类自动注入 BeanB 类的 Bean，运行结果如图 6-6 所示。在传统模式下，程序员要自己做（通过 new 创建，要编写代码），在 XML 装配方式下，程序员要告诉 Spring 如何做（setter 注入还是构造注入，但程序员还是要编写接受注入的代码），而在基于注解和自动装配方式下，程序员只要通过注解告诉 Spring 做什么（Spring 自动扫描和自动注入，程序员不需编写代码）。

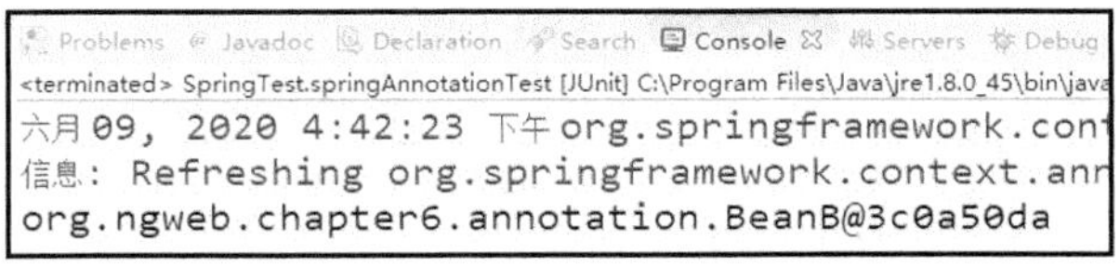

图 6-6　自动装配的效果图

6.4.3　装配的混合使用

一般自定义的类使用注解方式装配 Bean，而第三方的类使用 xml 方式装配 Bean。如果同时使用 xml 方式和注解方式装配 Bean，则可以在 xml 中引入注解中装配的 Bean，此时需要在 spring-cfg.xml 中添加 context 元素，代码如下。

```xml
<context:component-scan base-package="org.ngweb.chapter6.annotation" />
```

上述代码中的 base-package 用来扫描指定包中注解过的 Bean。

在 SpringTest 类中添加测试方法，代码如下。

```
@Test
public void springMergeTest(){
    ApplicationContext ac = new ClassPathXmlApplicationContext("spring-cfg.xml");
    Role role =(Role) ac.getBean("role");
    System.out.println(role.id);
}
```

上述代码通过 ClassPathXmlApplicationContext 初始化 Spring IoC 容器，然后通过 IoC 容器获得 id 为 role 的 Bean，运行效果如图 6-7 所示，说明注解中装配的 Bean 已经被 XML 方式对应的 Spring IoC 容器管理起来了。

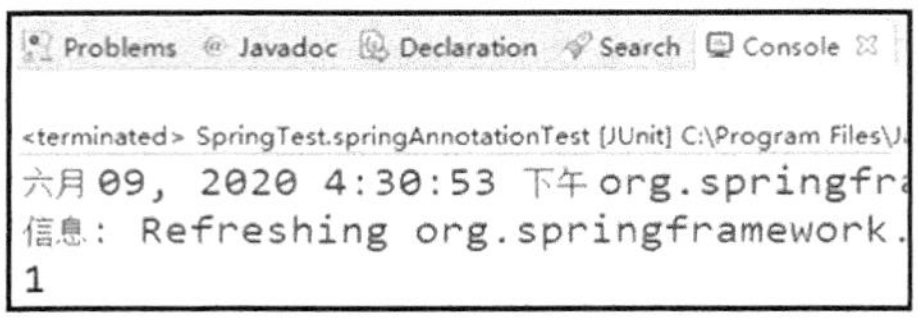

图 6-7　混合装配的效果图

▶6.5　AOP

AOP 的全称是 Aspect-Oriented Programming，即面向切面的编程，它采取横向抽取机制，将分散在各个方法中的重复代码提取出来，然后在程序编译或运行时再将这些抽取出来的代码应用到需要执行的地方。这样开发人员在编写业务逻辑时可以专心于核心业务，而不用过多地关心其他业务逻辑的实现，不仅提高了开发效率，而且增强了代码的可维护性。

6.5.1　AOP 的概念

在学习 AOP 之前，需要了解一下 AOP 的术语，见表 6-3。

表 6-3　AOP 的术语

术　语	描　述
Aspect（切面）	用于横向切入系统功能的类，例如事务、日志等
Joinpoint（连接点）	对象的方法
Pointcut（切入点）	切面与程序流程的交叉点，即需要处理的连接点，一般指类或方法名
Advice（通知/增强处理）	在切入点执行的程序代码，即切面中的方法，是切面的具体实现
TargetObject（目标对象）	所有被通知的对象，即被增强的对象
Proxy（代理）	将通知应用到目标对象之后的对象
Weaving（织入）	将切面代码插入到目标对象上生成代理对象的过程

其中通知（也称为增强处理）是 AOP 的核心部分，切面的核心逻辑代码都写在通知中，通知类型按照目标类方法的连接点位置可以分为五种，见表 6-4。

表 6-4 通知类型

通 知 类 型	描 述
环绕通知	可以取代当前目标对象的方法
前置通知	在原有对象方法或环绕通知前执行的通知
后置通知	在原有对象方法或执行环绕通知后执行的通知
异常通知	在原有对象方法或执行环绕通知产生异常后执行的通知
返回通知	在原有对象方法或执行环绕通知后正常返回执行的通知

6.5.2 Spring AOP 入门实例

【实训 6-5】 Spring AOP 入门实例

从 Spring 2.0 开始,Spring AOP 引入了对 AspectJ 的支持(一个基于 Java 语言的 AOP 框架),AspectJ 框架为 AOP 的实现提供了一套注解,具体见表 6-5。

6-3 AOP 入门实例

表 6-5 AOP 注解

注 解 名 称	描 述
@Aspect	用于定义一个切面
@Pointcut	切入点表达式,使用时需要定义一个包含名字和任意参数的方法,这个方法的返回值是 void,方法体为空
@Before	前置通知
@AfterReturning	返回通知,被代理对象的方法执行过程中没有发生异常时执行
@Around	环绕通知
@AfterThrowing	异常通知,被代理对象的方法执行过程中发生异常时执行
@After	后置通知,不管是否异常,该通知都会执行

下面通过实例说明用 AspectJ 开发 AOP 的过程。

首先在 chapter6 中加入 aspectjweaver-1.8.10.jar 和 spring-aspects-4.3.2.RELEASE.jar 两个 jar 包,具体如图 6-8 所示。

在目录 src 中新建 org.ngweb.chapter6.aop 包,并在包中新建接口 RoleService。

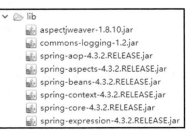

图 6-8 AOP 开发相关 Jar 包

```
package org.ngweb.chapter6.aop;

public interface RoleService {
    void print();
}
```

接下来在 org.ngweb.chapter6.aop 包中新建 RoleService 的实现类 RoleServiceImpl,代码如下。

```
package org.ngweb.chapter6.aop;

public class RoleServiceImpl implements RoleService{
    @Override
    public void print() {
        System.out.println("调用了实现类RoleServiceImpl的print方法");
    }
```

}

在包 org.ngweb.chapter6.aop 中新建 LogAspect 类，代码如下。

```
package org.ngweb.chapter6.aop;
import org.aspectj.lang.annotation.Aspect;
import org.aspectj.lang.annotation.Before;
import org.aspectj.lang.annotation.Pointcut;

@Aspect
public class LogAspect {
    @Pointcut("execution(*  org.ngweb.chapter6.aop.RoleServiceImpl.print(..))")
    public void weave(){

    }

    @Before("weave()")
    public void before(){
        System.out.println("before..........");
    }
}
```

上述代码通过@Aspect 指定 LogAspect 是一个切面类，同时通过@Pointcut 指定类 org.ngweb.chapter6.aop.RoleServiceImpl 中的方法 print 为切入点，最后通过@Before 指定 before 方法为前置通知，即在 print 方法运行前调用 before 方法。

在 spring-cfg.xml 文件中添加如下配置。

```
<!-- 启动基于注解的声明式 AspectJ 支持 -->
<aop:aspectj-autoproxy/>
<bean id="logAspect" class="org.ngweb.chapter6.aop.LogAspect" />
<bean id="roleService" class="org.ngweb.chapter6.aop.RoleServiceImpl"/>
```

上述代码通过<aop:aspectj-autoproxy/>元素启动 AspectJ，然后装配了切面类对应的 Bean 和 RoleServiceImpl 类型的 Bean。

最后在 SpringTest 类中添加测试方法，代码如下。

```
@Test
public void springAOPTest(){
    ApplicationContext ac = new ClassPathXmlApplicationContext("spring-cfg.xml");
    RoleService roleService =(RoleService) ac.getBean("roleService");
    roleService.print();
}
```

上述代码是通过 spring-cfg.xml 文件初始化 Spring IoC 容器，并通过容器获得 RoleService 类型的实例。运行后的效果如图 6-9 所示。说明切面的增强通知已织入到切入点 print()方法中。

```
信息: Loading XML bean definitions from class path resource [spring-cfg.xml]
before..........
调用了实现类RoleServiceImpl 的print 方法
```

图 6-9　AOP 运行结果

6.6 项目六：基于 MyBatis-Spring 的学生信息管理系统

本项目是在项目五的基础上整合了 Spring 和 MyBatis 框架，并通过 Spring 框架来管理 MyBatis 框架，同时在原有的项目中增加了服务层，通过控制层来调用服务层代码。

6.6.1 项目描述

1. 项目概况

项目名称：student_sm（学生信息管理系统之六）
数据库名：mybatis2

2. 需求分析和功能设计

项目的本阶段没有新的用户需求，与第 5 章的项目五完全相同，不再赘述。与项目五的不同在于实现方式改为采用 MyBatis-Spring 技术。

3. 数据结构设计

本项目的数据库结构与第 3 章的项目三完全相同，不再赘述。

6.6.2 项目实施

【实训 6-6】 项目六 基于 MyBatis-Spring 的学生信息管理系统

1. 创建项目

首先创建一个名为 student_sm 的动态 Web 项目，项目架构如图 6-10 所示。

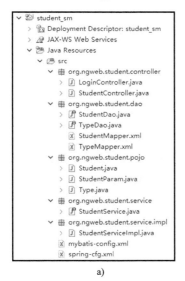

图 6-10 基于 Spring 和 MyBatis 的学生信息管理系统架构图
a) Java 包和 Java 类 b) 视图和配置文件

由于此项目使用了 Spring 框架和 MyBatis 框架，需要导入相关 JAR 包，如图 6-11 所示。

图 6-11　Spring 和 MyBatis 框架的 JAR 包

2. 创建数据库结构

本项目的数据库结构与第 3 章的项目三完全相同，不再赘述。

3. POJO 类

由于本项目有两张表，需要分别为两张表添加 POJO 类，其中与 t_type 表对应的 Type 类代码如下。

```
package org.ngweb.student.pojo;

public class Type {
  private Integer id;
  private String name;

  /*getters 和 setters*/
}
```

而与 t_student 表对应的 Student 类代码如下。

```
package org.ngweb.student.pojo;

public class Student {
  private Integer id;
  private String name;
  private Byte age;
  private String sex;
  private String account;
  private String password;
  private Type type;              //Type 类，对应 t_type 表

  /*getters 和 setters*/
}
```

由于学生与用户之间的关系是多对一，可以在 Student 类中添加 Type 类型的成员变量。

最后需要为添加学生信息表单和更新学生信息表单创建一个关于学生参数的 StudentVO 类，它的作用是封装学生信息表单中的数据，与 Student 类的不同在于外键的处理。代码如下。

```
package org.ngweb.student.pojo;

public class StudentVO {
  private Integer id;
  private String name;
  private Byte age;
  private String sex;
  private String account;
  private String password;
  private Integer typeId;         //外键列

  /*getters 和 setters*/
}
```

上述代码的 StudentVO 类属于显示层的数据模型。

4. DAO 类及配置

（1）用户类型的 DAO 层

在项目 student_sm 的 src 目录中新建名为 org.ngweb.student.dao 的包，在包中新建名为 TypeDao 的接口。为简化演示，对 t_type 表不做增删改操作。代码如下。

```
package org.ngweb.student.dao;
import org.ngweb.student.pojo.Type;
import org.springframework.stereotype.Repository;

@Repository("typeDao")
public interface TypeDao {
  //根据 id 查询类型
  public Type getById(Integer id);
}
```

接下来开发与 TypeDao 对应的映射器，在 org.ngweb.student.dao 包中新建 TypeMapper.xml，代码如下。

```
<?xml version="1.0" encoding="UTF-8" ?>
<!DOCTYPE mapper PUBLIC "-//mybatis.org//DTD Mapper 3.0//EN"
  "http://mybatis.org/dtd/mybatis-3-mapper.dtd">

<mapper namespace="org.ngweb.student.dao.TypeDao">
  <select id="getById" parameterType="int" resultType="type">
    select id, name from t_type where id = #{id}
  </select>
</mapper>
```

上述代码中的 SQL 语句的作用是通过 id 查询 t_type 表中的记录。

（2）学生管理的 DAO 层

在项目 student_sm 的 org.ngweb.student.dao 包中新建名为 StudentDao 的接口，代码如下。

```
package org.ngweb.student.dao;
import java.util.List;
```

```java
import org.ngweb.student.pojo.Student;
import org.springframework.stereotype.Repository;

@Repository("studentDao")
public interface StudentDao {
    //添加学生信息
    public int addStudent(Student student);
    //更新学生信息
    public int updateStudent(Student student);
    //删除学生信息
    public int deleteStudent(int id);
    //根据条件查询学生的信息
    public List<Student> search(Student student);
}
```

上述代码中的方法只针对 t_student 表进行增删查改，不处理其他业务逻辑。

接下来创建接口 StudentDao 的映射文件 StudentMapper.xml，在 org.ngweb.student.dao 包中新建 StudentMapper.xml，代码如下。

```xml
<?xml version="1.0" encoding="UTF-8" ?>
<!DOCTYPE mapper
  PUBLIC "-//mybatis.org//DTD Mapper 3.0//EN"
  "http://mybatis.org/dtd/mybatis-3-mapper.dtd">

<mapper namespace="org.ngweb.student.dao.StudentDao">

    <insert id="addStudent" parameterType="student">
        insert into t_student values
        (null,#{name},#{age},#{sex},#{account},#{password},#{type.id})
    </insert>

    <update id="updataStudent" parameterType="student">
        update t_student
        <set>
            <if test="name!=null and name!=''">
                name = #{name},
            </if>

            <if test="age!=null and age!=''">
                age= #{age},
            </if>

            <if test="sex!=null and sex!=''">
                sex= #{sex},
            </if>

            <if test="account!=null and account!=''">
                account= #{account},
            </if>

            <if test="password!=null and password!=''">
                password= #{password},
```

```xml
        </if>

        <if test="type!=null and type.id!=null">
            type_id= #{type.id}
        </if>
    </set>
    where id = #{id}
</update>

<delete id="deleteStudent" parameterType="int">
    delete from t_student where id=#{id}
</delete>

<resultMap type="student" id="studentMap">
    <id column="id" property="id" />
    <result column="name" property="name" />
    <result column="age" property="age" />
    <result column="sex" property="sex" />
    <result column="account" property="account"/>
    <result column="password" property="password" />
    <association column="type_id" property="type"
        select="org.ngweb.student.dao.TypeDao.getById"/>
</resultMap>

<select id="search" parameterType="student" resultMap="studentMap">
    select id, name, age, sex, account, password, type_id from t_student
    <where>
        <if test="id!=null">
            and id=#{id}
        </if>

        <if test="name!=null and name!=''">
            and name like concat('%', #{name}, '%')
        </if>

        <if test="age!=null">
            and age=#{age}
        </if>

        <if test="account!=null and account!=''">
            and account=#{account}
        </if>

        <if test="password!=null and password!=''">
            and password=#{password}
        </if>
    </where>
</select>
</mapper>
```

（3）MyBatis 配置

在与 Spring 框架整合的过程中，MyBatis 框架的配置变得简单了，环境配置等交给 Spring 管理，后面讲解。在 src 目录下新建 mybatis-config.xml 文件，代码如下。

```xml
<?xml version="1.0" encoding="UTF-8" ?>
<!DOCTYPE configuration PUBLIC "-//mybatis.org//DTD Config 3.0//EN"
  "http://mybatis.org/dtd/mybatis-3-config.dtd">

<configuration>
  <typeAliases>
    <package name="org.ngweb.student.pojo"/>
  </typeAliases>

  <mappers>
    <mapper resource="org/ngweb/student/dao/TypeMapper.xml"/>
    <mapper resource="org/ngweb/student/dao/StudentMapper.xml"/>
  </mappers>
</configuration>
```

5. 服务类

由于控制类中的代码既要获取客户端的参数，又要处理业务逻辑，最后还要根据业务逻辑的结果响应客户端，所以需要将业务逻辑相关的代码分离开来，便于后期维护。

（1）学生管理的服务类

由于服务层是基于接口编程，需要先新建服务类的接口。在 src 目录下创建 org.ngweb.student.service 包，在包中新建 StudentService 接口，代码如下。

```java
package org.ngweb.student.service;
import java.util.List;
import org.ngweb.student.pojo.Student;
import org.ngweb.student.pojo.StudentVO;

public interface StudentService {
    //添加学生信息
    public int addStudent(StudentVO studentVO);
    //更新学生信息
    public int updateStudent(StudentVO studentVO);
    //根据id删除学生信息
    public int deleteStudent(int id);
    //查询所有学生信息
    public List<Student> query();
    //根据条件查询学生信息
    public List<Student> search(StudentVO studentVO);
    //根据id查询学生信息
    public Student getById(int id);
    //判断学生的用户名和密码是否正确
    public boolean isExistent(StudentVO studentVO);
}
```

接下来需要实现 StudentService 接口，在 src 中新建名为 org.ngweb.student.service.impl 的包，在包中新建名为 StudentServiceImpl 的类。

```java
package org.ngweb.student.service.impl;
import java.util.List;
import org.ngweb.student.dao.StudentDao;
```

```java
import org.ngweb.student.dao.TypeDao;
import org.ngweb.student.pojo.Student;
import org.ngweb.student.pojo.StudentVO;
import org.ngweb.student.pojo.Type;
import org.ngweb.student.service.StudentService;
import org.springframework.beans.factory.annotation.Autowired;
import org.springframework.stereotype.Service;

@Service("studentService")         //自动扫描
public class StudentServiceImpl implements StudentService{

    @Autowired                     //自动装配
    private StudentDao studentDao;

    @Override
    public int addStudent(StudentVO studentVO) {
        Student student = new Student();
        student.setId(studentVO.getId());
        student.setName(studentVO.getName());
        student.setAge(studentVO.getAge());
        student.setSex(studentVO.getSex());
        student.setAccount(studentVO.getAccount());
        student.setPassword(studentVO.getPassword());
        Type type = new Type();
        type.setId(studentVO.getTypeId());
        student.setType(type);

        return studentDao.addStudent(student);
    }

    @Override
    public int updateStudent(StudentVO studentVO) {
        Student student = new Student();
        student.setId(studentVO.getId());
        student.setName(studentVO.getName());
        student.setAge(studentVO.getAge());
        student.setSex(studentVO.getSex());
        student.setAccount(studentVO.getAccount());
        student.setPassword(studentVO.getPassword());
        Type type = new Type();
        type.setId(studentVO.getTypeId());
        student.setType(type);

        return studentDao.updataStudent(student);
    }

    @Override
    public int deleteStudent(int id) {
        return studentDao.deleteStudent(id);
    }
```

```java
            @Override
            public List<Student> query() {
                return studentDao.search(new Student());
            }

            @Override
            public List<Student> search(StudentVO studentVO) {
                Student student = new Student();
                student.setId(studentVO.getId());
                student.setName(studentVO.getName());
                student.setAge(studentVO.getAge());
                student.setSex(studentVO.getSex());
                student.setAccount(studentVO.getAccount());
                student.setPassword(studentVO.getPassword());

                return studentDao.search(student);   //直接返回 DAO 类 search 的结果
            }

            @Override
            public Student getById(int id) {
                Student student = new Student();
                student.setId(id);
                List<Student> studentList = studentDao.search(student);
                if(studentList.size()>0){
                    return studentList.get(0);
                }else{
                    return null;
                }
            }

            @Override
            public boolean isExistent(StudentVO studentVO) {
                Student student = new Student();
                student.setAccount(studentVO.getAccount());
                student.setPassword(studentVO.getPassword());

                List<Student> studentList = studentDao.search(student);
                if(studentList.size()>0){
                    return true;            //直接返回 DAO 类 search 的结果
                }else{
                    return false;
                }
            }
        }
```

上述代码在 StudentServiceImpl 的类名上方添加了@Service 注解，这样 Spring IoC 容器就对其进行扫描并创建对象以便供控制层调用，且该类中有一个 StudentDao 类型的成员变量，通过@Autowired 注解对其进行自动装配。

需要注意的是，服务类主要用于处理业务逻辑，可能会调用 DAO 类，例如上述代码中的 search 方法和 isExistent 方法，虽然它们都调用了 StudentDao 中的 search 方法，但是处理的业务逻辑不一样。

（2）Spring 配置

Spring 配置文件是 Spring 框架与 MyBatis 框架整合的关键，它包括扫描注解装配的 Bean、配置数据库连接池、装配 SqlSessionFactory 的 Bean 和扫描映射器四个部分。在 src 目录下创建 spring-cfg.xml，代码如下。

```xml
<?xml version='1.0' encoding='UTF-8'?>
<beans xmlns="http://www.springframework.org/schema/beans"
   xmlns:xsi="http://www.w3.org/2001/XMLSchema-instance" xmlns:p="http://www.springframework.org/schema/p"
   xmlns:aop="http://www.springframework.org/schema/aop" xmlns:tx="http://www.springframework.org/schema/tx"
   xmlns:context="http://www.springframework.org/schema/context"
   xsi:schemaLocation="http://www.springframework.org/schema/beans
     http://www.springframework.org/schema/beans/spring-beans-4.0.xsd
     http://www.springframework.org/schema/aop
     http://www.springframework.org/schema/aop/spring-aop-4.0.xsd
     http://www.springframework.org/schema/tx
     http://www.springframework.org/schema/tx/spring-tx-4.0.xsd
     http://www.springframework.org/schema/context
     http://www.springframework.org/schema/context/spring-context-4.0.xsd">

   <!--启用扫描机制，并指定扫描对应的包-->
   <context:component-scan base-package="org.ngweb.student.*" />

   <!-- 数据库连接池 -->
   <bean id="dataSource" class="org.apache.commons.dbcp.BasicDataSource">
     <!-- 数据库驱动 -->
     <property name="driverClassName" value="com.mysql.jdbc.Driver" />
     <!-- 连接数据库的url -->
     <property name="url" value="jdbc:mysql://localhost:3306/mybatis2"/>
     <!-- 连接数据库的用户名 -->
     <property name="username" value="root" />
     <!-- 连接数据库的密码 -->
     <property name="password" value="123456" />
     <!-- 最大连接数 -->
     <property name="maxActive" value="255" />
     <!-- 最大空闲连接 -->
     <property name="maxIdle" value="5" />
     <!-- 初始化连接数 -->
     <property name="maxWait" value="10000" />
   </bean>

   <!-- 集成 MyBatis -->
   <bean id="sqlSessionFactory" class="org.mybatis.spring.SqlSessionFactoryBean">
     <property name="dataSource" ref="dataSource" />
     <!--指定 MyBatis 配置文件-->
     <property name="configLocation" value="classpath:mybatis-config.xml" />
```

```xml
        </bean>

        <!-- 采用自动扫描方式创建 mapper bean -->
        <bean class="org.mybatis.spring.mapper.MapperScannerConfigurer">
            <property name="basePackage" value="org.ngweb.student.dao" />
            <property name="SqlSessionFactory" ref="sqlSessionFactory" />
            <property name="annotationClass" value="org.springframework.stereotype.Repository" />
        </bean>
    </beans>
```

上述代码在装配 SqlSessionFactory 的时候注入 id 为 dataSource 的数据源，同时指定 MyBatis 配置文件的路径。

在扫描映射器的时候需要定义三个属性，描述见表 6-6。

表 6-6　扫描映射器的属性

属　性　名	描　　述
basePackage	指定 Spring 自动扫描的包，它会逐层扫描
SqlSessionFactory	Spring IoC 容器需要注入的 SqlSessionFactory 实例
annotationClass	指定如果类使用了这个注解才能被扫描为映射器

Spring 框架和 MyBatis 框架整合时，Spring 处于主导地位，即 Spring IoC 容器会扫描 MyBatis 中的映射器，并将其作为 Bean 管理起来，同时将数据源作为 Bean 管理起来，而不需要在 MyBatis 的配置文件中配置与数据库相关的信息。

6. 控制类

（1）登录和注销

在 src 目录中新建 org.ngweb.student.controller 包，然后在包中创建名为 LoginController 的 Servlet，代码如下。

```java
package org.ngweb.student.controller;
import java.io.IOException;
import java.util.List;
import javax.servlet.ServletContext;
import javax.servlet.ServletException;
import javax.servlet.http.HttpServlet;
import javax.servlet.http.HttpServletRequest;
import javax.servlet.http.HttpServletResponse;
import javax.servlet.http.HttpSession;
import org.ngweb.student.pojo.Student;
import org.ngweb.student.pojo.StudentVO;
import org.ngweb.student.service.StudentService;
import org.springframework.web.context.WebApplicationContext;
import org.springframework.web.context.support.WebApplicationContextUtils;

public class LoginController extends HttpServlet {
    private static final long serialVersionUID = 1L;
    private StudentService studentService;
```

```java
        public LoginController() {
            super();
        }

        public void init() throws ServletException {
            super.init();
            ServletContext context = this.getServletContext();
            WebApplicationContext wac = WebApplicationContextUtils.getWebApplicationContext(context);
            studentService =(StudentService) wac.getBean("studentService");
        }

        protected void doGet(HttpServletRequest request, HttpServletResponse response) throws ServletException, IOException {
            HttpSession session = request.getSession();
            session.invalidate();
            request.getRequestDispatcher("login.jsp").forward(request, response);
        }

        protected void doPost(HttpServletRequest request, HttpServletResponse response) throws ServletException, IOException {
            String msg="";
            request.setCharacterEncoding("UTF-8");
            String username = request.getParameter("username");
            String password = request.getParameter("password");

            if(username!=null && password!=null){
                StudentVO studentVO = new StudentVO();
                studentVO.setAccount(username);
                studentVO.setPassword(password);

                try {

                    if(studentService.isExistent(studentVO)){
                        HttpSession session = request.getSession();
                        List<Student> studentList = studentService.search(studentVO);
                        session.setAttribute("account", studentList.get(0));
                        response.sendRedirect("StudentController");
                    }else{
                        msg = "用户名或密码不正确";
                        request.setAttribute("msg", msg);
                        request.getRequestDispatcher("login.jsp").forward(request, response);
                    }
                } catch(Exception e) {
                    e.printStackTrace();
                }
            }
```

```
        }
    }
```

上述代码通过 doGet()方法响应注销请求，通过 doPost()方法响应登录请求。

（2）查询学生信息

在项目的 org.ngweb.student.controller 包中新建名为 StudentController 的 Servlet，代码如下。

```
package org.ngweb.student.controller;
import java.io.IOException;
import java.util.List;
import javax.servlet.ServletContext;
import javax.servlet.ServletException;
import javax.servlet.http.HttpServlet;
import javax.servlet.http.HttpServletRequest;
import javax.servlet.http.HttpServletResponse;
import org.ngweb.student.pojo.Student;
import org.ngweb.student.pojo.StudentParam;
import org.ngweb.student.service.StudentService;
import org.springframework.web.context.WebApplicationContext;
import org.springframework.web.context.support.WebApplicationContextUtils;

public class StudentController extends HttpServlet {
    private static final long serialVersionUID = 1L;
    private StudentService studentService;

    public StudentController() {
        super();
    }

    public void init() throws ServletException {
        super.init();
        ServletContext context = this.getServletContext();
        WebApplicationContext wac=WebApplicationContextUtils.getWebApplicationContext(context);
        studentService =(StudentService) wac.getBean("studentService");
    }

    protected void doGet(HttpServletRequest request, HttpServletResponse response) throws ServletException, IOException {
        request.setCharacterEncoding("utf-8");
        String operation = request.getParameter("operation");

    if(operation==null){
        query(request,response);
    }else if("find".equals(operation)){
        findStudent(request,response);
    }else if("add".equals(operation)){
        addStudent(request,response);
    }else if("delete".equals(operation)){
        deleteStudent(request,response);
    }else if("update".equals(operation)){
        updateStudent(request,response);
```

```java
        }else if("getById".equals(operation)){
            getStudentById(request,response);
        }
    }

    void query(HttpServletRequest request, HttpServletResponse response)
{/*代码见下文*/}
    void findStudent(HttpServletRequest request, HttpServletResponse response)
{ /*代码见下文*/}
    void addStudent(HttpServletRequest request, HttpServletResponse response)
{ /*代码见下文*/}
    void deleteStudent(HttpServletRequest request, HttpServletResponse response)
{ /*代码见下文*/}
    void updateStudent(HttpServletRequest request, HttpServletResponse response)
{ /*代码见下文*/}
    void getStudentById(HttpServletRequest request, HttpServletResponse response)
{ /*代码见下文*/}

    protected void doPost(HttpServletRequest request, HttpServletResponse 
response) throws ServletException, IOException {
        doGet(request, response);
    }
}
```

上述代码的 init 方法通过 WebApplicationContextUtils 的 getWebApplicationContext 方法获得了 Spring IoC 容器的实例,并通过此实例获得了 StudentService 类型的实例 studentService。在 doGet() 方法中先获取参数名为 operation 的值,根据 operation 的值判断具体的操作。如果 operation 的值是 null,则查询所有学生的信息,可以在 StudentController 类中添加一个查询所有学生信息的方法 query(),代码如下。

```java
void query(HttpServletRequest request, HttpServletResponse response){
    List<Student> list=null;
    try {
        list = studentService.query();
        request.setAttribute("studentList", list);
        request.getRequestDispatcher("view.jsp").forward(request, 
response);
    } catch(Exception e) {
        e.printStackTrace();
    }
}
```

上述代码首先调用 studentService 的 query 方法查询所有的学生信息的集合,并将集合保存在请求域中,然后通过 request 对象的 getRequestDispatcher 方法获得请求转发器,并将请求转发到 view.jsp。

如果 operation 的值是"find"字符串,则根据 id、name 或 age 查询学生的信息并显示。可以在 StudentController 类中添加一个根据条件查询学生信息的方法 findStudent(),代码如下。

```java
void findStudent(HttpServletRequest request, HttpServletResponse response){
    StudentVO studentVO = new StudentVO();
```

```java
        String idStr = request.getParameter("id");
        if(!idStr.equals("")){
            int id = Integer.parseInt(idStr);
            studentVO.setId(id);
        }

        String name = request.getParameter("name");
        if(!name.equals("")){
            studentVO.setName(name);
        }

        String ageStr = request.getParameter("age");
        if(!ageStr.equals("")){
            Byte age = Byte.parseByte(ageStr);
            studentVO.setAge(age);
        }

        List<Student> studentList = studentService.search(studentVO);
        request.setAttribute("studentList", studentList);

        try {
            request.getRequestDispatcher("view.jsp").forward(request, response);
        } catch(ServletException e) {
            e.printStackTrace();
        } catch(IOException e) {
            e.printStackTrace();
        }
    }
```

上述代码通过 request 对象获得请求参数 id、name 和 age，再为 StudentVO 类型的对象 studentVO 赋值，然后通过 studentSerivce 的 search 方法查询学生信息，并将信息保存在请求域，最后将请求转发到 view.jsp。

（3）添加学生信息

如果 operation 的值是"add"字符串，则添加学生的信息，并显示学生信息。可以在 StudentController 类中添加一个添加学生信息的方法 addStudent()，代码如下。

```java
void addStudent(HttpServletRequest request, HttpServletResponse response){

    StudentVO studentVO = new StudentVO();
    studentVO.setName(request.getParameter("name"));
    studentVO.setAge(Byte.parseByte(request.getParameter("age")));
    studentVO.setSex(request.getParameter("sex"));
    studentVO.setAccount(request.getParameter("account"));
    studentVO.setPassword(request.getParameter("password"));
    studentVO.setTypeId(Integer.parseInt(request.getParameter("typeId")));

    try {
        studentService.addStudent(studentVO);
        response.sendRedirect("StudentController");
```

```
        } catch(Exception e) {
            e.printStackTrace();
        }
    }
```

上述代码通过 request 对象获得 name、age、sex、account、password 和 typeId，然后通过 studentService 的 addStudent 方法添加学生信息，最后重定向到 StudentController。

（4）删除学生信息

如果 operation 的值是 "delete" 字符串，则删除学生的信息，并显示学生信息。可以在 StudentController 类中添加一个删除学生信息的方法 deleteStudent()，代码如下。

```
void deleteStudent(HttpServletRequest request, HttpServletResponse response){
        int id = Integer.parseInt(request.getParameter("id"));
        try {
            studentService.deleteStudent(id);
            response.sendRedirect("StudentController");
        } catch(Exception e) {
            e.printStackTrace();
        }
    }
```

上述代码通过 request 对象获得请求参数 id 的值，然后通过 studentService 的 deleteStudent 方法删除指定 id 对应的学生信息。

（5）更新学生信息

如果 operation 的值是 "update" 字符串，则更新学生的信息，并显示学生信息。可以在 StudentController 类中添加一个更新学生信息的方法 updateStudent()，代码如下。

```
void updateStudent(HttpServletRequest request, HttpServletResponse response){
        StudentVO studentVO = new StudentVO();
        studentVO.setId(Integer.parseInt(request.getParameter("id")));
        studentVO.setName(request.getParameter("name"));
        studentVO.setAge(Byte.parseByte(request.getParameter("age")));
        studentVO.setSex(request.getParameter("sex"));
        studentVO.setAccount(request.getParameter("account"));
        studentVO.setPassword(request.getParameter("password"));
        studentVO.setTypeId(Integer.parseInt(request.getParameter("typeId")));
        try {
            studentService.updateStudent(studentVO);
            response.sendRedirect("StudentController");
        } catch(Exception e) {
            e.printStackTrace();
        }
    }
```

为了提升客户体验，需要在用户更新学生信息之前显示学生的原有信息，所以还需要在 StudentController 类中添加一个根据 id 查找学生信息并跳转到 update.jsp 页面的方法 getStudentById()，代码如下。

```java
void getStudentById(HttpServletRequest request, HttpServletResponse 
response){
    Integer id = Integer.parseInt(request.getParameter("id"));
    Student student = studentService.getById(id);
    request.setAttribute("student", student);

    try {
        request.getRequestDispatcher("update.jsp").forward(request, 
response);
    } catch(ServletException e) {
        e.printStackTrace();
    } catch(IOException e) {
        e.printStackTrace();
    }
}
```

上述代码通过 request 对象获得请求参数 id 的值，然后通过 studentService 的 getById 方法获得指定 id 对应的学生信息，并将信息保存在请求域，最后将请求转发到 update.jsp。

7. 显示层

将第 5 章项目五的显示设计成果复制到本项目中，即将第 5 章设计好的 index.jsp、login.jsp、view.jsp、add.jsp 和 update.jsp 复制到 WebContent 目录中。

8. 前端设计

将第 2 章的前端设计成果复制到本项目中。
- 在 WebContent 目录下创建 css 目录，将第 3 章设计好的层叠样式表复制到这个目录中。
- 在 WebContent 目录下创建 js 目录，将第 3 章设计好的 JavaScript 文件复制到这个目录中。
- 在 WebContent 目录下创建 images 目录，将第 2 章中的图片 header.png 复制到这个目录中。

9. 项目配置

Spring 使用注解装配自定义的 Bean，而使用 XML 方式装配第三方提供的 Bean，但是还没有初始化 Spring IoC 容器，可以在 web.xml 中配置监听器，以便在 Web 应用启动的时候初始化 Spring IoC 容器。代码如下：

```xml
<?xml version="1.0" encoding="UTF-8"?>
<web-app xmlns:xsi="http://www.w3.org/2001/XMLSchema-instance" xmlns="http://java.sun.com/xml/ns/javaee" xsi:schemaLocation="http://java.sun.com/xml/ns/javaee http://java.sun.com/xml/ns/javaee/web-app_2_5.xsd" id="WebApp_ID" version="2.5">
    <display-name>student_sm</display-name>
    <welcome-file-list>
      <welcome-file>index.html</welcome-file>
      <welcome-file>index.htm</welcome-file>
      <welcome-file>index.jsp</welcome-file>
      <welcome-file>default.html</welcome-file>
      <welcome-file>default.htm</welcome-file>
      <welcome-file>default.jsp</welcome-file>
```

```xml
        </welcome-file-list>

        <context-param>
          <param-name>contextConfigLocation</param-name>
          <param-value>classpath:spring-cfg.xml</param-value>
        </context-param>
        <listener>
          <listener-class>org.springframework.web.context.ContextLoaderListener</listener-class>
        </listener>

        <servlet>
          <description></description>
          <display-name>LoginController</display-name>
          <servlet-name>LoginController</servlet-name>
          <servlet-class>org.ngweb.student.controller.LoginController</servlet-class>
        </servlet>
        <servlet-mapping>
          <servlet-name>LoginController</servlet-name>
          <url-pattern>/LoginController</url-pattern>
        </servlet-mapping>
        <servlet>
          <description></description>
          <display-name>StudentController</display-name>
          <servlet-name>StudentController</servlet-name>
          <servlet-class>org.ngweb.student.controller.StudentController</servlet-class>
        </servlet>
        <servlet-mapping>
          <servlet-name>StudentController</servlet-name>
          <url-pattern>/StudentController</url-pattern>
        </servlet-mapping>
      </web-app>
```

上述代码通过 context-param 元素配置 Spring 配置文件的位置，然后通过 ContextLoader-Listener 在 Web 应用启动的时候初始化 Spring IoC 容器，其他代码用于配置 LoginController 和 StudentController 的 servlet。

10. 运行结果

项目完成后，可以运行项目。运行的部分结果如图 6-12 所示。

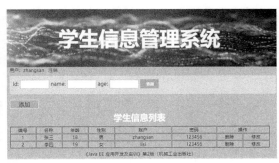

图 6-12　项目运行结果

6.7 习题

1. 思考题

1）什么是 IoC 和 DI？

2）什么是 AOP？

3）Spring 配置文件的作用是什么？什么时候通过 XML 方式装配 Bean，什么时候用注解的方式装配 Bean？

2. 实训题

1）习题：选择题与填空题，见本书在线实训平台【实训 6-7】。

2）习题：Spring 设计与实现，见本书在线实训平台【实训 6-8】。

3）习题：基于 Spring 和 MyBatis 的图书管理系统的小型项目设计与实现，见本书在线实训平台【实训 6-9】。

第7章 SSM 集成技术

前几章学习了 MyBatis 和 Spring 框架的基本使用方法,并将 POJO 层、DAO 层和服务层分离出来。本章将学习 Spring MVC 技术,并集成 Spring MVC、Spring 和 MyBatis 三个框架,即 SSM 集成技术。

与本书第 1 版比较,最大的改变是用 SSM(Spring MVC + Spring + MyBatis)技术替换了 SSH(Struts2 + Spring + Hibernate)技术,具体来说,体现在以下两个方面。
- 在持久层上,用 MyBatis 持久层框架替换了第 1 版的 Hibernate 持久层框架。
- 在控制器上,用 Spring MVC 框架替换了第 1 版的 Struts2 框架。

而相同的是,两者都是用 Spring 框架来管理各层的组件。

▶7.1 学生信息管理系统项目改进目标

在本阶段,为了使项目性能更好,且易于维护,需要实现如下目标。
- 采用 Spring MVC 负责控制层。
- 采用 Spring 技术全面管理 Spring MVC 和 MyBatis,使其能够灵活配置。

为了实现这个目标,需要学习 Spring MVC 的控制器和拦截器。

▶7.2 Spring MVC 入门

Spring Web MVC(简称 Spring MVC)是 Spring 提供给 Web 应用的框架设计,其开发效率比 Struts2 高,且使用更加简洁。

7.2.1 Spring MVC 入门实例

【实训 7-1】 Spring MVC 入门实例

接下来将通过一个简单的实例演示 Spring MVC 的使用方法,具体步骤如下。创建名为 chapter7 的动态 Web 项目,项目架构如图 7-1 所示。

7-1 Spring MVC 入门实例

1. 配置前端控制器

在项目 chapter7 的 web.xml 中配置 Spring MVC 的前端控制器 DispatcherServlet,代码如下。

```
<?xml version="1.0" encoding="UTF-8"?>
<web-app xmlns:xsi="http://www.w3.org/2001/XMLSchema-instance" xmlns=
"http://java.sun.com/xml/ns/javaee" xsi:schemaLocation="http://java.sun.
com/xml/ns/javaeehttp://java.sun.com/xml/ns/javaee/web-app_2_5.xsd" id=
"WebApp_ID" version="2.5">
```

```xml
        <display-name>chapter7</display-name>
        <welcome-file-list>
          <welcome-file>index.jsp</welcome-file>
        </welcome-file-list>
        <servlet>
          <servlet-name>dispatcher</servlet-name>
          <servlet-class>org.springframework.web.servlet.DispatcherServlet</servlet-class>
          <load-on-startup>1</load-on-startup>
        </servlet>
        <servlet-mapping>
          <servlet-name>dispatcher</servlet-name>
          <url-pattern>*.do</url-pattern>
        </servlet-mapping>
      </web-app>
```

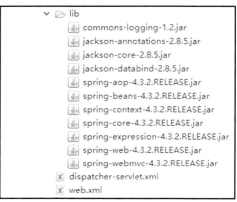

图 7-1 Spring 入门项目架构图

从上述代码可知，Spring MVC 的前端控制器是一个 Servlet，它的名称是 dispatcher，Servlet 类由 Spring 提供，全限定类名是 org.springframework.web.servlet.DispatcherServlet，对应的资源映射路径是*.do，即拦截所有以.do 结尾的请求。

2. 创建 Spring MVC 配置文件

接下来在目录 WEB-INF 下新建 dispatcher-servlet.xml 文件，用来配置 Spring MVC，代码如下。

```xml
        <?xml version='1.0' encoding='UTF-8' ?>
        <beans xmlns="http://www.springframework.org/schema/beans"
          xmlns:xsi="http://www.w3.org/2001/XMLSchema-instance" xmlns:p=
"http://www.springframework.org/schema/p"
          xmlns:tx="http://www.springframework.org/schema/tx" xmlns:context=
"http://www.springframework.org/schema/context"
          xmlns:mvc="http://www.springframework.org/schema/mvc"
          xsi:schemaLocation="http://www.springframework.org/schema/beans
http://www.springframework.org/schema/beans/spring-beans-4.0.xsd
             http://www.springframework.org/schema/tx http://www.springframework.
org/schema/tx/spring-tx-4.0.xsd
```

```
            http://www.springframework.org/schema/context http://www.springframework.
org/schema/context/spring-context-4.0.xsd
            http://www.springframework.org/schema/mvc http://www.springframework.
org/schema/mvc/spring-mvc-4.0.xsd">
    <!-- 定义扫描装载的包 -->
    <context:component-scan base-package="org.ngweb.chapter7.*"/>
    <!-- 定义视图解析器 -->
    <bean id="viewResolver" class="org.springframework.web.servlet.view.
InternalResourceViewResolver"
        p:prefix="/WEB-INF/jsp/" p:suffix=".jsp" />
</beans>
```

上述代码主要通过 context 元素引入注解中的 Bean，然后配置视图解析器。其中视图解析器的 id 是默认值 viewResolver，不应改变；视图资源的前缀是/WEB-INF/jsp/，扩展名是.jsp。

3. 创建 Controller 类

在 src 目录中创建 org.ngweb.chapter7.controller 包，在包中新建 MyController 类，代码如下。

```
package org.ngweb.chapter7.controller;
import org.springframework.stereotype.Controller;
import org.springframework.ui.Model;
import org.springframework.web.bind.annotation.RequestMapping;
import org.springframework.web.servlet.ModelAndView;

@Controller("myController")
@RequestMapping("/my")
public class MyController {

  @RequestMapping("/hello.do")
  public ModelAndView sayHello(){
    ModelAndView mv = new ModelAndView();
    mv.setViewName("hello");
    return mv;
  }
}
```

上述代码通过@Controller 注解 MyController 类，这样 Spring MVC 会把它作为控制器加载进来，同时@RequestMapping 注解指定对应请求的 URL 路径，其中类级 URL 路径是"/my"，方法级 URL 路径是"/hello.do"，因此，总的 URL 路径是"类级 URL 路径+方法级 URL 路径"，即"/my/hello.do"。

处理器 sayHello 的返回值是 ModelAndView，该方法把视图名称定义为 hello，由于视图解析器的前缀是/WEB-INF/jsp/，后缀是.jsp，所以返回的视图资源是/WEB-INF/jsp/hello.jsp。

> **提示：** 被@Controller 注解的类称为控制器。在控制器中，被@RequestMapping 注解的方法称为处理器，它处理用户通过 URL 访问的请求。

最后在 WEB-INF 目录下创建 jsp 文件夹，并在该文件夹中新建 hello.jsp 文件，代码如下。

```
<%@ page language="java" contentType="text/html; charset=UTF-8"
pageEncoding="UTF-8"%>
<html>
<body>
  <h3>Hello World!</h3>
</body>
</html>
```

4．发布和运行

将 chapter7 项目发布到 Tomcat 中，并启动 Tomcat 服务器。在浏览器中访问下述地址，结果如图 7-2 所示。

```
http://localhost:8080/chapter7/my/hello.do
```

图 7-2　Spring MVC 的运行结果

上述访问地址中，"chapter7"是项目名，"/my"是类级 URL 路径，"/hello.do"是方法级 URL 路径。

返回结果的视图资源是/WEB-INF/jsp/hello.jsp，其中"/WEB-INF/jsp/"是视图解析器定义的视图前缀，"hello"是控制器中 sayHello()方法返回的视图名称，".jsp"是视图解析器定义的视图扩展名。

7.2.2　Spring MVC 的工作流程

Spring MVC 启动时会解析控制器注解，获得 URL 和处理器之间的映射关系，此时，可能会给处理器加入拦截器，并初始化视图解析器等内容，然后按照一定的工作流程响应客户，具体流程如图 7-3 所示。

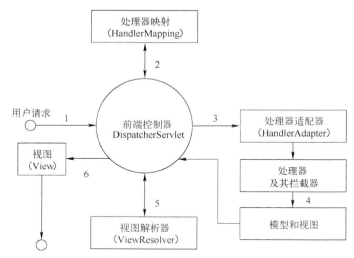

图 7-3　Spring MVC 工作流程图

（1）客户端向服务器端发送请求，且请求被 Spring MVC 的前端控制器 DispatcherServlet 拦截。

（2）DispatcherServlet 通过请求和事先解析好的 HandlerMapping 配置找到对应的处理器（Handler）及其拦截器。

（3）DispatcherServlet 找到处理器适配器（HandlerAdapter）为处理器提供运行环境。

（4）HandlerAdapter 调用并执行处理器及其拦截器，并返回模型和视图给 DidpatcherServlet。

（5）DispatcherServlet 找到合适的视图解析器（ViewResolver），并把视图信息传递给视图解析器，视图解析器解析视图后向 DispatcherServlet 返回具体的视图。

（6）DispatcherServlet 把模型渲染到视图中，并返回给客户。

简言之，在 Spring MVC 启动时，已扫描并读入有关的配置信息，而前述入门实例的实现过程可表述如下。

（1）客户端向服务器端发送请求（以.do 作为后缀），被 web.xml 所定义的 dispatcher 拦截，交给 DispatcherServlet 进行下述处理。

（2）通过请求中的 URL 路径"/my/hello.do"，调用 MyController 的实例（已经由 Spring 容器实例化）的 sayHello()方法。

（3）把 sayHello()返回的 ModelAndView 中的 name 的值"hello"交给视图解析器（viewResolver）处理，返回视图文件为"/WEB-INF/jsp/hello.jsp"。

（4）把模型渲染到视图文件"/WEB-INF/jsp/hello.jsp"中，并将结果返回给客户。在这个例子中，模型是空的，所以并没有发生实际的渲染行为。

7.2.3　Spring MVC 的核心类和注解

1. DispatcherServlet

Spring MVC 框架围绕着 DispatcherServlet 工作，DispatcherServlet 是一个 Serlvet，可以拦截 HTTP 发送过来的请求，在程序中充当前端控制器的角色，其配置在 web.xml 中。

```xml
<servlet>
  <servlet-name>dispatcher</servlet-name>
  <servlet-class>org.springframework.web.servlet.DispatcherServlet</servlet-class>
  <load-on-startup>1</load-on-startup>
</servlet>
<servlet-mapping>
  <servlet-name>dispatcher</servlet-name>
  <url-pattern>*.do</url-pattern>
</servlet-mapping>
```

在上述代码中，<load-on-startup>是可选的，如果<load-on-startup>是 1，则在应用程序启动时立即加载该 Servlet，如果没有配置此项，则在第一次请求时才加载该 Servlet。

Spring MVC 配置文件的命名规则如下。

```
servletName-serlvet.xml
```

由于入门实例中 servlet 的名称为 dispatcher，所以 Spring MVC 配置文件的名称为 dispatcher-servlet.xml，即 dispatcher 加上不变的部分-servlet.xml。

2. Controller 注解类型

org.springframework.stereotype.Controller 注解类型用于指示当前实例是一个控制器，其注解为@Controller，只需将@Controller 添加在控制类上，然后通过 Spring IoC 的扫描机制找到控制器即可。

```
@Controller("myController")
public class MyController {
  …
}
```

为了保证 Spring 能够找到控制器类，需要在 Spring MVC 的配置文件中添加相应的扫描配置信息，代码如下。

```
<context:component-scan base-package="org.ngweb.student.*"/>
```

上述代码是扫描包名为 org.ngweb.student 及其所有子包中的组件。

3. RequestMapping 注解类型

org.springframework.web.bind.annotation.RequestMapping 可以添加在方法或类上。如果添加在方法上，则该方法称为一个处理器，它会在程序接收到对应的 URL 请求时被调用；如果添加在一个类上，则该控制器中的所有处理器被映射到其 value 值指定的路径下。

```
@Controller("myController")
@RequestMapping(value="/my")
public class MyController {

  @RequestMapping(value="/hello.do")
  public ModelAndView sayHello(){
    ModelAndView mv = new ModelAndView();
    mv.setViewName("hello");
    return mv;
  }
}
```

RequestMapping 注解的默认属性是 value，当 value 是其唯一属性的时候，可以省略属性名，代码如下所示。

```
@RequestMapping("/hello.do")
```

默认情况下，如果 value 的值为"hello"而不是"hello.do"，则对应的处理器可以处理与"hello.*"匹配的 URL 请求，例如"hello.abc"。

RequestMapping 注解除了可以指定 value 属性映射处理器的 URL 路径，还可以使用 method 属性指定该处理器处理哪种类型的请求，其请求方式有 GET、POST 等。使用方法如下所示。

```
@RequestMapping(value="/hello.do", method=RequestMethod.POST)
```

上述代码指定处理器只处理 POST 方式的请求，且请求的 URL 路径为"hello.do"。

如果没有指定 method 属性的值，则自动适配，例如：

```
@RequestMapping(value="/hello.do")
```

上述代码指定处理器处理所有 URL 路径为"hello.do"的请求，无论请求方式是 POST 还是 GET。

4. ViewResolver 视图解析器

Spring MVC 中的视图解析器负责根据配置文件解析视图，其配置如下。

```
<bean id="viewResolver" class="org.springframework.web.servlet.view.InternalResourceViewResolver"
    p:prefix="/WEB-INF/jsp/" p:suffix=".jsp" />
```

上述代码中的 id 是 Bean 的常用属性，唯一标识视图解析器，class 是视图解析器的实现类，p:prefix 和 p:suffix 分别配置了视图的前缀和后缀。例如入门实例中的视图名为"hello"，对应的视图资源路径为"WEB-INF/jsp/hello.jsp"。

▶7.3 数据绑定

【实训 7-2】 数据绑定
Spring MVC 会根据客户端发送的请求，将请求消息中的信息转换并绑定到处理器的形参中，即数据绑定。

7-2 数据绑定和 RESTFUL 支持

7.3.1 绑定默认数据类型

可以在处理器的形参中直接使用 Spring MVC 提供的默认参数类型，常用的默认参数类型如下。
- HttpServletRequest：通过 request 对象获取请求信息。
- HttpServletResponse：通过 response 处理响应信息。
- HttpSession：通过 session 对象得到 session 中的属性。
- Model/ModelMap：可以通过 Model 或 ModelMap 将模型填充到 request 域。

通过 request 或 session 可以得到 HTTP 请求过来的参数，但是这会导致控制器和 Servlet 容器关联紧密，不建议使用这种方式。同理不建议使用 response。下面以 Model 为例介绍默认数据类型的使用方法。

在 MyController 类中添加 testModel 方法，代码如下。

```
@RequestMapping("/model")
public ModelAndView testModel(Model model){
  ModelAndView mv = new ModelAndView();
  mv.setViewName("result");
  model.addAttribute("data", "My data");
  return mv;
}
```

上述代码中的处理器 testModel()使用了 Model 类型的形参 model 变量，然后通过 model

的 addAttribute()方法将<"data", "My data">保存在 request 对象中，最后返回 mv。

接下来在/WEB-INF/jsp 的目录中新建 result.jsp，代码如下。

```
<%@ page language="java" contentType="text/html; charset=UTF-8" pageEncoding="UTF-8"%>
<html>
<body>
  ${data}
</body>
</html>
```

上述代码通过 JSP EL 表达式访问请求域中 data 属性。启动项目，在浏览器访问地址 http://localhost:8080/chapter7/my/model.do，可以看到如图 7-4 所示的效果。

图 7-4　绑定 Model 的结果

7.3.2　绑定简单数据类型

绑定简单数据类型是指 Spring MVC 将请求中的 Java 基本数据类型绑定到处理器对应方法的形参中，例如 int、String、Double 等。

在 MyController 类中添加方法名为 testParam 的处理器，代码如下。

```
@RequestMapping("/param")
public ModelAndView testParam(Integer id, Model model){
  ModelAndView mv = new ModelAndView();
  mv.setViewName("result");
  model.addAttribute("data", id);
  return  mv;
}
```

上述代码中的处理器有一个 Integer 类型的形参 id，当客户端请求此处理器时，处理器会将请求中名称为 id 的参数值转换为 Integer 类型，并复制给处理器的形参 id。启动项目，在浏览器中访问地址 http://localhost:8080/chapter7/my/param.do?id=1，可以在控制台看到如图 7-5 所示的效果。

图 7-5　绑定基本类型的效果

7.3.3　绑定 POJO 数据类型

当客户端请求传递多个不同类型的参数时，可以将所有相关的请求参数封装在一个 POJO 中，然后在处理器中直接使用该 POJO 作为形参完成数据绑定。下面通过用户登录的实例来演示 POJO 类型数据绑定。

在 src 目录下，创建一个 org.ngweb.chapter7.pojo 包，在该包下创建一个 User 类来封装用户的信息。

```
public class User {
  private String username;
  private String password;

/  ****setter 和 getter****/
}
```

在 WebContent 目录下创建用户登录页面 login.jsp，在该页面中编写用户登录的表单，表单以 POST 方式提交，且 action 属性值为"/my/login.do"，代码如下。

```
<%@ page language="java" contentType="text/html; charset=UTF-8"
pageEncoding="UTF-8"%>
<html>
<head>
<meta http-equiv="Content-Type" content="text/html; charset=UTF-8">
<title>Insert title here</title>
</head>
<body>
<form action="my/login.do" method="post">
用户名：<input type="text" name="username" />
密码：　<input type="password" name="password" />
    <input type="submit" value="登录">
</form>
</body>
</html>
```

登录页面的效果如图 7-6 所示，用户单击"登录"按钮后，会向服务器请求 my/login.do 资源，同时 HTTP 请求信息中还包含名称为 username 和 password 的参数。

图 7-6　登录页面

在 WebContent/WEB-INF/jsp 目录下新建 info.jsp 文件代码如下。

```
<%@ page language="java" contentType="text/html; charset=UTF-8"
pageEncoding="UTF-8"%>
<html>
<head>
<meta http-equiv="Content-Type" content="text/html; charset=UTF-8">
<title>Insert title here</title>
</head>
<body>
  用户名：${user.username},密码：${user.password}
</body>
</html>
```

在控制器类 MyController 中添加用户登录的处理器 testPojo。

```
@RequestMapping("/login")
public ModelAndView testPojo(User user, Model model){
  ModelAndView mv = new ModelAndView();
  mv.setViewName("info");
  model.addAttribute("user", user);
  return mv;
}
```

上述代码中处理器 testPojo 的形参是 User 类型，其成员变量包括 username 和 password，与表单中的属性一一对应。Spring MVC 会根据 request 对象，将请求信息中的参数名为 username 和 password 的值分别赋值给 User 对象的属性。

运行代码，在浏览器的地址栏中访问 http://localhost:8080/chapter7/login.jsp，输入用户名"zhangsan"和密码"123"后提交请求，效果如图 7-7 所示。

图 7-7 POJO 绑定结果

7.4 重定向和转发

【实训 7-3】 重定向和转发

在上面的实例中，处理器返回的是一个 ModelAndView 类型的数据。除此以外，Spring MVC 还支持 void 和 String 等常见的返回类型，其中 String 类型只支持页面跳转（详见下面的讲解），void 类型主要用于异步请求时使用，它只返回数据，不会跳转页面（不需要视图的参与）。

下面通过实例说明 String 类型返回值的使用方法，在 MyController 类中添加 testString 的方法，代码如下。

```
@RequestMapping("/string")
public String testString(Model model){
  model.addAttribute("data", "abc");
  return "result";
}
```

上述代码的处理器有一个 Model 类型的形参 model，它通过 model 向 request 对象添加属性名为"data"的值"abc"，并返回字符串"result"，视图解析器解析字符串"result"后返回 /WEB-INF/jsp/result.jsp，最后将 result.jsp 的内容响应到客户端。

运行代码，在浏览器地址栏中访问 http://localhost:8080/chapter7/string.do，效果如图 7-8 所示。

图 7-8 返回值 Spring 类型的效果

7.4.1 重定向

当返回的字符串以"redirect:"起头时就会实现重定向，具体代码如下。

```
@RequestMapping("/redirect")
public String redirect(){
    return "redirect:string.do";
}
```

上述代码中的处理器只有一句代码，即将请求重定向到 string.do。运行代码，在浏览器地址栏中访问 http://localhost:8080/chapter7/redirect.do，效果如图 7-9 所示。

图 7-9　返回值 Spring 类型的效果

从效果图可以发现，地址栏中的 URL 发生了变化，因为 redirect 方法中进行了重定向，客户端重新请求了 string.do，所以地址栏的 ULR 变成了 http://localhost:8080/chapter7/my/string.do，同时视窗中显示了/my/string.do 对应的处理器 testSpring 的运行结果。

7.4.2 转发

当返回的字符串以"forward:"起头时就会实现转发，具体代码如下。

```
@RequestMapping("/forward")
public String forward(){
    return "forward:string.do";
}
```

上述代码中的处理器只有一句代码，即将请求转发到 string.do。运行代码，在浏览器地址栏中访问 http://localhost:8080/chapter7/my/forward.do，效果如图 7-10 所示。

图 7-10　实现转发的效果

由于转发前后属于同一次请求，所以浏览器的地址栏没有发生变化，同时处理器 forward 将请求转发到 string.do，string.do 对应的处理器 testString 响应了客户端，所以浏览器的视窗中显示了处理器 testString 的响应结果。

重定向与转发虽然结果相近，但是有较大的区别，其执行过程如图 7-11 所示。

图 7-11　重定向和转发
a) 重定向　b) 转发

重定向和转发的区别见表 7-1。重定向和转发各自有多种实现办法，3.3.3 节也讲解过，参见表 3-12。

表 7-1 重定向和转发的区别

比 较 项	重 定 向	转 发
名称	redirect	forward
发生的地点	客户端和服务器之间	服务器内部
请求次数	两次独立的请求	只有一次请求
浏览器的 URL	改变为重定向后的 URL	保持原来的 URL
URL 的类型	任意 URL（包括外部 URL）	只能是同一项目的 URL

▶ 7.5 JSON 数据交互和 RESTful 支持

【实训 7-4】 JSON 数据交互和 RESTful 支持

Spring MVC 除了能返回 String 类型的数据，还支持 JSON 类型的数据交互。

7-3 JSON 数据交互

7.5.1 JSON 数据交互

Spring 中的 MappingJackson2HttpMessageConverter 是 Spring MVC 默认处理 JSON 格式请求响应的实现类，该实现类能将 Java 对象转换为 JSON 对象或 XML 文档，或者将 JSON 对象或 XML 文档转换为 Java 对象。

在使用注解开发时，需要使用的 JSON 格式转换注解分别是@RequestBody 和@ResponseBody，其中@RequestBody 用于将请求体中的 JSON 数据绑定到处理器的形参中，@ResponseBody 用于直接将返回对象转换为 JSON 格式的字符串。具体使用方法如下。

在 chapter7 的 org.ngweb.chapter7.controller 包中，新建 UserController 类，代码如下。

```
package org.ngweb.chapter7.controller;
import org.ngweb.chapter7.pojo.User;
import org.springframework.stereotype.Controller;
import org.springframework.web.bind.annotation.PathVariable;
import org.springframework.web.bind.annotation.RequestBody;
import org.springframework.web.bind.annotation.RequestMapping;
import org.springframework.web.bind.annotation.ResponseBody;

@Controller
public class UserController{

  @RequestMapping("/testJson")
  @ResponseBody
  public User testJson(@RequestBody User user){
    System.out.println(user);
    return user;
  }
}
```

上述代码为处理器 testJson 方法添加了 User 类型的形参 user，并在形参前面添加了@RequestBody 注解，用于将请求中 JSON 格式的信息转换为 User 类型的对象，并绑定到形参 user 对象上。同时在 testJson 方法上添加@ResponseBody 注解，用于将 user 对象的数据转换为 JSON 字符串。

在 Spring MVC 的配置文件 dispatcher-servlet.xml 中添加<mvc:annotation-drivern>，以提供转换 JSON 的功能。

```
<mvc:annotation-driven />
```

在 WebContent 目录中创建页面文件 index.jsp 用于测试 JSON 数据交互，代码如下。

```jsp
<%@ page language="java" contentType="text/html; charset=UTF-8"
    pageEncoding="UTF-8"%>
<html>
<head>
<meta http-equiv="Content-Type" content="text/html; charset=UTF-8">
<title>测试 JSON 交互</title>
<script type="text/javascript" src="${pageContext.request.contextPath}/js/jquery-1.11.3.min.js"></script>
<script type="text/javascript">
  function testJson(){
      var nameObj = document.getElementById("username");
      var username = nameObj.value;

      var passwordObj = document.getElementById("password");
      var password = passwordObj.value;

    $.ajax({
    url:"${pageContext.request.contextPath}/testJson.do",
    type:"post",
    data:JSON.stringify({username:username, password:password}),
    contentType:"application/json;charset=UTF-8",
    dataType:"json",
    success:function(data){
       if(data!=null){
         alert("您的用户名为："+ data.username+"，密码为："+data.password);
       }
    }
   });
  }
</script>
</head>
<body>
  <form>
        用户名：<input type="text" id="username" /><br />
      密   码：<input type="password" id="password"><br />
      <input type="button" value="测试 JSON 交互" onclick="testJson()"/>
  </form>
</body>
</html>
```

上述代码中的 testJson() 函数是通过 Ajax 向 URL 为"/testJson.do"的资源发送请求，同时传递 JSON 格式的数据，最后通过 dataType 指定响应数据的类型为 JSON 格式，在服务器响应成功的情况下调用 success 函数，并显示用户名和密码。

将 chapter7 项目发布到 Tomcat 服务器并启动，在浏览器中访问地址 http://localhost:8080/chapter7/index.jsp，效果如图 7-12 所示。

当用户单击"测试 JSON 交互"按钮时，会执行 testJson 函数，其显示效果如图 7-13 所示。

图 7-12　index.jsp 效果图

图 7-13　JSON 交互效果图

7.5.2　RESTful 支持

RESTful 风格是把请求参数变成请求路径的一种风格，对比如下。
- 传统风格的 URL：http://localhost:8080/demo/queryItems?id=1
- RESTful 风格的 URL：http://localhost:8080/demo/items/1

对比上述两种请求，RESTful 风格的 URL 将请求参数 id=1 变成了请求路径的一部分，同时将 queryItems 变成了 items（RESTful 风格中不存在动词形式的路径）。具体使用方法如下。

在 UserController 控制器中添加处理器，代码如下。

```java
@RequestMapping("/user/{id}")
public String testVariable(@PathVariable("id") String id, Model model){
  model.addAttribute("data", id);
  return "result";
}
```

上述代码中，处理器 testVariable 的注解 @RequestMapping 中指定的 URL 模板是 /user/{id}，其中 {id} 代表处理器需要接收一个由 URL 组成的参数，且参数名称为 id，而方法形参前的 @PathVariable("id") 表示将获取 @RequestMapping 中id 参数的值。

运行代码，在浏览器地址栏中访问 http://localhost:8080/ chapter7/user/1.do，效果如图 7-14 所示。

图 7-14　RESTful 测试效果图

▶7.6　拦截器

【实训 7-5】　拦截器

拦截器可以在进入处理器之前做一些操作，或者在处理器完成后进行一些操作，甚至在渲染视图后进行操作，主要用于权限验证、记录请求的日志、判断用户是否登录。其流程如图 7-15 所示。

7-4　拦截器

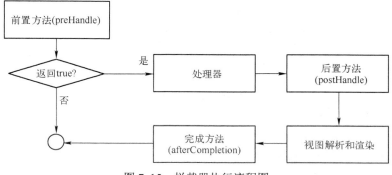

图 7-15 拦截器执行流程图

7.6.1 拦截器接口

Spring 拦截器接口是 org.springframework.web.servlet.HandlerInterceptor，这个接口定义了三个方法。

- preHandle：在处理器之前执行的前置方法。
- postHandle：在处理器之后执行的后置方法。
- afterCompletion：在渲染视图后执行的方法。

7.6.2 开发拦截器

可以通过实现 HandlerInterceptor 接口开发拦截器，也可以通过继承公共拦截器 HandlerInterceptorAdapter 开发拦截器。如果只想实现拦截器中的一个或者两个方法，只要继承 HandlerInterceptorAdapter 即可，具体实现方式如下。

在 chapter7 项目的 src 目录下新建 org.ngweb.chapter7.interceptor 包，在包中新建 UserInterceptor 拦截器。

```java
package org.ngweb.chapter7.interceptor;
import javax.servlet.http.HttpServletRequest;
import javax.servlet.http.HttpServletResponse;
import org.springframework.web.servlet.ModelAndView;
import org.springframework.web.servlet.handler.HandlerInterceptorAdapter;

public class UserInterceptor extends HandlerInterceptorAdapter{

    public boolean preHandle(HttpServletRequest request, HttpServletResponse response, Object handler){
        System.out.println("preHandle.......");
        return true;
    }

    public void postHandle(HttpServletRequest request, HttpServletResponse response, Object handler, ModelAndView mv){
        System.out.println("postHandle......");
    }
```

```
    public void afterCompletion(HttpServletRequest request, HttpServlet
Response response, Object handler,Exception ex){
        System.out.println("afterCompletion......");
    }
}
```

在 dispatcher-servlet.xml 中添加拦截器的配置代码。

```
<mvc:interceptors>
  <mvc:interceptor>
    <mvc:mapping path="/**"/>
    <bean class="org.ngweb.chapter7.interceptor.UserInterceptor"/>
  </mvc:interceptor>
</mvc:interceptors>
```

上述代码中的元素<mvc:intercepters>用于配置拦截器，它里面可以配置多个拦截器。子元素<mvc:interceptor>用于配置一个具体的拦截器，其中<mvc:mapping>中的 path 用于指定拦截的 URL，可以使用正则表达式。上述代码可拦截所有的请求，class 用于指定拦截器的全限定类名。

运行代码，在浏览器地址栏中访问 http://localhost:8080/chapter7/my/hello.do，控制台中效果如图 7-16 所示。

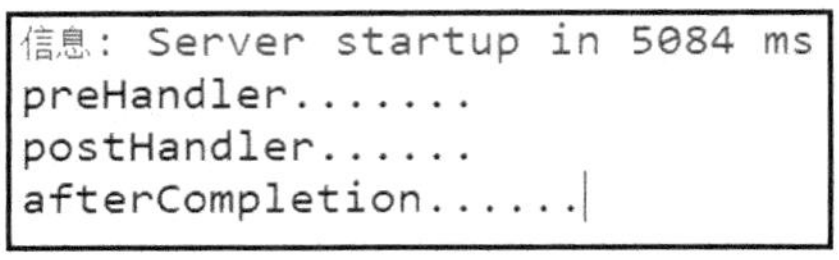

<mvc:interceptor>的子元素见表 7-2。

图 7-16 加拦截器后的运行结果

表 7-2 拦截器配置

元素	描述
<mvc:mapping path=""/>	配置拦截路径，例如 path="/do"拦截所有以"do"结尾的路径；path="/**"拦截所有请求
<mvc:exclude-mapping path=""/>	配置不拦截的路径
<bean class="全限定类名"/>	配置拦截器类名，如果 bean 作为<mvc:interceptors>的子元素，则作为全局拦截器，拦截所有请求；如果 bean 作为<mvc:interceptor>的子元素，则只拦截<mvc:mapping>元素的 path 属性指定的请求

▶7.7 项目七：SSM 框架集成的学生管理系统

本项目是在项目六的基础上进一步优化项目，即通过 Spring MVC 取代之前的 Servlet 来负责控制层，同时在系统中添加拦截器，用于拦截没有成功登录的用户。

7.7.1 项目描述

1. 项目概况

项目名称：student_ssm（学生信息管理系统之七）
数据库名：mybatis2

2. 需求分析和功能设计

项目的本阶段没有新的用户需求，与第 5 章的项目五完全相同，不再赘述。与项目五的不同在于实现方式改为采用 SSM 框架集成技术。

3. 数据结构设计

本项目的数据库结构与第 3 章的项目三完全相同，不再赘述。

7.7.2　项目实施

【实训 7-6】　项目七　SSM 框架集成的学生管理系统

1. 创建项目

首先创建名为 student_ssm 的动态 web 项目，项目架构如图 7-17 所示。

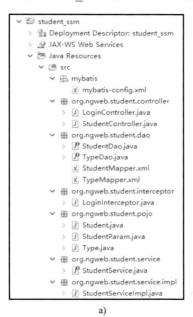
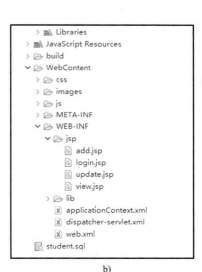

a)

b)

图 7-17　SSM 集成架构

a) Java 包和 Java 类　b) 视图和配置文件

在 WebContent/WEB-INF/lib 中添加 JAR 包，如图 7-18 所示。

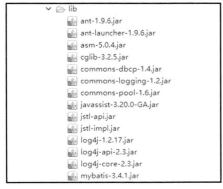

图 7-18　SSM 整合 JAR 包

2. 创建数据库结构

将第 3 章的 student.sql 文件复制到当前项目的根目录下，并在 MySQL 中运行它。

```sql
set names gbk;

drop database if exists mybatis2;
create database mybatis2 default charset utf8 collate utf8_general_ci;

use mybatis2;
drop table if exists t_student;
drop table if exists t_type;

create table t_type(
  id int(11) primary key auto_increment,
  name varchar(20) not null
);

create table t_student(
  id int(11) primary key auto_increment,
  name varchar(20) not null,
  age tinyint(4) not null,
  sex char(1) not null,
  account varchar(16) not null,
  password varchar(64) not null,
  type_id int(11) not null,
  foreign key(type_id) references t_type(id)
);

insert into t_type(name) values('管理员');
insert into t_type(name) values('用户');

insert into t_student(name, age,sex,account,password, type_id) values('张三', 18, 'f','zhangsan','123',1);
insert into t_student(name, age,sex,account,password, type_id) values('李四', 19, 'm','lisi','123',1);
insert into t_student(name, age,sex,account,password, type_id) values('王五', 20, 'f','wangwu','123',2);
```

3. POJO 类

由于本项目有两张表，需要分别为两张表添加 POJO 类，其中与 t_type 表对应的 Type 类代码如下。

```java
package org.ngweb.student.pojo;

public class Type {
  private Integer id;
  private String name;

  /*getters 和 setters*/
```

}

上述代码中的 get()方法和 set()方法省略了。与 t_student 表对应的 Student 类代码如下。

```
package org.ngweb.student.pojo;

public class Student {
  private Integer id;
  private String name;
  private Byte age;
  private String sex;
  private String account;
  private String password;
  private Type type;

  /*getters 和 setters*/
}
```

由于学生与用户之间的关系是多对一，可以在 Student 类中添加 Type 类型的成员变量。最后需要为添加学生信息表单和更新学生信息表单开发一个 StudentVO 类，代码如下。

```
package org.ngweb.student.pojo;

public class StudentVO {
  private Integer id;
  private String name;
  private Byte age;
  private String sex;
  private String account;
  private String password;
  private Integer typeId;

  /*getters 和 setters*/
}
```

4. DAO 类及配置

（1）用户类型的 DAO 层

在项目 student_ssm 的 src 目录中新建名为 org.ngweb.student.dao 的包，在包中新建名为 TypeDao 的接口，代码如下。

```
package org.ngweb.student.dao;
import org.ngweb.student.pojo.Type;
import org.springframework.stereotype.Repository;

@Repository("typeDao")
public interface TypeDao {
  //根据 id 查询类型
  public Type getById(Integer id);
}
```

上述代码在 TypeDao 的接口名上方添加了@Repository 注解，这样 Spring IoC 容器就会扫描它，并将其作为 Bean 管理起来。

接下来开发与 TypeDao 对应的映射器，在 org.ngweb.student.dao 包中新建 TypeMapper.xml，代码如下。

```xml
<?xml version="1.0" encoding="UTF-8" ?>
<!DOCTYPE mapper PUBLIC "-//mybatis.org//DTD Mapper 3.0//EN"
  "http://mybatis.org/dtd/mybatis-3-mapper.dtd">

<mapper namespace="org.ngweb.student.dao.TypeDao">
  <select id="getById" parameterType="int" resultType="type">
    select id, name from t_type where id = #{id}
  </select>
</mapper>
```

上述代码中的 SQL 语句是通过 id 查询 t_type 表中的记录。

（2）学生管理的 DAO 层

在项目 student_ssm 的 org.ngweb.student.dao 包中新建名为 StudentDao 的接口，代码如下。

```java
package org.ngweb.student.dao;
import java.util.List;
import org.ngweb.student.pojo.Student;
import org.springframework.stereotype.Repository;

@Repository("studentDao")
public interface StudentDao {
    //添加学生信息
    public int addStudent(Student student);
    //更新学生信息
    public int updateStudent(Student student);
    //删除学生信息
    public int deleteStudent(int id);
    //根据条件查询学生信息
    public List<Student> search(Student student);
}
```

上述代码在 StudentDao 的接口名上方添加了 @Repository 注解，这样 Spring IoC 容器就会扫描它，并将其作为 Bean 管理起来。

接下来创建接口 StudentDao 的映射文件 StudentMapper.xml，在 org.ngweb.student.dao 包中新建 StudentMapper.xml，代码如下。

```xml
<?xml version="1.0" encoding="UTF-8" ?>
<!DOCTYPE mapper
  PUBLIC "-//mybatis.org//DTD Mapper 3.0//EN"
  "http://mybatis.org/dtd/mybatis-3-mapper.dtd">

 <mapper namespace="org.ngweb.student.dao.StudentDao">

    <insert id="addStudent" parameterType="student">
        insert into t_student values
        (null, #{name}, #{age}, #{sex}, #{account}, #{password}, #{type.id})
```

```xml
</insert>

<update id="updateStudent" parameterType="student">
    update t_student
    <set>
        <if test="name!=null and name!=''">
            name = #{name},
        </if>

        <if test="age!=null and age!=''">
            age= #{age},
        </if>

        <if test="sex!=null and sex!=''">
            sex= #{sex},
        </if>

        <if test="account!=null and account!=''">
            account= #{account},
        </if>

        <if test="password!=null and password!=''">
            password= #{password},
        </if>

        <if test="type!=null and type.id!=null">
            type_id= #{type.id}
        </if>
    </set>
    where id = #{id}
</update>

<delete id="deleteStudent" parameterType="int">
    delete from t_student where id=#{id}
</delete>

<resultMap type="student" id="studentMap">
    <id column="id" property="id" />
    <result column="name" property="name" />
    <result column="age" property="age" />
    <result column="sex" property="sex" />
    <result column="account" property="account"/>
    <result column="password" property="password" />
    <association column="type_id" property="type"
        select="org.ngweb.student.dao.TypeDao.getById"/>
</resultMap>

<select id="search" parameterType="student" resultMap="studentMap">
    select id, name, age, sex, account, password, type_id from t_student
    <where>
        <if test="id!=null">
```

```
                and id=#{id}
            </if>

            <if test="name!=null and name!="">
                and name like concat('%',#{name},'%')
            </if>

            <if test="age!=null">
                and age=#{age}
            </if>

            <if test="account!=null and account!="">
                and account=#{account}
            </if>

            <if test="password!=null and password!="">
                and password=#{password}
            </if>
        </where>
    </select>
</mapper>
```

（3）MyBatis 配置

在 src 目录下新建 mybatis 包，并在包中新建 mybatis-config.xml 文件，代码如下。

```
<?xml version="1.0" encoding="UTF-8" ?>
<!DOCTYPE configuration PUBLIC "-//mybatis.org//DTD Config 3.0//EN"
  "http://mybatis.org/dtd/mybatis-3-config.dtd">

 <configuration>
  <typeAliases>
    <package name="org.ngweb.student.pojo"/>
  </typeAliases>

  <mappers>
    <mapper resource="org/ngweb/student/dao/TypeMapper.xml"/>
    <mapper resource="org/ngweb/student/dao/StudentMapper.xml"/>
  </mappers>
</configuration>
```

5. 服务类

（1）学生管理的服务类

在 src 目录下创建 org.ngweb.student.service 包，在包中新建 StudentService 接口，代码如下。

```
package org.ngweb.student.service;
import java.util.List;
import org.ngweb.student.pojo.Student;
import org.ngweb.student.pojo.StudentVO;

public interface StudentService {
    //添加学生信息
```

```java
public int addStudent(StudentVO studentVO);
//更新学生信息
public int updateStudent(StudentVO studentVO);
//删除学生信息
public int deleteStudent(int id);
//查询所有学生信息
public List<Student> query();
//根据条件查询学生信息
public List<Student> search(StudentVO studentVO);
//根据id查询学生信息
public Student getById(int id);
//判断指定账户和密码的用户是否存在
public boolean isExistent(StudentVO studentVO);
}
```

在 src 中新建名为 org.ngweb.student.service.impl 的包，在包中新建名为 StudentServiceImpl 的类，代码如下。

```java
package org.ngweb.student.service.impl;
import java.util.List;
import org.ngweb.student.dao.StudentDao;
import org.ngweb.student.dao.TypeDao;
import org.ngweb.student.pojo.Student;
import org.ngweb.student.pojo.StudentVO;
import org.ngweb.student.pojo.Type;
import org.ngweb.student.service.StudentService;
import org.springframework.beans.factory.annotation.Autowired;
import org.springframework.stereotype.Service;

@Service("studentService")
public class StudentServiceImpl implements StudentService{

    @Autowired
    private StudentDao studentDao;

    @Override
    public int addStudent(StudentVO studentVO) {
        Student student = new Student();
        student.setId(studentVO.getId());
        student.setName(studentVO.getName());
        student.setAge(studentVO.getAge());
        student.setSex(studentVO.getSex());
        student.setAccount(studentVO.getAccount());
        student.setPassword(studentVO.getPassword());
        Type type = new Type();
        type.setId(studentVO.getTypeId());
        student.setType(type);

        return studentDao.addStudent(student);
    }

    @Override
```

```java
        public int updateStudent(StudentVO studentVO) {
            Student student = new Student();
            student.setId(studentVO.getId());
            student.setName(studentVO.getName());
            student.setAge(studentVO.getAge());
            student.setSex(studentVO.getSex());
            student.setAccount(studentVO.getAccount());
            student.setPassword(studentVO.getPassword());
            Type type = new Type();
            type.setId(studentVO.getTypeId());
            student.setType(type);

            return studentDao.updateStudent(student);
        }

        @Override
        public int deleteStudent(int id) {
            return studentDao.deleteStudent(id);
        }

        @Override
        public List<Student> query() {
            return studentDao.search(new Student());
        }

        @Override
        public List<Student> search(StudentVO studentVO) {
            Student student = new Student();
            student.setId(studentVO.getId());
            student.setName(studentVO.getName());
            student.setAge(studentVO.getAge());
            student.setSex(studentVO.getSex());
            student.setAccount(studentVO.getAccount());
            student.setPassword(studentVO.getPassword());

            return studentDao.search(student);
        }

        @Override
        public Student getById(int id) {
            Student student =  new Student();
            student.setId(id);
            List<Student> studentList = studentDao.search(student);
            if(studentList.size()>0){
                return studentList.get(0);
            }else{
                return null;
            }
        }

        @Override
```

```java
    public boolean isExistent(StudentVO studentVO) {
        Student student = new Student();
        student.setAccount(studentVO.getAccount());
        student.setPassword(studentVO.getPassword());

        List<Student> studentList = studentDao.search(student);
        if(studentList.size()>0){
            return true;
        }else{
            return false;
        }
    }
}
```

上述代码在 StudentServiceImpl 的类名上方添加了@Service 注解，这样 Spring IoC 容器就对其进行扫描并创建对象以便控制层调用，且该类中有一个 StudentDao 类型的成员变量，通过@Autowired 注解对其进行自动装配。

（2）Spring 配置

Spring 配置文件负责扫描注解装配的 Bean、配置数据库连接池、装配 SqlSessionFactory 的 Bean 和扫描映射器。在 WEB-INF 下创建 applicationContext.xml，代码如下。

```xml
<?xml version='1.0' encoding='UTF-8' ?>
<beans xmlns="http://www.springframework.org/schema/beans"
    xmlns:xsi="http://www.w3.org/2001/XMLSchema-instance" xmlns:p="http://www.springframework.org/schema/p"
    xmlns:tx="http://www.springframework.org/schema/tx" xmlns:context="http://www.springframework.org/schema/context"
    xmlns:mvc="http://www.springframework.org/schema/mvc"
    xsi:schemaLocation="http://www.springframework.org/schema/beans http://www.springframework.org/schema/beans/spring-beans-4.0.xsd
        http://www.springframework.org/schema/tx http://www.springframework.org/schema/tx/spring-tx-4.0.xsd
        http://www.springframework.org/schema/context http://www.springframework.org/schema/context/spring-context-4.0.xsd
        http://www.springframework.org/schema/mvc http://www.springframework.org/schema/mvc/spring-mvc-4.0.xsd">

    <!-- 数据库连接池 -->
    <bean id="dataSource" class="org.apache.commons.dbcp.BasicDataSource">
      <property name="driverClassName" value="com.mysql.jdbc.Driver" />
      <property name="url" value="jdbc:mysql://localhost:3306/mybatis2" />
      <property name="username" value="root" />
      <property name="password" value="123456" />
      <property name="maxActive" value="255" />
      <property name="maxIdle" value="5" />
      <property name="maxWait" value="10000" />
    </bean>

    <!-- 集成 mybatis -->
    <bean id="SqlSessionFactory" class="org.mybatis.spring.SqlSessionFactoryBean">
```

```xml
        <property name="dataSource" ref="dataSource" />
        <property name="configLocation" value="classpath:/mybatis/mybatis-config.xml" />
    </bean>

    <!-- 采用自动扫描方式创建 mapper bean -->
    <bean class="org.mybatis.spring.mapper.MapperScannerConfigurer">
      <property name="basePackage" value="org.ngweb.student.dao" />
      <property name="SqlSessionFactory" ref="SqlSessionFactory" />
      <property name="annotationClass" value="org.springframework.stereotype.Repository" />
    </bean>
</beans>
```

6. 控制类

（1）登录和注销

在 src 目录中新建 org.ngweb.student.controller 包，然后在包中创建名为 LoginController 的类，代码如下。

```java
package org.ngweb.student.controller;
import java.util.List;
import javax.servlet.http.HttpSession;
import org.ngweb.student.pojo.Student;
import org.ngweb.student.pojo.StudentVO;
import org.ngweb.student.service.StudentService;
import org.springframework.beans.factory.annotation.Autowired;
import org.springframework.stereotype.Controller;
import org.springframework.ui.Model;
import org.springframework.web.bind.annotation.RequestMapping;

@Controller
public class LoginController {

    @Autowired
    private StudentService studentService;
    @RequestMapping("index.do")   // 项目默认访问地址
    public String index(HttpSession session) {
        Student account = (Student) session.getAttribute("account");
        if (account != null) {          // 如果已经登录
            return "forward:student/query.do";
        } else {
            return "login";
        }
    }
    @RequestMapping("login.do")
    public String login(String username, String password, Model model, HttpSession session){

        if(username!=null && password!=null){
            StudentVO studentVO = new StudentVO();
```

```
            studentVO.setAccount(username);
            studentVO.setPassword(password);
            if(studentService.isExistent(studentVO)){
                List<Student> list= studentService.search(studentVO);
                Student stu = list.get(0);
                session.setAttribute("account", stu);
                return "redirect:student/query.do";
            }else{
                model.addAttribute("msg", "用户名或密码错误");
            }
        }
        return "login";
    }

    @RequestMapping("logout.do")
    public String logout(HttpSession session){
        session.invalidate();
        return "login";
    }
}
```

上述代码中的 login()方法用来处理登录，logout()方法用来处理注销。

（2）学生信息管理

在 src 目录下创建 org.ngweb.student.controller 包，在包中新建 StudentContoller 类，代码如下。

```
package org.ngweb.student.controller;
import java.util.List;
import org.ngweb.student.pojo.Student;
import org.ngweb.student.pojo.StudentVO;
import org.ngweb.student.service.StudentService;
import org.springframework.beans.factory.annotation.Autowired;
import org.springframework.stereotype.Controller;
import org.springframework.ui.Model;
import org.springframework.web.bind.annotation.PathVariable;
import org.springframework.web.bind.annotation.RequestMapping;
import org.springframework.web.bind.annotation.RequestMethod;

@Controller
@RequestMapping("student")
public class StudentController {
    @Autowired
    private StudentService studentService;

    @RequestMapping("query.do")
    public String query(Model model){
        List<Student> studentList = studentService.query();
        model.addAttribute("studentList", studentList);
        return "view";
    }

    @RequestMapping("find.do")
    public String find(StudentVO studentVO,Model model){
```

```java
            List<Student> studentList = studentService.search(studentVO);
            model.addAttribute("studentList", studentList);
            return "view";
        }

        @RequestMapping("addpage.do")
        public String addPage(){
            return "add";
        }

        @RequestMapping("add.do")
        public String add(StudentVO studentVO){
            studentService.addStudent(studentVO);
            return "redirect:query.do";
        }

        @RequestMapping("delete/{id}.do")
        public String delete(@PathVariable("id") Integer id){
            studentService.deleteStudent(id);
            return "redirect:../query.do";
        }

        @RequestMapping("getbyid/{id}.do")
        public String getById(@PathVariable("id") Integer id, Model model){
            Student student = studentService.getById(id);
            model.addAttribute("student", student);
            return "update";
        }

        @RequestMapping("update.do")
        public String update(StudentVO studentVO){
            studentService.updateStudent(studentVO);
            return "redirect:query.do";
        }
    }
```

上述代码在类名 StudentController 上面添加@Controller 和@RequestMapping 注解，同时在类中通过自动装载的方式装配 StudentService 类型的对象，最后针对各种请求开发处理器。

（3）拦截器

在 src 目录下创建名为 org.ngweb.student.interceptor 的包，并在包下新建 LoginInterceptor 的类，代码如下。

```java
        package org.ngweb.student.interceptor;
        import javax.servlet.http.HttpServletRequest;
        import javax.servlet.http.HttpServletResponse;
        import javax.servlet.http.HttpSession;
        import org.ngweb.student.pojo.Student;
        import org.springframework.web.servlet.handler.HandlerInterceptorAdapter;

        public class LoginInterceptor extends HandlerInterceptorAdapter{
```

```java
    public boolean preHandle(HttpServletRequest request, HttpServlet
Response response, Object handler) throws Exception {
        String url = request.getRequestURI();
        if(url.indexOf("/login.do")>0){
          return true;
        }

        HttpSession session = request.getSession();
        Student account =(Student) session.getAttribute("account");
        if(account!=null){
          return true;
        }

        request.setAttribute("msg", "您还未登录，请登录");
        request.getRequestDispatcher("/WEB-INF/jsp/login.jsp").forward
(request, response);
        return false;
     }

  }
```

上述代码先获取请求的 URI（文件名部分，含路径），如果客户端发送的是登录请求，或用户登录成功了，服务器将进一步处理请求，否则拦截请求。

（4）Spring MVC 配置

在 WEB-INF 目录下添加 dispatcher-servlet.xml 文件，代码如下。

```xml
<?xml version='1.0' encoding='UTF-8' ?>
<beans xmlns="http://www.springframework.org/schema/beans"
   xmlns:xsi="http://www.w3.org/2001/XMLSchema-instance" xmlns:p="http:
//www.springframework.org/schema/p"
   xmlns:tx="http://www.springframework.org/schema/tx" xmlns:context=
"http://www.springframework.org/schema/context"
   xmlns:mvc="http://www.springframework.org/schema/mvc"
   xsi:schemaLocation="http://www.springframework.org/schema/beans
http://www.springframework.org/schema/beans/spring-beans-4.0.xsd
     http://www.springframework.org/schema/tx http://www.
springframework.org/schema/tx/spring-tx-4.0.xsd
     http://www.springframework.org/schema/context http://www.
springframework.org/schema/context/spring-context-4.0.xsd
     http://www.springframework.org/schema/mvc http://www.springframework.
org/schema/mvc/spring-mvc-4.0.xsd">
   <!-- 定义组件扫描器，指定需要扫描的包 -->
   <context:component-scan base-package="org.ngweb.student.*"/>
   <!-- 配置注解驱动 -->
   <mvc:annotation-driven />
   <!-- 配置视图解析器 -->
   <bean id="viewResolver" class="org.springframework.web.servlet.view.
InternalResourceViewResolver"
      p:prefix="/WEB-INF/jsp/" p:suffix=".jsp" />
```

```
        <mvc:interceptors>
          <mvc:interceptor>
            <mvc:mapping path="/**"/>
            <bean class="org.ngweb.student.interceptor.LoginInterceptor"></bean>
          </mvc:interceptor>
        </mvc:interceptors>
    </beans>
```

上述代码通过<context:component-scan base-package="org.ngweb.student.*">扫描 org.ngweb.student 包及所有子包中注解的组件，通过 bean 元素配置视图解析器，最后通过<mvc:interceptors>配置拦截器。

7. 显示层

在 WEB-INF 目录下新建 jsp 文件夹，并将第 6 章项目六设计好的 login.jsp、view.jsp、add.jsp 和 update.jsp 复制到 jsp 目录中，下面将对其进行修改。

（1）首页

项目的默认访问地址是 index.do（见后面对 web.xml 文件的修改），因此不再需要首页文件 index.jsp。

（2）登录页面

修改第 6 章的 login.jsp 文件，代码如下。

```
    <%@ page language="java" contentType="text/html; charset=UTF-8" pageEncoding=
"UTF-8"%>
    <html>
    <head>
    <meta http-equiv="Content-Type" content="text/html; charset=UTF-8">
    <link rel="stylesheet" href="${pageContext.request.contextPath}/css/
common.css" type="text/css"/>
    <link rel="stylesheet" href="${pageContext.request.contextPath}/css/
login.css" type="text/css"/>
    <title>登录页面</title>
    </head>
    <body>
       <div class="main">
       <div class="header">
         <h1>学生信息管理系统</h1>
       </div>
       <div class="loginMain">
         <p>${msg}</p>
         <form action="${pageContext.request.contextPath}/login.do" method=
"post" onsubmit="return checkLogin()">
            <input type="text" name="username" placeholder="用户名"/>
            <input type="password" name="password" placeholder="密码"/>
            <input type="submit" value="登录" class="btn"/>
         </form>
       </div>
       </div>
       <script type="text/javascript" src="${pageContext.request.contextPath}/
```

```
js/script.js"></script>
    </body>
</html>
```

上述代码相对前一版本修改了样式的目录以及 action 属性中的值，增加了一个 EL 表达式。

（3）显示学生信息

修改第 6 章的 view.jsp 文件，代码如下。

```
<%@ page language="java" contentType="text/html; charset=UTF-8"
    pageEncoding="UTF-8"%>
    <%@ taglib prefix="c" uri="http://java.sun.com/jsp/jstl/core"%>
    <html>
    <head>
    <meta http-equiv="Content-Type" content="text/html; charset=UTF-8">
    <title>学生信息管理系统主页</title>
    <link rel="stylesheet" type="text/css" href="${pageContext.request.contextPath}/css/common.css"/>
    <link rel="stylesheet" type="text/css" href="${pageContext.request.contextPath}/css/view.css"/>
    </head>
    <body>
        <div class="main">
            <div class="header">
                <h1>学生信息管理系统</h1>
            </div>

            <div class="content">
                <p>${account.type.name}：${account.account}   <a href="${pageContext.request.contextPath}/logout.do">注销</a></p>

                <c:if test="${account.type.id==1}">
                    <form action="${pageContext.request.contextPath}/student/find.do" method="post" class="formclass">
                        <input type="hidden" name="operation" value="find" />
                        id: <input type="text" name="id" value="" class="information"/>
                        name:<input type="text" name="name" value="" class="information"/>
                        age: <input type="text" name="age" value="" class="information"/>
                        <input type="submit" value="查询" class="btn"/>
                    </form>

                    <a href="${pageContext.request.contextPath}/student/addpage.do">添加</a>

                    <h2>学生信息列表</h2>
                    <table border="1">
                        <tr>
                            <td>编号</td>
                            <td>名称</td>
                            <td>年龄</td>
```

```
                <td>性别</td>
                <td>账户</td>
                <td>密码</td>
                <td>类型</td>
                <td colspan="2">操作</td>
            </tr>

            <c:forEach items="${studentList}" var="student">
            <tr>
                <td>${student.id}</td>
                <td>${student.name}</td>
                <td>${student.age}</td>
                <td>${student.sex=='m'?"男":"女"}</td>
                <td>${student.account}</td>
                <td>${student.password}</td>
                <td>${student.type.name}</td>
                <td><a href="${pageContext.request.contextPath}/student/delete/${student.id}.do">删除</a></td>
                <td><a href="${pageContext.request.contextPath}/student/getbyid/${student.id}.do">更新</a></td>
            </tr>
            </c:forEach>
        </table>
    </c:if>

    <c:if test="${account.type.id==2}">
        <h2>学生信息列表</h2>
        <table border="1">
            <tr>
                <td>编号</td>
                <td>名称</td>
                <td>年龄</td>
                <td>性别</td>
                <td>账户</td>
                <td>密码</td>
                <td>类型</td>
            </tr>

            <tr>
                <td>${account.id}</td>
                <td>${account.name}</td>
                <td>${account.age}</td>
                <td>${account.sex=='m'?"男":"女"}</td>
                <td>${account.account}</td>
                <td>${account.password}</td>
                <td>${account.type.name}</td>
            </tr>
        </table>
    </c:if>
</div>
<div class="footer"><p>《Java EE 应用开发及实训》第 2 版（机械工业
```

出版社）</p></div>
    </div>
  </body>
</html>
```

上述代码相对前一版本修改了样式的目录、删除和更新的路径以及 action 属性中的值。

（4）添加学生信息

修改第 6 章的 add.jsp 文件，代码如下。

```
<%@ page language="java" contentType="text/html; charset=UTF-8" pageEncoding="UTF-8"%>
<html>
<head>
<meta http-equiv="Content-Type" content="text/html; charset=UTF-8">
<title>添加学生信息</title>
<link rel="stylesheet" type="text/css" href="${pageContext.request.contextPath}/css/common.css"/>
</head>
<body>
  <div class="main">
    <div class="header">
      <h1>学生信息管理系统</h1>
    </div>

    <div class="content">
      <h2>添加学生信息</h2>
      <form action="${pageContext.request.contextPath}/student/add.do" method="post" onsubmit="return check()" class="contact_form">
        <ul>
          <li class="usually">
            <span>用户名：</span>
            <input type="text" name="name" value=""/>
          </li>

          <li class="usually">
            <span>年龄：</span>
            <input type="text" name="age" value="" id="age"/>
          </li>

          <li class="usually">
            <span>性别：</span>
            <input type="radio" name="sex" value="m" id="male"/>
            <label for="male">男</label>
            <input type="radio" name="sex" value="f" id="female"/>
            <label for="female">女</label>
          </li>

          <li class="usually">
            <span>账号：</span>
            <input type="text" name="account" value="" class="information"/>
          </li>
```
```

```html
            <li class="usually">
              <span>密码：</span>
              <input type="text" name="password" value="" class="information"/>
            </li>

            <li class="usually">
              <span>类型：</span>
              <select name="typeId">
                <option value="1">管理员</option>
                <option value="2">用户</option>
              </select>
            </li>

            <li>
              <input type="submit" value="添加" class="submit"/>
            </li>
          </ul>
        </form>
      </div>

        <div class="footer"><p>《Java EE 应用开发及实训》第 2 版（机械工业出版社）</p></div>
      </div>

        <script type="text/javascript" src="${pageContext.request.contextPath}/js/script.js"></script>
    </body>
</html>
```

上述代码相对前一版本修改了样式的目录以及 action 属性中的值。

（5）更新学生信息

修改第 6 章的 update.jsp 文件，代码如下。

```jsp
<%@ page language="java" contentType="text/html; charset=UTF-8"
    pageEncoding="UTF-8"%>
<html>
<head>
<meta http-equiv="Content-Type" content="text/html; charset=UTF-8">
<title>更新学生信息</title>
<link rel="stylesheet" type="text/css" href="${pageContext.request.contextPath}/css/common.css"/>
</head>
<body>
  <div class="main">
    <div class="header">
      <h1>学生信息管理系统</h1>
    </div>

    <div class="content">
      <h2>更新学生信息</h2>
      <form action="${pageContext.request.contextPath}/student/update.do" method="post" onsubmit="return check()" class="contact_form">
```

```html
                    <input type="hidden" name="id" value="${student.id}"/>
                    <ul>
                      <li class="usually">
                        <span>用户名：</span>
                        <input type="text" name="name" value="${student.name}"/>
                      </li>

                      <li class="usually">
                        <span>年龄：</span>
                        <input type="text" name="age" value="${student.age}"/>
                      </li>

                      <li class="usually">
                        <span>性别：</span>
                        <input type="radio" name="sex" value="m" class="information" ${student.sex=="m" ? "checked":""} id="male"/>
                        <label for="male">男</label>
                        <input type="radio" name="sex" value="f" class="information" ${student.sex=="f" ? "checked":""} id="female"/>
                        <label for="female">女</label>
                      </li>

                      <li class="usually">
                        <span>账号：</span>
                        <input type="text" name="account" value="${student.account}"/>
                      </li>

                      <li class="usually">
                        <span>密码：</span>
                        <input type="text" name="password" value="${student.password}" />
                      </li>

                      <li class="usually">
                        <span>类型：</span>
                        <select name="typeId">
                          <option value="1" ${student.type.id==1 ? "selected":""}>管理员</option>
                          <option value="2" ${student.type.id==2 ? "selected":""}>用户</option>
                        </select>
                      </li>

                      <li>
                        <input type="submit" value="修改" class="submit"/>
                      </li>
                    </ul>
                  </form>
              </div>
              <div class="footer"><p>《Java EE 应用开发及实训》第 2 版（机械工业出版社）</p></div>
          </div>
```

```
            <script type="text/javascript" src="${pageContext.request.contextPath}/
js/script.js"></script>
    </body>
    </html>
```

上述代码相对前一版本修改了样式的目录以及 action 属性中的值。

8. 前端设计

将第 3 章的前端设计成果复制到本项目中。

1）在 WebContent 目录下创建 css 目录，将第 3 章设计好的层叠样式表复制到这个目录中。
2）在 WebContent 目录下创建 js 目录，将第 3 章设计好的 JavaScript 文件复制到这个目录中。
3）在 WebContent 目录下创建 images 目录，将第 2 章中的图片 header.png 复制到这个目录中。

9. 项目配置

项目的总体配置文件 web.xml 的内容如下。

```xml
<?xml version="1.0" encoding="UTF-8"?>
<web-app xmlns:xsi="http://www.w3.org/2001/XMLSchema-instance" xmlns=
"http://java.sun.com/xml/ns/javaee" xsi:schemaLocation="http://java.sun.
com/xml/ns/javaee http://java.sun.com/xml/ns/javaee/web-app_2_5.xsd" id=
"WebApp_ID" version="2.5">
    <display-name>student_ssm</display-name>

    <welcome-file-list>
      <welcome-file>index.do</welcome-file>
    </welcome-file-list>

    <context-param>
      <param-name>contextConfigLocation</param-name>
      <param-value>/WEB-INF/applicationContext.xml</param-value>
    </context-param>

    <listener>
      <listener-class>
      org.springframework.web.context.ContextLoaderListener
      </listener-class>
    </listener>

    <filter>
      <filter-name>encoding</filter-name>
      <filter-class>
        org.springframework.web.filter.CharacterEncodingFilter
      </filter-class>

      <init-param>
        <param-name>encoding</param-name>
        <param-value>UTF-8</param-value>
      </init-param>
    </filter>
```

```xml
<filter-mapping>
  <filter-name>encoding</filter-name>
  <url-pattern>*.do</url-pattern>
</filter-mapping>

<servlet>
  <servlet-name>dispatcher</servlet-name>
  <servlet-class>org.springframework.web.servlet.DispatcherServlet</servlet-class>
  <load-on-startup>1</load-on-startup>
</servlet>

<servlet-mapping>
  <servlet-name>dispatcher</servlet-name>
  <url-pattern>*.do</url-pattern>
</servlet-mapping>
</web-app>
```

上述配置与 7.2.1 的 Spring MVC 入门实例配置比较，增加了三项：①<context-param>元素的 contextConfigLocation 参数指定 Spring IoC 容器配置文件的位置；②监听器<listener>元素指定由 ContextLoaderListener 在整个 web 工程初始化之前完成对 Spring IoC 容器的初始化；③过滤器<filter>元素指定所有*.do 的请求和响应的编码格式为 UTF-8。

10．运行结果

项目完成后，可以运行项目，项目访问地址如下，也可以加上默认首页 index.do。

```
http://127.0.0.1:8080/student_ssm/
```

运行的部分结果如图 7-19 所示。

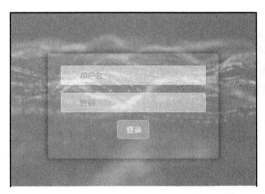

图 7-19　项目运行结果

▶7.8　习题

1．思考题

1）请简述 Spring MVC 的开发流程及核心类。

2）请简述实现 POJO 类型绑定时的注意事项。
3）请简述 JSON 数据交互的两个注解的作用。
4）请简述 Spring MVC 拦截器的定义方式。
5）请简述 SSM 框架整合时，Spring 配置文件的作用。

2. 实训题

1）习题：选择题与填空题，见本书在线实训平台【实训 7-7】。
2）习题：Spring MVC 设计与实现，见本书在线实训平台【实训 7-8】。
3）习题：基于 SSM 的图书管理系统的小型项目设计与实现，见本书在线实训平台【实训 7-9】。

第8章 项目发布

学生信息管理系统的开发从第 2 章项目二的界面设计开始，经过各个阶段的改进和完善，基于 MVC 设计模式的设计理念，采用 MyBatis、Spring MVC 以及 Spring 的 IoC 技术，得到了一个具有良好框架结构、易于维护的项目，项目开发告一段落。

本章学习 Java EE 应用软件的发布和维护，最后将学生信息管理系统发布到生产环境，供用户使用。

▶8.1 学生信息管理系统的发布

经过第 2~7 章共六个阶段的开发和测试，学生信息管理系统项目的开发基本结束，现在要做以下工作。

1）将学生信息管理系统项目打包成发布用的 war 文件。
2）备份数据库的数据结构和数据。
3）准备基于 Tomcat 的生产环境。
4）在生产环境中发布学生信息管理系统项目。

为此，要学习如何为 Java EE 项目打包，如何将打包文件在生产性的运行环境中安装。

▶8.2 制作发布包和数据备份

8.2.1 项目内容

在 Eclipse 开发平台中，一个动态 Web 项目全部保存在一个目录中，如图 8-1 所示。它的内容分为两大部分，如下所述。

图 8-1 项目内容（目录和文件）

1. 项目开发相关的内容

与项目开发相关的目录和文件包括用于管理项目开发的文件，以及不发布给客户的源代码文件。包括下述三类目录和文件（见图 8-1）。

- 项目配置文件（Eclipse 的配置文件）：以点起头的文件和目录，包括.settings 目录和.classpath、.project 等文件。
- 源代码文件：保存在 src 目录下，在这个目录下，保存了项目的所有源代码文件。
- 字节码目录：目录名为 build，在这个目录下，保存了源代码编译后的字节码文件，这些文件也要发布给客户（复制到 WebContent/Web-INF/classes 目录）。

2. 项目运行相关的内容

与项目运行相关的目录和文件是运行时必需的，必须发布给客户，这是 WebContent 目录下的文件（见图 8-1）。

- 静态内容：包括 HTML、JS、CSS、图片、动画、音频和视频等，这些文件保存在 WebContent 目录下，通常用多个目录分别保存不同类别的文件。
- 动态内容：即 JSP 文件，保存在 WebContent 目录或其某个子目录下。
- 源代码编译后的字节码文件：即*.class 文件，在项目中保存在 build/classes 目录下，最终会被复制到 WebContent/Web-INF/classes 目录下。
- Web 项目的全局配置文件：即 web.xml，保存在 WebContent/WEB-INF 目录下。
- 其他配置文件：如 dispatcher-servlet.xml 和 applicationContext.xml，虽然保存在 src 目录下，这些文件也会被复制到 WebContent/Web-INF/classes 目录下。
- 第三方 Jar 包：在 WebContent/WEB-INF/lib 目录下。

因为运行时需要这部分文件，需要复制到运行环境中去，为此 Java EE 制定了一个发布这些文件的统一标准，这个标准将所有需要的文件压缩成一个 zip 文件，但文件的扩展名是.war，它的含义是 Web ARchive。

8.2.2 制作发布包

制作发布包的目的是将项目运行时需要的所有文件制作成一个发布包，即扩展名为 war 的发布包。具体过程是选择要制作发布包的项目，从其鼠标快捷菜单中选择"Export"→"WAR file"，然后在弹出的"Export"对话框中填入 war 文件的文件名和目标目录，如图 8-2 所示。单击"Finish"按钮完成制作。

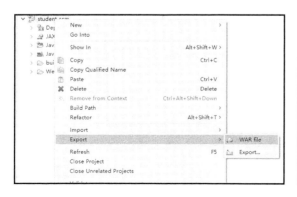
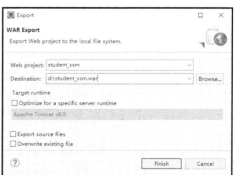

图 8-2　制作动态 Web 项目的发布包

8.2.3 数据备份

一个 Web 项目除了程序之外，几乎不可避免地需要数据的支持，这就要用到数据库。与数据库有关的内容有：
- 数据库管理系统的类型和版本。
- 数据库结构，可能还有函数、存储过程以及触发器的代码。
- 测试数据或实际运行的数据。

对应 MySQL 数据库管理系统，可以使用 mysqldump 命令备份数据库，包括数据库的数据结构和数据本身，将备份到一个数据备份文件中。命令格式如下。

```
mysqldump -u 用户名 -p密码 数据库名 > 备份文件名
```

上述命令格式中的用户名和密码分别是 MySQL 数据库的用户名和密码，还要特别注意在 -p 和密码之间不能有空格。通常，备份数据库完成后没有任何提示，只有出错时才有提示信息。例如下述命令（在命令提示符下执行），运行过程如图 8-3 所示。

```
mysqldump -u root -p123456 mybatis2 > mybatis2.sql
```

图 8-3 数据库备份

上述命令中的用户名为 root，密码为 123456，待备份的数据库名为 mybatis2，通过此命令会在当前目录（即 D:盘，如图 8-3 所示）中生成 MySQL 数据库备份文件 mybatis2.sql。

▶8.3 运行环境的安装

Java 语言是一种跨平台的语言，源代码经编译后形成的字节码，既可以在 Windows 环境下运行，也可以在 Linux 环境下运行，真正实现了"一次编译，到处执行"的目标。因此编译出来的 war 文件可以安装在 Windows 环境或 Linux 环境中，并且安装的过程也基本相同。

8.3.1 JRE 的安装

可以安装 JRE，也可以安装 JDK，因为 JDK 中内置了 JRE。需要根据操作系统选择合适的版本。
- 在 Windows 环境下，直接下载 JRE 的安装文件进行安装即可，与安装 JDK 基本相同（见 1.3.1 节）。
- Linux 的安装光盘通常带有 JRE 系统，只要用 Linux 的安装盘在安装过程中勾选 Java 选项即可。

8.3.2 Tomcat 的安装

Tomcat 本身是用 Java 语言编写的，因此它的字节码也是跨平台的，但由于 Windows 环境与 Linux 环境有一些区别，Tomcat 的安装包有两种，一种是 Windows 和 Linux 通用的，同一个安装包可以在这两种环境下安装；另一种是 Windows 专用的，只能在 Windows 下安装。

本书用的是前一种，同一个安装包可以在 Windows 环境或 Linux 环境中安装，安装方式相同，解压后即可。

此外，Linux 的安装光盘通常带有 Tomcat 的不同版本，只要在 Linux 的安装过程中勾选适当版本的 Tomcat 即可。

8.3.3 MySQL 的安装

MySQL 有 Windows 版本和 Linux 版本的区别，需要下载不同的安装包。
- 在 Windows 环境下，直接下载 MySQL 的安装文件进行安装即可（见 1.3.3 节）。
- Linux 的安装光盘通常带有 MySQL 安装包，只要在 Linux 的安装过程中勾选 MySQL 选项即可。

8.4 项目发布

完成 JRE、Tomcat 和 MySQL 的安装后，就可以安装动态 Web 项目了。安装过程在 Windows 环境和 Linux 环境中是完全相同的。

8-1 项目发布

8.4.1 备份数据的恢复

使用下述命令从备份数据中恢复。

```
mysql -u 用户名 -p 密码 数据库名 < 备份文件名
```

其中，用户名和密码是 MySQL 数据库的用户名和密码，数据库名是待恢复的数据库名，如果数据库不存在，应该先创建数据库（在 MySQL 客户端中执行）。

```
mysql>create database mybatis2 default character set utf8;
```

然后通过下述命令恢复备份数据（在命令提示符下执行），其中 root 是用户名，123456 是密码，待备份的数据库是 mybatis2，其中的小于号 "<" 表示将 mybatis.sql 文件的内容作为 mysql 命令的输入。

```
mysql -uroot -p123456 mybatis2 < mybatis2.sql
```

8.4.2 安装 war 包

安装 war 包的过程非常简单，只要将 war 文件复制到 Tomcat 安装目录的 webapps 目录下即可，具体的安装过程（解压缩文件）由 Tomcat 在启动时自动完成。

8.4.3 配置并运行 Tomcat

Tomcat 的端口号是 8080，在生产环境中，端口号通常使用 HTTP 的默认端口号 80。因此需要在 Tomcat 的配置文件中修改 Tomcat 的默认端口号。另外，可能需要用域名来访问网站，而不是用 IP 地址访问，因此需要在 Tomcat 的配置文件中增加虚拟主机。Tomcat 的配置文件位于安装目录的 conf 目录下，如图 8-4 所示。

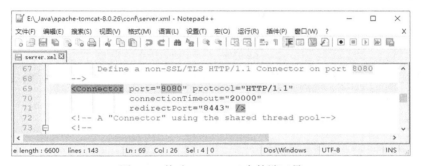

图 8-4　Tomcat 的配置文件 server.xml

1．修改端口号（port）

可以通过修改 Tomcat 的配置文件 conf/server.xml 来改变其端口号。

```
<Connector connectionTimeout="20000" port="80" protocol="HTTP/1.1" redirectPort="8443"/>
```

将上述配置中的 port 属性值从 8080 改为 80，如图 8-5 所示。保存配置文件后需要重新启动 Tomcat，配置文件才能生效。

图 8-5　修改 server.xml 中的端口号

2．增加虚拟主机

到目前为止，学生信息管理系统是通过 IP 地址来访问的，如果要通过域名来访问，则要做两件事：一是注册一个域名并配置 DNS 解析，二是为这个域名配置一个虚拟机。

（1）注册一个域名，并将域名解析到服务器的 IP 地址上

注册域名是商业行为，要交年费。而域名的 DNS 解析通常是免费的。用于提供服务的服务器 IP 地址必须是外网的 IP 地址，这样全球的用户才能访问到这个服务器。

对于演示和练习来说，可以采用配置本机 hosts 来模拟一个域名，并解析到本机 127.0.0.1。具体办法是修改 hosts 文件，增加一条域名记录，hosts 文件处于操作系统的控制下，是一个非常重要的文件，对于 Windows 操作系统来说，hosts 文件的所在目录是 C:\Windows\System32\drivers\etc；对于 Linux 操作系统来说，hosts 文件的所在目录是/etc。两种操作系统下的 hosts 文件功能是相同的，其结构也完全相同。

假设新的域名是 student.ngweb.org，则在该文件的最后加上一行。

```
# Copyright(c) 1993-2009 Microsoft Corp.
#
# This is a sample HOSTS file used by Microsoft TCP/IP for Windows.
#
# This file contains the mappings of IP addresses to host names. Each
# entry should be kept on an individual line. The IP address should
# be placed in the first column followed by the corresponding host name.
# The IP address and the host name should be separated by at least one
# space.
#
# Additionally, comments(such as these) may be inserted on individual
# lines or following the machine name denoted by a '#' symbol.
#
# For example:
#
#  102.54.94.97   rhino.acme.com     # source server
#    38.25.63.10   x.acme.com       # x client host

# localhost name resolution is handled within DNS itself.
#  127.0.0.1      localhost
#  ::1            localhost
```

#这个新增的域名，将被解析到127.0.0.1，即本机
127.0.0.1 student.ngweb.org

一般情况下，hosts 文件被操作系统和安全软件（如杀毒软件）保护起来，无法修改。遇到这种情况，一是要解除安全软件对它的保护；二是要用管理员身份来打开它。前者要根据不同的安全软件采用不同的方法（在杀毒软件或防火墙软件的配置中解除对系统文件的保护），后者则需要以管理员身份来编辑这个文件。

修改成功后，用下述命令测试域名是否连通。

```
ping student.ngweb.org
```

如果显示回复信息，表示网络是连通的。如果找不到主机，表示该域名没有注册或解析。图 8-6 显示的是与域名 student.ngweb.org 能正常通信，而与域名 student2.ngweb.org 无法通信。

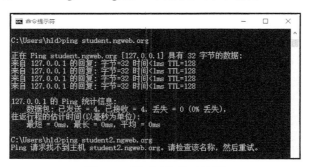

图 8-6　测试网络是否连通

（2）在 Tomcat 中配置虚拟机

在 conf/server.xml 文件 Engine 元素的最后（倒数第 3 行"</Engine>"之前）添加一个虚

拟主机的配置。

```
    <Host name="student.ngweb.org" appBase="d:\apps" unpackWARs="true"
autoDeploy="true">
        <Context docBase="student_ssm" path="" reloadable="true" />
    </Host>
  </Engine>
 </Service>
</Server>
```

上述配置中每个属性的含义见表 8-1。

表 8-1　虚拟主机配置相关属性

属性名	意义
name	主机名，可以是域名或 IP 地址
appBase	指定存放应用程序的路径，类似于 tomcat 的 webapps 目录
unpackWARs	指定应用程序是否自动解压 war 包，为 true 时，appBase 下的 war 包会在 tomcat 启动时自动解压
autoDeploy	设置程序是否自动装载
docBase	指定项目的位置，如果是相对路径，则是相对于 appBase 路径的位置，例如：student_ssm；如果是绝对路径，则应该写绝对位置，如：D:\apps\student_ssm（前提是 student_ssm.war 已经在 D:\apps 目录下）
path	设置项目访问的路径名，如果为""(空字符串)，则访问该主机时默认访问该 path 所在的 Context 元素下 docBase 所指定的项目
reloadable	如果为 true，tomcat 服务器在运行状态下会监视 WEB-INF/classes 和 WEB-INF/lib 目录下的 class 文件，如果这些文件更新了，服务器会重新加载 Web 应用

注意上述配置只有在域名能够正常解析到服务器时才能工作。

3. 运行 Tomcat

启动 Tomcat 是非常简单的，在 Windows 环境下执行 bin 目录下的 startup.bat 文件，在 Linux 环境下执行 bin 目录下的 startup.sh 文件即可。

Tomcat 成功启动的界面如图 8-7 所示，这是一个命令行窗口，不应该关闭它，一旦关闭，则 Tomcat 随之被关闭。如果启动失败，可参考后面的讲解进行处理。

图 8-7　Tomcat 启动界面

Tomcat 启动成功后，用浏览器访问 http://127.0.0.1/，可以看到 Tomcat 的首页，如图 8-8 所示。

Tomcat 启动之后，可以检查一下 Tomcat 安装目录的 webapps 目录下将会多出一个名为 student.ssm 的子目录，该子目录的内容就是整个项目的文件，是在 Tomcat 启动时自动从

student.ssm.war 文件解压缩得到的。

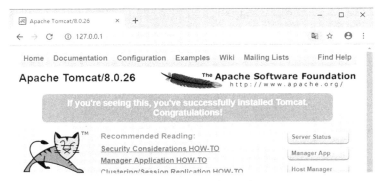

图 8-8　Tomcat 的首页

最后，能够通过浏览器正常打开项目的首页，表示安装完成。

```
http://127.0.0.1/student_ssm
```

通过上述地址能够访问，表示项目安装正确。

```
http://student.ngweb.org/student_ssm
```

通过上述地址能够访问，表示域名解析正确。

```
http://student.ngweb.org
```

通过上述地址能够访问，表示虚拟主机配置正确。

▶8.5　项目八：学生信息管理系统项目的发布

【实训 8-1】　项目八　学生信息管理系统项目的发布

在项目七中采用 SSM 技术已经完成了学生信息管理系统项目的全部开发，项目的运行是在开发环境下进行的，主要目的是测试。本项目将把学生信息管理系统项目发布到生产环境中，以便用户使用。

8.5.1　制作发布包和数据备份

按照 8.2 节所述方法，对项目七完成的学生信息管理系统项目制作发布包 student_ssm.war，同时备份数据库 mybatis2。

8.5.2　安装学生信息管理系统项目

为方便起见，本项目利用本机上已安装的 JDK、MySQL 和 Tomcat 来完成项目的发布，数据库也不需要恢复，用本机开发过程中测试用的数据库即可。

8.5.3　配置 Tomcat

按 8.4 节所述方法，修改 Tomcat 的端口号为 80。本项目不进行域名测试。

8.5.4 运行测试

用地址 http://127.0.0.1/student_ssm 测试安装是否成功。

8.6 习题

1. 思考题

1）一个 Java EE 项目的发布版本有哪些文件，其目录结构是什么样的？
2）如果要修改 Tomcat 的端口号，应该修改哪个配置文件？
3）什么是虚拟主机？它有什么作用？是如何实现的？

2. 实训题

1）习题：选择题与填空题，见本书在线实训平台【实训 8-2】。
2）习题：图书管理系统的小型项目的发布，见本书在线实训平台【实训 8-3】。
3）测试：选择题与填空题（第 1～8 章），见本书在线实训平台【实训 8-4】。
4）测试：操作题之一（第 1～8 章），见本书在线实训平台【实训 8-5】。
5）测试：操作题之二（第 1～8 章），见本书在线实训平台【实训 8-6】。

第9章 综合案例——在线销售管理系统

综合项目分为两个部分：第一部分是按照 Jitor 校验器的要求，一步一步地完成一个项目的全过程，从需求分析、功能设计、数据库设计，系统架构设计、一直到代码编写，体验一个完整的实际项目开发过程。

第二部分是自选题目，参考第一部分的设计和开发过程，自行完成项目，在这个过程中，可以参考第一部分的源代码，有些需要自行编写，有些可以直接复制，而有些则是复制以后再进行修改。自选题目没有答案，只要完成自己预先设计的功能即可。

本章可作为课程设计使用。

▶9.1 在线销售管理系统

9.1.1 需求分析

9-1 综合案例开发体验

1. 项目概况

项目名称：eshop（在线销售管理系统）
数据库名：eshop

2. 项目需求

本项目的目标用户是公司的员工，公司员工成功登录该系统后可以对客户、员工、商品类别、商品、订单进行增删查改等操作，同时显示查询及统计的结果。

为简化项目的设计和实施，本项目的目标用户不包括客户，因此不提供与客户相关的功能。

9.1.2 系统设计

1. 系统功能介绍

本系统后台使用 SSM 框架编写，前台页面使用 HTML、CSS 和 JavaScript 完成信息展示功能。

本系统的主要功能模块有员工登录、商品类别管理、商品管理、客户管理、员工管理和订单管理等，如图 9-1 所示。

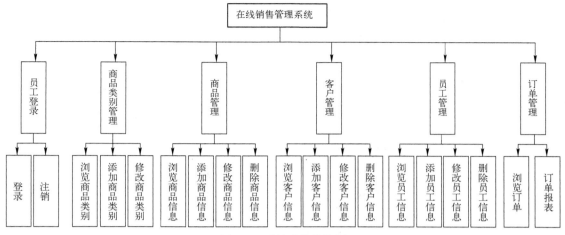

图 9-1 系统功能模块图

2. 系统架构设计

本系统的项目架构可以划分为以下几层。

- 持久化层（POJO 层）：该层由若干持久化类（实体类）组成。
- 数据访问层（DAO 层）：该层由若干 DAO 接口和 MyBatis 映射文件组成。在本系统中，接口的名称统一以 Dao 结尾，MyBatis 映射文件统一以 Mapper 结尾。
- 业务逻辑层（Service 层）：该层由若干 Service 接口和实现类组成。在本系统中，业务逻辑层的接口统一以 Service 结尾，其实现类的名称统一在接口名后加 Impl。该层通过调用 DAO 层以实现系统的业务逻辑。
- 控制层：该层主要调用服务层处理用户的请求，且控制层统一以 Controller 结尾。
- 视图层：该层主要使用 JSP 展现数据。

3. 系统开发及运行环境

在线销售管理系统开发环境如下。

- 操作系统：Windows
- Web 服务器：Tomcat 8.0
- Java 开发包：JDK8
- 开发工具：Eclipse Java EE IDE for Web Developers
- 数据库：MySQL 5.5
- 浏览器：Google Chrome

9.1.3 数据库设计

本项目负责在线销售管理系统的后台管理，因此涉及所有的表，其数据结构如图 9-2 所示。

系统一共有 7 张表，分别是客户表、角色表、员工表、商品类别表、商品表、订单头表、订单行表等，其数据结构见表 9-1～表 9-7。

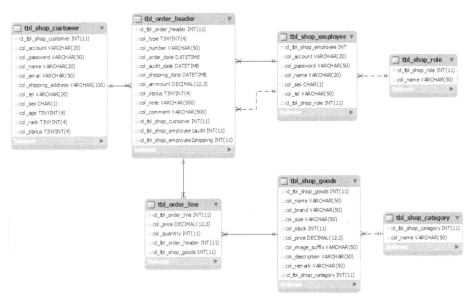

图 9-2 在线销售管理系统数据结构图

表 9-1 客户表（tbl_shop_customer）

序 号	列 名	类 型	属 性	说明（中文字段名）
1	id_tbl_shop_customer	int(11)	主键	主键
2	col_account	varchar(20)	允许空	客户账号
3	col_password	varchar(50)	允许空	密码
4	col_name	varchar(20)	允许空	名字
5	col_email	varchar(50)	允许空	电子邮件
6	col_shipping_address	varchar(100)	允许空	收件地址
7	col_tel	varchar(20)	允许空	电话
8	col_sex	char(1)	允许空	性别
9	col_age	tinyint(4)	允许空	年龄
10	col_rank	tinyint(4)	允许空	客户信用等级
11	col_status	tinyint(4)	允许空	状态：0=正常，1=禁用

表 9-2 角色表（tbl_shop_role）

序 号	列 名	类 型	属 性	说明（中文字段名）
1	id_tbl_shop_role	int(11)	主键	主键
2	col_name	varchar(50)	允许空	角色名称

表 9-3 员工表（tbl_shop_employee）

序 号	列 名	类 型	属 性	说明（中文字段名）
1	id_tbl_shop_employee	int(11)	主键	主键
2	col_account	varchar(20)	允许空	员工账号
3	col_password	varchar(50)	允许空	密码
4	col_name	varchar(20)	允许空	姓名

（续）

序号	列名	类型	属性	说明（中文字段名）
5	col_sex	char(1)	允许空	性别
6	col_tel	varchar(50)	允许空	电话
7	id_tbl_shop_role	int(11)	非空	角色ID

表9-4 商品类别表（tbl_shop_category）

序号	列名	类型	属性	说明（中文字段名）
1	id_tbl_shop_category	int(11)	主键	主键
2	col_name	varchar(50)	允许空	商品类别名称

表9-5 商品表（tbl_shop_goods）

序号	列名	类型	属性	说明（中文字段名）
1	id_tbl_shop_goods	int(11)	主键	主键
2	col_name	varchar(50)	允许空	商品名
3	col_brand	varchar(50)	允许空	品牌
4	col_size	varchar(50)	允许空	规格
5	col_stock	int(11)	允许空	当前库存量（在订单行表的Dao中实时更新）
6	col_price	decimal(12,3)	允许空	单价
7	col_image_sufix	varchar(50)	允许空	图片文件扩展名
8	col_description	varchar(50)	允许空	商品说明
9	col_remark	varchar(50)	允许空	备注
10	id_tbl_shop_category	int(11)	非空	商品类别ID

表9-6 订单头表（tbl_order_header）

序号	列名	类型	属性	说明（中文字段名）
1	id_tbl_order_header	int(11)	主键	主键
2	col_type	tinyint(4)	非空	订单类型：0=销售订单，1=采购订单
3	col_number	varchar(50)	允许空	订单编号
4	col_order_date	datetime	非空	订单日期
5	col_audit_date	datetime	允许空	审核日期
6	col_shipping_date	datetime	允许空	发货日期
7	col_ammount	decimal(12,3)	允许空	总金额
8	col_status	tinyint(4)	允许空	状态：0=购物车，1=下单，2=审核（已收到货款），3=发货，4=已收
9	col_note	varchar(500)	允许空	发货要求
10	col_comment	varchar(500)	允许空	售后评论
11	id_tbl_shop_customer	int(11)	非空	客户ID
12	id_tbl_shop_employee1audit	int(11)	允许空	审核人ID
13	id_tbl_shop_employee2shipping	int(11)	允许空	发货人ID

表 9-7 订单行表（tbl_order_line）

序 号	列 名	类 型	属 性	说明（中文字段名）
1	id_tbl_order_line	int(11)	主键	主键
2	col_price	decimal(12,3)	允许空	单价
3	col_quantity	int(11)	允许空	数量
4	id_tbl_order_header	int(11)	非空	订单头 ID
5	id_tbl_shop_goods	int(11)	非空	商品 ID

9.1.4 详细设计

【实训 9-1】 综合案例——在线销售管理系统

现将项目的实施过程以及使用 SSM 工具的要点说明如下。

1. 创建动态 Web 项目

在 Eclipse 中创建动态 Web 项目，项目名为 eshop，生成的项目结构如图 9-3 所示。

图 9-3 在线销售管理系统架构图

上述系统架构图中的配置文件介绍如下。

（1）mybatis-config.xml：MyBatis 框架的配置文件。
（2）applicationContext.xml：Spring 框架的配置文件。
（3）dispatcher-servlet.xml：Spring MVC 框架的配置文件。

2. 安装第三方 Jar 包

从 Jitor 网站下载 SSM 框架集成的 Jar 包，解压缩到 lib 目录中。

3. 创建数据库

数据库的名称通常与项目名称相同，创建数据库和表有下述两种方法。

（1）通过正向工程创建

采用设计工具软件可以通过正向工程直接生成数据库，例如采用 MySQL Workbench 软件可以在设计出图 9-2 的物理数据模型后，通过该软件的"正向工程"功能直接在 MySQL 中创建数据库和表。

（2）手工创建

采用手工方式在 MySQL 控制台完成，本书采用这种方法。

首先在 MySQL 控制台上创建数据库 eshop。

```
create database eshop character set utf8 collate utf8_general_ci;
```

接着从 Jitor 客户端下载 eshop.sql 脚本文件，该文件包含了创建 eshop 数据库中 7 张表的 SQL 语句，然后从该文件中恢复整个数据库。

```
C:\>mysql -u root -p eshop<eshop.sql
```

系统中定义了四个角色：管理员组、审核组（审核订单）、仓管员组（负责采购入库和销售出库）和普通员工，其主键分别是 1、2、3、4，数据通过 SQL 语句直接对数据库进行操作，因此不需要编写对角色表进行操作的页面。

```
insert into tbl_shop_role values(1, "管理员");
insert into tbl_shop_role values(2, "审核员");
insert into tbl_shop_role values(3, "发货员");
insert into tbl_shop_role values(4, "一般用户");
```

然后为每一张表增加若干条记录，员工表至少 3 条记录（审核组和发货组至少各一名员工），商品类别表至少 2 条记录，商品表中每类商品至少 3 条记录，并为每种商品上传一张图片文件，这些数据将用于开发下述功能时测试。初始数据和图片文件从 Jitor 客户端下载。

4．动态网站编程

针对项目需求，需要分别实现员工登录、商品类别管理、商品管理、客户管理、员工管理和订单管理，这些模块除了员工登录，都包括五个部分，即模型层、数据访问层、服务层、控制层和视图层。

（1）模型层

根据系统设计的要求，在数据库中每添加一张表，就需要在 Java 代码中添加与其对应的 POJO 类。POJO 类统一存放在同一个包名下，对应关系见表 9-8。

表 9-8　POJO 类的文件列表

POJO 类	表　名	类文件名
客户类	tbl_shop_customer	TblShopCustomer.java
角色类	tbl_shop_role	TblShopRole.java
员工类	tbl_shop_employee	TblShopEmployee.java
商品类别类	tbl_shop_category	TblShopCategory.java
商品类	tbl_shop_goods	TblShopGoods.java
订单类	tbl_order_header	TblOrderHeader.java
订单行类	tbl_order_line	TblOrderLine.java

> **提示**：类以及相关文件用驼峰命名法命名，是从表名直接转换而来的。只有相应的 JSP 文件是直接使用表名加上前缀进行命名。

（2）数据访问层

在数据库中每添加一张表，都需要在数据访问层添加一个对应的映射器，同时在 MyBatis 的配置文件中注册此映射器。数据访问层统一存放在同一个包名下，其中的映射器见表 9-9。

表 9-9 映射器的文件列表

映射器对应的表	映射器对应的接口文件	映射器对应的 xml 文件
客户类	TblShopCustomerDao.java	TblShopCustomerDao.xml
角色类	TblShopRoleDao.java	TblShopRoleDao.xml
员工类	TblShopEmployeeDao.java	TblShopEmployeeDao.xml
商品类别类	TblShopCategoryDao.java	TblShopCategoryDao.xml
商品类	TblShopGoodsDao.java	TblShopGoodsDao.xml
订单类	TblOrderHeaderDao.java	TblOrderHeaderDao.xml
订单行类	TblOrderLineDao.java	TblOrderLineDao.xml

（3）服务层

根据系统设计的要求，每编写一个功能，就有可能创建一个 Service 类的接口及其实现类，本项目的 Service 类及其实现类的列表见表 9-10。

表 9-10 服务层接口及其实现类的文件列表

服务类对应的表	服务层的接口文件	服务层的实现类文件
客户类	TblShopCustomerService.java	TblShopCustomerServiceImpl.java
员工类	TblShopEmployeeService.java	TblShopEmployeeServiceImpl.java
商品类别类	TblShopCategoryService.java	TblShopCategoryServiceImpl.java
商品类	TblShopGoodsService.java	TblShopGoodsServiceImpl.java
订单类	TblOrderHeaderService.java	TblOrderHeaderServiceImpl.java
订单行类	TblOrderLineService.java	TblOrderLineServiceImpl.java

（4）控制层

根据系统设计的要求，每编写一个功能的实现，就有可能创建一个 Controller 类，该类包含了实现功能所需要的 Java 代码，根据不同的业务逻辑，Controller 类可能返回不同的结果视图字符串。控制层的文件列表见表 9-11。

表 9-11 控制类的文件列表

控制类对应的功能	控制类文件
客户类的增删查改	TblShopCustomerController.java
员工类的增删查改	TblShopEmployeeController.java
商品类别类的增删查改	TblShopCategoryController.java
商品类的增删查改	TblShopGoodsController.java
订单类的增删查改	TblOrderHeaderController.java
订单行类的增删查改	TblOrderLineController.java
登录和注销	HomeController.java

（5）视图层

视图层的 JSP 用于获得用户输入的数据，或者展现数据，这就需要一个或多个 JSP 文件来提供用户界面。视图层的文件列表见表 9-12。

表 9-12 视图层文件列表

功　　能	JSP 文件
首页	index.jsp
登录	home/login.jsp
客户表的查询	customer/viewCustomer.jsp
员工表的增查改	employee/addEmployee.jsp、employee/updateEmployee.jsp 和 employee/viewEmployee.jsp
商品类别表的增查改	category/addCategory.jsp、updateCategory.jsp 和 viewCategory.jsp
商品表的增查改	goods/addGoods.jsp、goods/updateGoods.jsp 和 viewGoods.jsp
订单表和报表查询	orders/viewOrders.jsp 和 orders/viewReport.jsp
订单行表的查询	orderline/viewOrderLine.jsp

5．测试与运行

项目开发过程中，需要不断地测试，修正代码中的错误。

项目完成后，将项目打包，就可以在生产环境安装使用。其中特别要注意的是数据库的备份和恢复。

项目运行结果如图 9-4 所示。

图 9-4 项目运行结果

▶9.2 自定义管理系统

由读者自行选择一个系统，例如图书管理系统、宿舍管理系统、工资系统、考勤管理系统、商品销售管理系统或餐饮管理系统等。

由读者设计,参考在线销售管理系统的设计和实现过程进行设计和编码实现,完成基本的功能。

这部分内容是创新性设计,因此不在 Jitor 校验器的检查范围之内。

9.3 习题

思考题

1)简述需求分析在项目开发过程中的作用。

2)简述系统设计和数据结构设计在项目开发中的作用。

附 录

▶附录 A Jitor 校验器使用说明

本书作者开发了一个 Jitor 实训教学支撑平台，支持计算机编程语言和数据库课程的学习。该平台由 Jitor 校验器和 Jitor 管理器两个部分组成。

1. Jitor 校验器

Jitor 校验器是一个绿色软件，从本书主页 http://ngweb.org/ 下载，然后解压到某个盘符的根目录下，运行批处理文件 JitorSTART.bat 启动它。

> **提示**：普通读者可以免费注册一个账号，注册时需要提供正确的 QQ 邮箱地址（一个 QQ 号只能注册一个账号）。学生则应该从教师处获取账号和密码。

登录后，选择《Java EE 应用开发及实训 第 2 版》，将看到本书的实训列表，第一次使用时选择【实训 1-1】，按照实训指导内容一步一步地操作，每完成一步，单击【Jitor 校验第 n 步】，由 Jitor 校验器检查这一步的操作是否正确，成功得 7 分，失败扣 1 分，改正错误后再次校验，直到成功为止。成绩将上传服务器，因此需要连接互联网。

2. Jitor 管理器

Jitor 管理器是一个管理网站，为教师提供班级管理、学生管理、实训安排、成绩查询和汇总统计等功能。学生和普通读者不需要使用 Jitor 管理器。

3. Jitor 实训项目

本书通过 Jitor 校验器提供了 80 多个在线实训项目（见附录 B）。这些实训可用于课堂讲授、机房实训、课后习题、测试考试。另外还有测试考试专用的客观题。

Jitor 计分原则是，操作题（实例、编程或项目开发）每步操作成功得 7 分，客观题（选择题和填空题）每题回答正确得 3 分，错误则扣 1 分，每个步骤或每道题最多扣 3 分（超过后就只扣 0 分）。对于操作题，只要完成了实训，就一定能够得到及格的分数（换算为百分制，最低分是 59 分），以鼓励学生努力完成实训。

教师用 Jitor 管理器实时查看学生的得分，以便根据学生的情况调整教学进度。

作者在教学实践中，期中期末考试全部在 Jitor 平台上完成，总评成绩全部来自 Jitor 实训的得分记录，真正做到了无纸化考试。总评成绩由下述部分组成：过程评价 30%、机房实训和习题 30%、各种测试 30%，考勤 10%，如果缺少过程评价，可将机房实训拆分出来作为过程评价。除了过程评价由教师给出，其余皆可由 Jitor 的得分获得。

附录 B　Jitor 在线实训清单

【实训 1-1】入门实例：Hello, World!项目
【实训 1-2】项目一：学生信息管理系统首页
【实训 1-3】习题：选择题与填空题
【实训 1-4】习题：图书管理系统的小型项目首页的设计
【实训 2-1】HTML 基本语法
【实训 2-2】列表标签
【实训 2-3】表格标签
【实训 2-4】表单和表单元素
【实训 2-5】CSS 常用样式
【实训 2-6】CSS 框模型
【实训 2-7】JavaScript 入门
【实训 2-8】JavaScript 数据类型
【实训 2-9】JavaScript 函数
【实训 2-10】JavaScript 对象
【实训 2-11】项目二：学生信息管理系统的客户端编程
【实训 2-12】习题：选择题与填空题
【实训 2-13】习题：HTML 表单的设计
【实训 2-14】习题：CSS 模型的设计
【实训 2-15】习题：用户表单的校验
【实训 2-16】习题：图书管理系统的小型项目界面设计
【实训 3-1】JSP 指令标识
【实训 3-2】JSP 程序标识、表达式标识和声明标识
【实训 3-3】动作标识
【实训 3-4】内置对象 request
【实训 3-5】内置对象 response
【实训 3-6】内置对象 session
【实训 3-7】内置对象 application
【实训 3-8】EL 表达式
【实训 3-9】JSP 标准标签
【实训 3-10】EL 表达式和 JSP 标签的应用
【实训 3-11】数据库开发
【实训 3-12】JDBC 编程
【实训 3-13】项目三：基于 JSP 的学生信息管理系统
【实训 3-14】习题：选择题与填空题
【实训 3-15】习题：登录功能的设计与实现
【实训 3-16】习题：EL 表达式和标签库应用的设计与实现
【实训 3-17】习题：JDBC 项目的编程

【实训 3-18】习题：基于 JSP 的图书管理系统的小型项目设计与实现
【实训 3-19】测试：选择题与填空题（第 1～3 章）
【实训 3-20】测试：操作题之一（第 1～3 章）
【实训 3-21】测试：操作题之二（第 1～3 章）
【实训 4-1】Servlet 入门实例
【实训 4-2】项目四：基于 Servlet 的学生信息管理系统
【实训 4-3】习题：选择题与填空题
【实训 4-4】习题：Servlet 设计与实现
【实训 4-5】习题：基于 Servlet 的图书管理系统的小型项目设计与实现
【实训 5-1】MyBatis 入门实例
【实训 5-2】映射器例子
【实训 5-3】动态 SQL
【实训 5-4】MyBatis 一对一实例
【实训 5-5】MyBatis 一对多实例
【实训 5-6】项目五：基于 MyBatis 的学生信息管理系统
【实训 5-7】习题：选择题与填空题
【实训 5-8】习题：MyBatis 设计与实现
【实训 5-9】习题：基于 MyBatis 的图书管理系统的小型项目设计与实现
【实训 5-10】测试：选择题与填空题（第 1～5 章）
【实训 5-11】测试：操作题之一（第 1～5 章）
【实训 5-12】测试：操作题之二（第 1～5 章）
【实训 6-1】Spring 入门实例
【实训 6-2】依赖注入（属性 setter 注入）
【实训 6-3】依赖注入（构造方法注入）
【实训 6-4】Bean 的装配方式
【实训 6-5】Spring AOP 入门实例
【实训 6-6】项目六：基于 MyBatis-Spring 的学生信息管理系统
【实训 6-7】习题：选择题与填空题
【实训 6-8】习题：Spring 设计与实现
【实训 6-9】习题：基于 Spring 和 MyBatis 的图书管理系统的小型项目设计与实现
【实训 7-1】Spring MVC 入门实例
【实训 7-2】数据绑定
【实训 7-3】重定向和转发
【实训 7-4】JSON 数据交互和 RESTful 支持
【实训 7-5】拦截器
【实训 7-6】项目七：SSM 框架集成的学生管理系统
【实训 7-7】习题：选择题与填空题
【实训 7-8】习题：Spring MVC 设计与实现
【实训 7-9】习题：基于 SSM 的图书管理系统的小型项目设计与实现
【实训 8-1】项目八：学生信息管理系统项目的发布

【实训 8-2】习题：选择题与填空题
【实训 8-3】习题：图书管理系统的小型项目的发布
【实训 8-4】测试：选择题与填空题（第 1～8 章）
【实训 8-5】测试：操作题之一（第 1～8 章）
【实训 8-6】测试：操作题之二（第 1～8 章）
【实训 9-1】综合案例——在线销售管理系统